电子相册

溢彩流星

空调广告

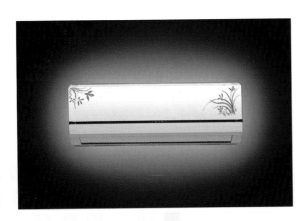 

Flash CS6
动画制作实例教程

蝴蝶飞舞

品牌手机广告

时尚服装广告

水墨风格地产宣传片

物理实验原理演示课件

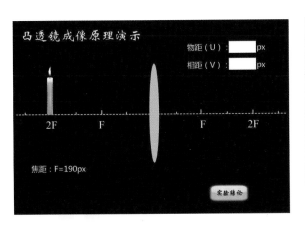

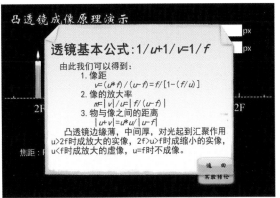

购物网站

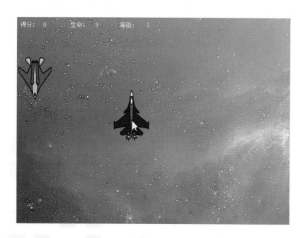

战机游戏

"十三五"普通高等教育规划教材

Flash CS6 动画制作实例教程

朱　荣　陈　保　张　杰　主　编

蔡　敏　李小映　刘金秀　副主编

中国铁道出版社有限公司

CHINA RAILWAY PUBLISHING HOUSE CO., LTD.

内 容 简 介

本书全面系统地介绍了 Adobe Flash CS6 的基本操作方法和 Flash 动画制作技巧,包括 Adobe Flash CS6 中的基本操作,例如图形绘制与编辑、逐帧动画、补间动画、引导层动画、遮罩动画、脚本语句等内容,同时通过 Flash 商业广告、Flash 交互式网站、Flash 教学课件和 Flash 趣味小游戏等综合项目案例介绍了 Adobe Flash CS6 软件在实际动画设计中的创意设计以及应用技巧。本书以培养读者掌握 Adobe Flash CS6 软件的使用技巧为主旨,围绕案例详尽地讲述了 Flash 动画制作过程中最常用的具有代表性的功能,使读者在学习完本书后能够举一反三,参与相关 Flash 动画制作项目。

本书适合作为应用型本科院校、职业院校相关专业及各类培训班的教材,也可作为 Flash 动画制作爱好者及从业人员的参考用书。

图书在版编目(CIP)数据

Flash CS6 动画制作实例教程 / 朱荣,陈保,张杰主编. — 北京:
中国铁道出版社,2017.2(2020.8重印)
"十三五"普通高等教育规划教材
ISBN 978-7-113-22615-2

Ⅰ. ①F… Ⅱ. ①朱… ②陈… ③张… Ⅲ. ①动画制作软件-
高等学校-教材 Ⅳ. ①TP391.41

中国版本图书馆 CIP 数据核字(2016)第 303757 号

书 名:	Flash CS6 动画制作实例教程		
作 者:	朱荣 陈保 张杰		

策 划:	王春霞	读者热线:	(010)63551006
责任编辑:	王春霞		
编辑助理:	卢 笛		
封面设计:	刘 颖		
封面制作:	白 雪		
责任校对:	王 杰		
责任印制:	樊启鹏		

出版发行: 中国铁道出版社有限公司(100054,北京市西城区右安门西街 8 号)
网 址: http://www.tdpress.com/51eds/
印 刷: 三河市航远印刷有限公司
版 次: 2017 年 2 月第 1 版 2020 年 8 月第 3 次印刷
开 本: 787mm×1092mm 1/16 插页:2 印张:16 字数:387 千
印 数: 3 501~4 500 册
书 号: ISBN 978-7-113-22615-2
定 价: 48.00 元(含盘)

Flash 是一款集动画创作与应用程序开发于一身的创作软件，Flash 动画设计的三大基本功能是整个 Flash 动画设计知识体系中最基础、也是最重要的部分，包括图形、补间动画和遮罩。绘图和编辑图形不单是创作 Flash 动画的基本功，也是进行多媒体创作的基本功，Flash 中的每个图形都开始于一种形状，形状由两部分组成：填充（fill）和笔触（stroke），前者是形状里面的部分，后者是形状的轮廓线，Adobe Flash 软件的工具箱中提供了多种绘图工具，绘图的过程中要学习怎样使用元件来组织图形元素。补间动画是整个 Flash 动画设计的核心，也是Flash 动画的最大优点，它有传统补间和形状补间两种形式，可制作传统补间动画、形状补间动画、逐帧动画、遮罩动画、引导层动画。

Adobe Flash 软件为创建数字动画、交互式 Web 站点、桌面应用程序以及手机应用程序开发提供了功能全面的创作和编辑环境。目前 Flash 被广泛应用于网页设计、网页广告、网络动画、多媒体教学软件、游戏设计、企业介绍、产品展示和电子相册等领域。尽管 HTML5 和CSS3 技术进步明显，甚至可以取代 Flash 进行视频播放、网页动画等工作，但都局限在浏览器前端，Flash 未来发展已经定位在网页游戏开发领域，使用 Flash 的动作脚本功能可以制作一些有趣的在线小游戏，如看图识字游戏、贪吃蛇游戏、棋牌类游戏等。因为 Flash 文件具有小巧且加载快捷的优点，一些手机厂商已在手机中嵌入 Flash 游戏。

为了帮助各院校和各类培训机构的相关专业教师全面、系统、专业地讲授 Flash 相关课程，使学生能够熟练地使用 Flash 进行交互动画的设计与制作，我们组织了几位有丰富的 Flash教学与项目开发经验的专业教师和企业实战经验丰富的 Flash 动画设计师深度合作，共同编写了本书。

本书从理论到实践全面介绍了 Adobe Flash CS6 各种功能的操作方法，并融合到实例教学之中。全书分 9 个章节，内容涵盖了 Flash 的基本概念、基本操作，并以新颖实用的实例来映射理论知识，图文并茂，讲解清晰、精练，本书理论与实践相结合，注重操作技能和创新能力的培养。提供了 Flash 商业广告、Flash 交互式网站、Flash 教学课件、Flash 趣味小游戏等综合实例，将项目化的设计模式引入到教材中，模拟企业实战，在结构安排和编写方式上体现了应用型本科院校、职业院校的教学特点。

书中每章基本按照"明确学习目标与内容—软件功能解析—课堂实例—课后练习"的思路进行编排，力求通过软件功能解析使学生快速掌握软件功能；通过课堂实例演练使学生快速掌握 Flash 动画制作思路；课后练习便于学习者课后复习自测。其中前面 2 章是入门基础操作，第 1 章包括 Flash 动画制作原理、软件界面布局、工具的使用、图形的绘制与编辑等，第 2 章介绍了逐帧动画、传统补间动画、形状补间动画的制作方法，提供了具体的实例和操作步骤，特别是将第 1 章中的图形的绘制和编辑的介绍转化成了详细的实操。第 3 章介绍了引导路径动画、遮罩层动画的制作方法，还特别针对 Adobe Flash CS6 软件中的新功能，提供了 IK 骨骼动画、3D 动画的实例制作。第 4、5 章是进阶操作，优秀的 Flash 作品都离不开脚本语句，目前常用的 ActionScript 3.0 与 ActionScript 2.0 版本在语法结构上有较大改变，ActionScript 3.0简化了开发过程，更适合高度复杂的 Web 应用程序和大数据集。第 4 章详细介绍了 ActionScript3.0 的基本语法，通过实例进一步阐述了脚本语句能完成的基本功能。第 5 章介绍了一些常用的特效动画制作，如文字特效、音视频特效等，在音视频特效中大量使用 ActionScript 3.0 脚本语句实现音视频的播放、暂停等功能。第 6、7、8、9 章为综合实例部分，综合实例侧重 Flash软件的实际应用技巧和创意设计，培养学习者对软件的综合运用技能，为综合实例教学提供指导，为学生提供创意思路，分别是 Flash 商业广告、Flash 交互式网站、Flash 教学课件和 Flash 趣味小游戏。

全书对实例的遴选精益求精，做到与 Flash 动画相关行业无缝衔接，强调实例的针对性和实用性。编者根据多年教学与项目开发经验对 Flash 动画制作的教学内容不断优化，做到了有的放矢，重点突出，坚持"理论够用、突出实用、即学即用"的原则，以"工学结合"为目标，注重软件的实际应用，实现"学中做，做中学"。本书内容翔实、条理清晰、语言流畅、图文并茂、实例操作步骤细致、注重实用，使学习者易于吸收和掌握。

本书的主要特色：

（1）本书内容的选取符合动漫、影视、广告、多媒体等专业最新的应用需求和技术趋势。本书精选的经典实例和综合实例遵循循序渐进教学规律，易懂易学。

（2）本书为校企合作完成的"工学结合"类教材，部分实例来源于企业的真实项目。本书的编者来自广州工商学院计算机科学与工程系一线教学岗位的专职教师和企业 Flash 动画设计师。

（3）注重方法的讲解与技巧的总结。在介绍具体实例制作的详细操作步骤的同时，对于一些重要而常用的知识点与技能进行了较为精辟的总结。

（4）操作步骤详细。本书中实例的操作步骤介绍非常详细，即使是初级入门的学习者，只需一步步按照书本步骤进行操作，一般都可以制作出相同或相似的效果。

本书由朱荣、陈保、张杰任主编，蔡敏、李小映、刘金秀任副主编。朱荣负责全书内容的策划、修改、审稿，朱荣编写第 1、7、8 章，张杰编写第 2、6 章，陈保编写第 3、5、9 章，蔡敏编写第 4 章，李小映、刘金秀参与本书实例验证工作。

本书是编者在总结多年教学经验和 Flash 动画制作经验的基础上编写而成的，编者在探索教材建设方面做了许多努力，也对书稿进行了多次审校。但由于编写时间及水平有限，难免存在一些疏漏和不足，希望同行专家和读者给予批评指正。

编　者

2016 年 10 月

目 录

→ Flash 动画制作基础

    Flash 是一种二维矢量动画制作软件，使用该软件既可以快速绘制图形、编辑文字、添加声音和视频、运用帧、层、补间等制作出绚丽的动画特效，又可以通过 ActionScript 3.0 脚本语句开发出更高级的交互式动画。基础操作掌握是否牢固是制作一个优秀 Flash 动画的先决条件，本章主要阐述 Flash 软件的应用领域和 Flash CS6 的入门操作，并通过一个动画实例的制作来认识 Flash 软件制作动画的基本流程。

	本 章 知 识	了 解	掌 握	重 点	难 点
学习目标	Flash CS6 界面	☆			
	图形的绘制		☆	☆	☆
	文字的编辑		☆		
	元件的编辑		☆	☆	
	帧的操作		☆	☆	
	图层的操作		☆		
	对象的修改		☆	☆	☆
	测试与发布		☆		

1.1　Flash CS6 简介

    Flash 既可以制作动画又具备应用程序开发功能，并且常应用于 Web 端，所以又称为交互式矢量图 Web 动画软件。Flash 动画基本都包含视频、声音、图形等丰富的媒体元素，但是当发布成扩展名为.swf 的 Flash 动画后，该类型文件占用硬盘空间非常少，并且可以通过 Flash Player 播放器（版本不低于 Flash 程序自带播放器的版本）以及各种浏览器、视频播放器进行演示，所以被广泛应用于影视动画、商业广告、节目片头、交互式网站、教学课件、网页游戏等领域。然而，随着 HTML5 以及三维动画的快速发展，Adobe 推出的 Flash CS6 软件也升级了代码管理，添加了 3D 转换、视频集成等功能。关于 Flash 的未来，Adobe 创意部门亚太区专业讲师 Paul Burnett 认为"Flash 未来的发展已经定位在移动终端的 3D 高端网页游戏和 DRM 数字版权管理两个方面。"

1.1.1　Flash 软件应用

  1. 影视动画与节目片头

随着动画技术的发展，Flash 动画制作越来越多地进入了影视领域，其优点在于制作费用低于实拍，内容也不受场地等因素的限制，并且画面可以更加丰富多样。尽管目前大部分影视动画向着仿真度高的三维动画方向发展，但是 Flash 动画在影视领域仍然具有较为广阔的市场，主要原因是 Flash 动画制作技术相对简单，受网络资源的制约比较小，可以同时在网络平台和电视台播出。另外，在情节和画面上往往可以更加夸张起伏，可以将好的创意发挥得淋漓尽致。一部完整的商业型影视动画通常需要经过选题与策划、角色与场景设计、动画制作、后期处理等步骤，并且需要把握色彩表现、配音技术、营销等方面。国内外有很多使用 Flash 软件制作并广受观众喜爱的影视动画和节目片头，如图 1.1 所示。

图 1.1　Flash 影视动画与节目片头

2. 商业广告

随着各大门户网站特别是电商网站的兴起，网络广告成了举足轻重的媒体营销手段。应网络而生的 Flash 软件制作出的动画除了具有成本低、周期短、产品多样化和交互性强等优势，还能通过针对性和目的性极强的传播方式将商业产品信息呈现给受众，使得受众在不经意间记住和了解产品，又不容易厌倦。这种隐性的宣传方式巧妙地将网络和商业进行了有效整合。除此之外，电视广告也会大量使用 Flash 动画，因为 Flash 动画能以简单的构图、可变化的场景和幽默夸张的视觉表现形式吸引受众并传递广告信息，为电视等传媒行业注入新的活力。在国内外商业广告中就有很多高品质的代表作，如图 1.2 所示。

图 1.2　Flash 商业广告

3. 宣传片

Flash 软件一出现就有很多闪客爱好者开始用它来制作公益宣传片和企业宣传片，因为 Flash 可以综合运用图像、声音、语言、文字等多种元素，全面地介绍宣传内容，画面动感十足，比平面媒体要丰富和翔实得多。Flash 软件制作的公益宣传动画和企业宣传动画作品有很多，如图 1.3 所示。

图 1.3　Flash 宣传动画

4．交互式网站

Flash 软件在网站设计与制作方面具备一定的优势。第一，Flash 网站以动漫动画的表现形式，在视觉上产生的绚丽效果不是其他技术可以取代的，能给用户留下深刻印象；第二，Flash 生成的文件较小，适合传输；第三，Flash 软件的 AS 脚本语句经过 3 个版本的发展已能与其他语言一样完成灵活的交互应用。当然 Flash 软件制作的网站也具有缺点，例如，Flash 网站对搜索引擎不是很友好，制作成本高，制作周期长，维护难度大等。另外，HTML5 和 CSS3 技术逐渐成熟，通过脚本语句能实现一些动态效果，对 Flash 网站也形成了挑战。尽管如此，Flash 网站对企业品牌的推广效果还是非常好，Flash 网站作为企业地位的象征已被越来越多有实力的企业采用，特别是一些高端的汽车品牌和房产项目，如图 1.4 所示。

图 1.4　Flash 网站

5．教学课件

传统的 PPT 课件是教学内容常用的演示手段，尽管可以加入音频、视频和按钮组件，但是从交互性、集成性和趣味性来说，Flash 课件具备明显的优势。例如，Flash 软件可以精确模拟制作出各种实验原理和过程，化抽象为形象，将学生带进生动、色彩缤纷的教学情境之中，使学生感官接受刺激，提高学习效率。当然一个好的 Flash 课件除了有良好的交互性外，界面的设计风格和色彩搭配也非常重要，如图 1.5 所示。

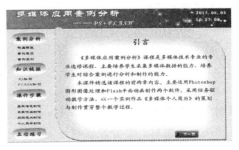

图 1.5　Flash 课件

6. 网页游戏

Flash 软件中的可编程脚本解析器 ActionScript 能实现对象和流程控制，这样 Flash 就成为了绝大多数小游戏开发的技术基础。由于 AS3.0 支持 Socket 联网功能，Flash 软件也能开发大型交互式网页游戏。另外，Flash 游戏无须下载客户端、无须安装、文件体积小，打开网页不到 1 min 就可进入游戏，深受游戏爱好者的追捧，如图 1.6 所示。

图 1.6 Flash 游戏

1.1.2 Flash 动画制作原理

传统意义上的动画是指在连续多格胶片上拍摄一系列的单个画面（原画、中间画），胶片连续运动从而产生动态视觉效果，主要是靠人眼的视觉残留效应，动作的发展按照时间发生的顺序进行，如图 1.7 所示。Flash 动画制作的原理与传统动画相同，所不同的是 Flash 动画通过帧来存放单个画面（原画），利用各帧之间的位置差来控制动画节奏（帧频），通过补间来演示画面之间的过渡效果（中间画），通过图层将不同的元素按顺序叠放到同一个场景中。

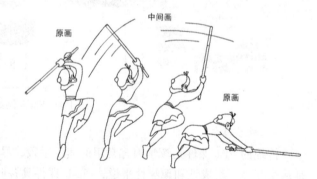

使用 Flash 软件制作作品，无论是商业广告、网站或影视动画基本都遵循以下几个步骤：

1. 制定创意方案

根据客户提出的需求，制定出 Flash

图 1.7 动画形成过程

作品的风格特点和主题内容，也可以确定是在网络端播放还是在其他媒体设备上播放，并确定场景画面的大小、帧频（播放速度）和输出格式等。

2. 设计分镜稿本

分镜稿本的设计是体现 Flash 作品的叙事风格、构架故事逻辑、控制节奏的重要环节。要设计一个好的分镜稿本，需要掌握不同的镜头视角所产生的心理作用，每个镜头画面播放的时间和画出每个场景中的主要角色等。

3. 准备素材

根据创意方案和分镜稿本准备 Flash 作品的素材，可以是自制素材，也可以使用免费素材或者购买商业素材，部分原素材还需要使用 Photoshop 图像处理软件进行剪裁、校色等。

4. 制作动画

通常制作者会将准备好的原素材导入到 Flash 软件中，将其转换成图形元件、按钮元件或影片剪辑，使用逐帧动画、遮罩层动画、引导层动画、动作脚本、添加声音等技术来完成 Flash 作品。

5. 测试与发布

将制作好的动画进行测试，会自动生成 SWF 格式的文件，该文件可以在网络平台上运行，当然也可以发布成 AVI 格式的文件，用于其他电视媒体平台的播放。

1.1.3　Flash CS6 界面布局

Flash CS6 与 Flash CS5 的主界面风格和布局基本一致，在功能方面，除新增了快速生成 Sprite 表单功能，用于改善游戏体验、工作流程和性能之外，还利用新的扩展功能创建交互式 HTML 内容，还能针对 Android 和 iOS 平台进行设计。图 1.8 显示了 Flash CS6 主界面的布局和各个功能区。

图 1.8　Flash CS6 主界面

1.2　Flash CS6 基本操作

1.2.1　文件的操作

制作 Flash 动画的第一步操作是创建文件或打开文件，当文件制作完成后还需要测试、保存和发布文件，下面介绍文件的基本操作。

1. 创建文件

启动 Flash CS6 软件，单击"文件"|"新建"命令，或按【Ctrl+N】组合键，弹出"新建文档"对话框，在"常规"选项卡的"类型"列表框中选择"ActionScript 3.0"选项即可以创建一个新文件，设置好舞台的宽、高、帧频和背景颜色等。也可以使用模板创建，在弹出的"新建文档"对话框中选择"模板"选项卡，在"类别"列表框中选择"广告"选项，在"模板"列表框中选择"234×60 半横幅"选项，如图 1.9 所示。

 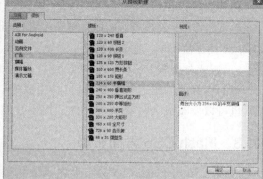

图 1.9　创建 Flash CS6 文件

2. 打开文件

单击"文件"|"打开"命令，或按【Ctrl+O】组合键，弹出"打开"对话框，找到需要打开的 fla 文件。

3. 保存文件

单击"文件"|"保存"命令，或者单击"文件"|"另存为"命令可以将当前文件进行保存。分别按【Ctrl+S】组合键或【Shift+Ctrl+S】组合键也可以保存文件。

4. 测试与发布

单击"控制"|"测试影片"|"测试"命令，或按【Ctrl+Enter】组合键可以测试影片，默认情况下会自动发布成扩展名为".swf"的文件，该文件可以通过 Flash Player 播放，也可以使用其他类型的影音播放器或者使用浏览器进行播放。如果希望文件发布成 GIF 图像，可以单击"文件"|"发布设置"命令，在弹出的"发布设置"对话框（见图 1.10）中的"其他格式"列表框中勾选"GIF 图像"复选框。如果勾选"Win 放映文件"

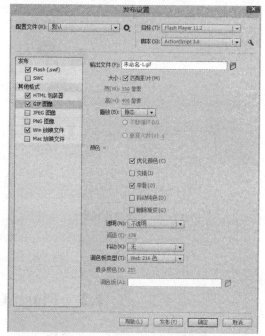

图 1.10　Flash CS6 发布设置

复选框，则发布后会生成扩展名为".exe"的文件，发布成 Win 放映文件可以直接运行进行播放。

1.2.2　素材的导入

制作动画通常需要导入一些外部素材，Flash 软件可以导入绝大部分格式的位图和矢量图，甚至包括 PSD 和 AI 格式。也可以导入声音和视频文件，音频文件格式包括 MP3、WAV 等，视频文件格式包括 FLV 等。单击"文件"|"导入"命令，可以选择三种导入方式，即"导入到库""导入到舞台"和"打开外部库"。导入到库后素材会放置于"库"面板中，可以直接将"库"面板中的素材拖到舞台中；将素材导入到舞台后素材会按照选中的先后顺序逐帧

显示在舞台中；如果直接选择"导入视频"命令，默认情况下会使用播放组件加载外部视频，通过外观设定可以选择不同类型的播放组件（见图 1.11），导入成功后"库"面板中会出现 FlVPlayback 元件，舞台中会出现带有播放控件的视频，发布后，要确保 Flash 文件和视频源文件在同一目录下，Flash 文件中的视频才可以播放。

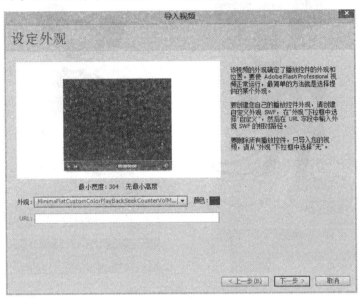

图 1.11　"导入视频"对话框

1.2.3　元件的创建

　　元件是 Flash 动画形成的基本要素，所谓元件就是由图片、文字、形状、视频、声音以及元件本身等生成的"群组化控件"，存放在库面板中，元件可反复拖到舞台中，拖到舞台后的元件就变成实例。元件与实例最根本的区别在于，元件修改后，对应的所有实例都会被同步修改，而实例被修改后元件则不受影响。单击"插入"|"新建元件"命令，或按【Ctrl+F8】组合键，在弹出的"创建新元件"对话框中设置名称，选择元件的类型，可创建的元件类型包括影片剪辑、按钮和图形，如图 1.12 所示。

图 1.12　"创建新元件"对话框

　　1. 图形元件

　　Flash 的补间动画需要图形元件才可以生成，图形元件常用于放置静态图形图像，该元件在属性面板中不能创建实例名称，也就意味着脚本语句不能调用，可以设置色彩效果和循环。另外，该元件不一定就是单帧，可以有自己的时间轴，如图 1.13 所示，如果将其拖到舞台中，就必须设置舞台的帧数与元件的帧数一致。

　　2. 影片剪辑元件

　　影片剪辑元件实际上就是一段可以自动循环播放的动画，可以创建实例名称并被脚本语句调用，也可以包含图形元件，如果图形元件被删除，则影片剪辑显示为空。然而，与拥有独立时间轴的图形元件所不同的是，影片剪辑元件在场景舞台中是以单帧显示不需要添加其他帧，并且其内部动画只能导出或测试后才能预览，如图 1.14 所示。

图 1.13　"图形"元件

3．按钮元件

按钮元件通常用于实现交互功能，该元件的时间轴上有四个帧，"弹起"是指鼠标没有经过按钮时的状态，"指针经过"是指鼠标放到按钮上时的状态，"按下"是指单击按钮没松开时的状态，"点击"是指单击按钮并释放鼠标后的状态，如图 1.15 所示。

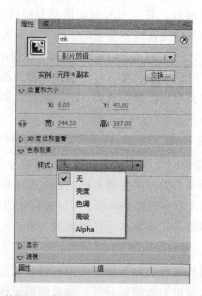

图 1.14　"影片剪辑"元件

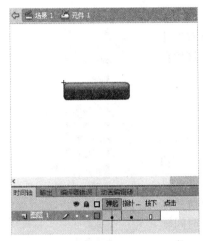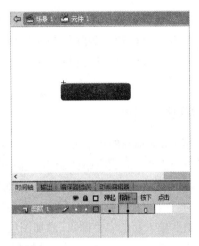

图 1.15 "按钮"元件

三种元件可以相互包含，也可以相互转换，即通过在"库"面板中选择元件并右击，在弹出的快捷菜单中选择"直接复制"命令，在弹出的"直接复制元件"对话框中选择副本元件的类型和输入名称就可以实现，如图 1.16 所示。

图 1.16 元件的复制和转换

1.2.4 帧的操作

在时间轴面板上，每一个小方格就是 1 帧，并且以 5 帧作为一个单位进行数字标识。帧是最小的时间单位，帧的作用就是记录每一个动作在每一个时间点上的位置，Flash 软件中的帧包括空白关键帧（空心圆）、关键帧（实心圆）和普通帧（方块），如图 1.17 所示。关键帧是指该帧里含有图形等内容，空白关键帧是指该帧里没有任何内容，普通帧是指依附在关键帧后的帧，主要起到延长时间的作用。

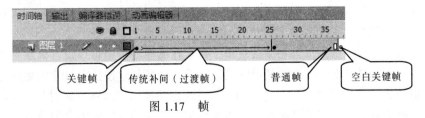

图 1.17 帧

创建帧首先将鼠标定位到某个时间位置，单击"插入"|"时间轴"|"关键帧"命令，也可以右击，在弹出的快捷菜单中选择需要的帧类型，如图 1.18 所示。或者使用快捷键【F5】

创建普通帧，快捷键【F6】创建关键帧，快捷键【F7】创建空白关键帧。复制帧、删除帧等操作都可以通过右击相应帧，在弹出的快捷菜单中进行操作，移动帧则直接用鼠标拖动帧即可。

1.2.5　图层的操作

图层是 Flash 动画的组织手段，通过图层可以将背景和动画元素进行叠加，形成完整的画面，也利用图层的一些功能形成特殊的效果。默认情况下，新创建的 Flash 文件会自动出现名为"图层 1"的普通图层，如果要给图层重命名只要双击图层并输入新的名称即可。添加图层可以单击时间轴下方的"新建图层"按钮 ；删除图层则单击"删除"按钮 ；移动图层只需要将选定的图层向上或向下拖动到适当的位置即可。

图层的类型还包括引导层和遮罩层，如果需要使用引导层，可以选择"图层 1"后右击，在弹出的快捷菜单中选择"添加传统运动引导层"命令，在"图层 1"上方会出现"引导层：图层 1"，如图 1.19 所示。该图层放入的元素必须是打散的图形，如绘制的连续直线，测试发

图 1.18　帧的右键快捷菜单

布后该图层中的图形不显示，"图层 1"中的对象会沿着引导层中的图形路径运动，运动对象的中心要吸附到引导图形的起点和终点。

遮罩动画是 Flash 中一个很重要的动画类型，很多有丰富效果的动画都是通过设置遮罩层实现的。如果需要使用遮罩层，通常需要建立 2 个图层，如选择"图层 1"上方的"图层 2"并右击，在弹出的快捷菜单中选择"遮罩层"命令，"图层 2"就成为"图层 1"的遮罩层，如图 1.20 所示。遮罩层的基本原理是被遮罩的部分显示，不被遮罩的部分隐藏。

图 1.19　添加引导层

图 1.20　遮罩层

1.2.6　图形的绘制

Flash 软件绘制出来的是矢量图形，矢量图形是由称为矢量的数学对象定义的点或线条组成，这些矢量还包括颜色和位置等属性。下面将使用工具箱中常用的绘图工具来完成不同风格的对象的绘制。

线条工具 ：单击工具箱中的线条工具，在属性面板中可以设置笔触颜色、笔触高度、笔触样式等，同时也可以编辑笔触样式，如图 1.21 所示。按住【Alt】键后再拖动鼠标可以画出辐射角为 45° 的直线。按住【Shift】键后再拖动鼠标可以画出辐射角为 90° 的直线。

铅笔工具 ：铅笔工具的属性面板增加了"笔触平滑度"的参数设置，也可以通过工具箱下方的"铅笔模式"按钮改变绘制的线条形状，如图 1.22 所示。

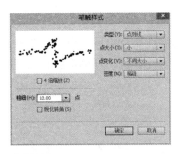

图 1.21 线条工具属性

图 1.22 铅笔工具属性

钢笔工具 ：钢笔工具的属性面板与线条工具的属性面板内容一致，所不同的是钢笔工具使用锚点来控制线条的形状和弯曲度，单击"钢笔工具"按钮右下角的黑色三角形可以找到添加锚点工具、删除锚点工具和转换锚点工具，如图 1.23 所示。

图 1.23 钢笔工具属性

刷子工具 ✏：刷子工具的属性面板中只可以设置"填充颜色"和"笔触平滑度"两项，"刷子模式""刷子大小""刷子形状"等选项则需要通过工具箱最下方的按钮来修改。而喷涂刷工具类似于粒子喷射器，使用它可以一次性将形状图案"刷"到舞台上，也可以将库中的任何影片剪辑或图形元件作为"粒子"使用，如图 1.24 所示。

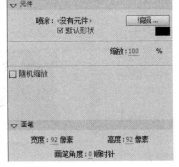
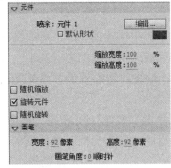

图 1.24 刷子工具属性

矩形工具 ：矩形工具中包含了其他类型的绘图工具，如椭圆工具、多角星形工具等，在这些工具的属性面板中可以设置"笔触颜色"和"填充颜色"，如图 1.25 所示。如果不需要笔触颜色或填充颜色，可单击颜色色块后再单击 按钮。

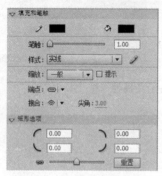

图 1.25　矩形工具属性

Deco 工具 ：Deco 工具与喷涂刷工具功能类似，共提供了 13 种绘制效果，可以快速完成大量相同元素的绘制，如利用"藤蔓式填充"效果，可以用藤蔓式图案填充舞台、元件或封闭区域，也可以从库中选择元件，替换默认的插图。也可以应用它制作出很多复杂的动画效果，如使用"火焰动画"效果，可以在舞台中生成程序化的逐帧动画效果。Deco 工具的属性面板如图 1.26 所示。

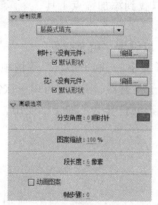

图 1.26　Deco 工具属性面板

1.3　制作第一个简单动画

根据上一小节中讲述的 Flash 基本操作，以项目式的操作方式来制作完成一个简单的电子相册，舞台的画面效果如图 1.27 所示，最终的动画效果可参见光盘中的文件"效果\ch01\电子相册.swf"。

Step 1　单击"文件"|"新建"命令，或按【Ctrl+N】组合键，在弹出的"新建文档"对话框的"常规"选项卡中选择"ActionScript 3.0"选项，设置舞台宽度和高度为 720

图 1.27　电子相册舞台效果

像素×540 像素，帧频默认为 24 fps，单击"确定"按钮，如图 1.28 所示。

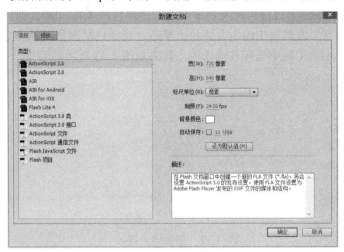

图 1.28　"新建文档"对话框

Step2　单击"文件"|"导入"|"导入到库"命令，在弹出的"导入到库"对话框中选择光盘中的"素材\ch01\1.电子相册"中的所有图片文件，接着单击"打开"按钮，"库"面板中就出现了所需要的素材。

Step3　单击工具箱中的"矩形工具" ▣，在"属性"面板中将笔触大小设置为"0"。单击"窗口"|"颜色"命令，或者单击附加工具栏中的"颜色"按钮 ▣，在"颜色类型"下拉列表框中选择"线性渐变"选项，单击左边的颜色滑块并输入十六进制值为"FFFFFF"，单击右边的颜色滑块并输入十六进制值为"1898C3"，如图 1.29 所示。

Step4　拖动鼠标将矩形覆盖整个舞台，如图 1.30 所示，单击工具箱中的"渐变变形工具" ▣，将矩形顺时针旋转 90°，如图 1.31 所示。

图 1.29　设置矩形颜色

图 1.30　绘制矩形

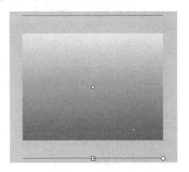

图 1.31　渐变变形

Step5　将"图层 1"重命名为"背景"，新建"图层 2"并重命名为"海底沙"，单击"海底沙"图层的第 1 帧，单击工具箱中的"线条工具" ＼，在舞台上绘制一个闭合的路径，再单击工具箱中的"选择工具" ▶，在路径的上方拖动鼠标，将直线拉弯成曲线，如图 1.32 所示。

Step6 在工具箱中单击"填充颜色"□，在"颜色"文本框中输入十六进制值"#F9EECD"，按【Enter】键，再在工具箱中单击"颜料桶工具"，保持"海底沙"图层的第 1 帧为选中状态，在舞台中的闭合路径中单击，将颜色填充到路径内部，如果填充不成功，可在"空隙大小"工具中选择其他选项，效果如图 1.33 所示。

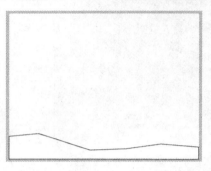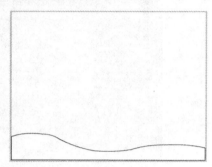

图 1.32 绘制闭合路径

图 1.33 填充颜色

Step7 新建"图层 3"重命名为"相框"，单击工具箱中的"矩形工具"□，在"属性"面板中设置"笔触颜色"为"#8CCBE0"，"填充颜色"为"#FFFFFF"，"笔触大小"为"10"，"矩形选项"区域的"矩形边角半径"为"10"，保持"相框"图层的第 1 帧为选中状态，在舞台中拖动鼠标绘制圆角矩形，设置该圆角矩形的宽度为"600"，高度为"450"，并放到合适的位置，如图 1.34 所示。

图 1.34 绘制圆角矩形

Step8 新建"图层 4"重命名为"鱼"，单击"库"面板，将其中的 Fish、Starfish1、Starfish2、Starfish3、Starfish4、Starfish5 这 6 张位图拖到舞台中合适的位置，单击工具箱中的

"任意变形工具" ，将位图进行适当缩放，效果如图 1.35 所示。

Step9 单击 "插入" | "新建元件" 命令，或按【Ctrl+F8】组合键，在弹出的 "创建新元件" 对话框中选择 "图形" 选项，并命名为 "气泡"。单击工具箱中的 "椭圆工具"，在 "属性" 面板中设置 "笔触颜色" 为 "无"，"填充颜色" 为 "白色"，按住【Shift】键在 "气泡" 元件的舞台中拖动鼠标绘制白色的正圆，对白色正圆进行多次复制，并适当调整圆形大小，效果如图 1.36 所示。

图 1.35　应用库面板中的素材

Step10 新建 "图层 5" 重命名为 "气泡"，将 "库" 面板中的 "气泡" 元件多次拖到场景 1 的舞台中，并调整好大小、方向和位置，效果如图 1.37 所示。

图 1.36　制作图形元件

Step11 新建 "图层 6" 重命名为 "照片"，将 "库" 面板中的 Beaver1 位图拖到舞台中心，保持位图为选中状态，单击 "窗口" | "变形" 命令，在弹出的 "变形" 面板中设置 "缩放宽度" 和 "缩放高度" 为 "80%"。在 "照片" 图层的第 15 帧右击，在弹出的快捷菜单中选择 "插入关键帧" 命令或者按【F6】键，将 "库" 面板中的 Beaver2 位图拖到舞台中心，使用相同的方法进行变形，效果如图 1.38 所示。

图 1.37　应用 "库" 面板中的图形元件

图 1.38　使用变形命令

Step12 在"照片"图层的第 30 帧、第 45 帧、第 60 帧均插入关键帧，分别将"库"面板中的 Beaver3、Beaver4、Beaver5 这 3 张位图拖到舞台中心，按照 Beaver1 位图的变形方式进行变形。按住【Shift】键选中所有图层的第 75 帧右击，在弹出的快捷菜单中选择"插入帧"命令，时间轴的效果如图 1.39 所示。

图 1.39 操作时间轴

Step13 保存文件，单击"控制"|"测试场景"命令或者按【Ctrl+Enter】组合键对文件进行测试。

课 后 练 习

一、选择题

1. 对于在网络上播放的动画，最合适的帧频是（　　）。

    A. 24 fps   B. 12 fps   C. 25 fps   D. 16 fps

2. 下列关于时间轴中帧的影格的标记说法不正确的是（　　）。

    A. 所有的关键帧都用一个小圆圈表示

    B. 有内容的关键帧为实心圆圈，没有内容的关键帧为空心圆圈

    C. 普通帧在时间轴上用方块表示

    D. 加动作语句的关键帧会在上方显示一个小红旗

3. 在 Flash 时间轴上，选取连续的多帧或选取不连续的多帧时，需要分别按下（　　）键后，再使用鼠标进行选取。

    A.【Shift】、【Alt】   B.【Shift】、【Ctrl】

    C.【Ctrl】、【Shift】   D.【Esc】、【Tab】

4. 编辑位图图像时，修改的是（　　）。

    A. 像素   B. 曲线   C. 直线   D. 网格

5. 以下关于图形元件的叙述正确的是（　　）。

    A. 图形元件可重复使用   B. 图形元件不可重复使用

    C. 可以在图形元件中使用声音   D. 可以在图形元件中使用交互式控件

二、操作题

使用本章中所学的知识制作一个简单的电子相册。

→ 基础动画

Flash 基础动画的制作大致可分为四种类型，即逐帧方式制作动画、利用传统补间制作动画、利用形状补间制作动画、利用 Flash 软件的补间动画自动记录动态的方式来制作动画。本章主要阐述 Flash 软件前三种基础动画的制作方法、制作技巧及各种方法的注意事项。

	本章知识	了 解	掌 握	重 点	难 点
学习目标	Flash 基础动画常识	☆			
	逐帧动画		☆	☆	☆
	传统补间动画		☆	☆	☆
	形状补间动画		☆	☆	
	补间动画	☆			

2.1 逐 帧 动 画

逐帧动画是利用一系列逐张变化的图像组成的动态效果，是最传统的动画形式，其方法简单来说就是一帧一帧地把每张变化的图像都绘制出来，可以说逐帧动画中需要制作的每一帧都是关键帧。用这种方式，可以完成绝大部分的动画效果，缺点就是需要逐张制作，比较耗时费力，工作量十分大，而优点就是可以灵活地把握每个动态。图 2.1 所示的就是用逐张绘制的方法制作的由花朵造型逐渐变成人形的实例，动画效果可参见光盘中的文件"效果\ch02\花形变人形.swf"。

图 2.1 花朵逐渐变人形

逐帧动画的方式并不难掌握，但在实际应用中，要根据一般的运动规律，把所要绘制的动画进行分析，安排每一帧图像的造型、色彩与位置的变化，并把握所要绘制动画的帧数以及帧频。

2.1.1 实例 I —— 制作"溢彩流星"动画

根据前面所说的逐帧动画的制作方法，现在尝试利用逐帧方式制作"溢彩流星"动画，画面效果如图 2.2 所示，最终的动画效果可参见光盘中的文件"效果\ch02\2.1.1 溢彩流星.swf"。

图 2.2　溢彩流星效果

Step1 单击"文件"|"新建"命令，或按【Ctrl+N】组合键，在弹出的"新建文档"对话框的"常规"选项卡中选择"ActionScript 3.0"选项，舞台宽度和高度为默认值即可，设置帧频为 12 fps，单击"确定"按钮，如图 2.3 所示。

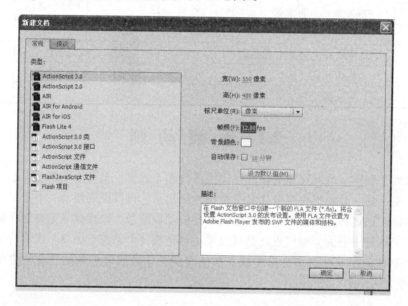

图 2.3　新建文档

Step2 单击工具箱中的"矩形工具"，在"属性"面板中将"笔触颜色"设置为无色，单击"窗口"|"颜色"命令，或者单击附加工具栏中的"颜色"按钮，在"颜色类型"下拉列表框中选择"线性渐变"选项，单击左边的颜色滑块并输入十六进制值为"030B23"，单击右边的颜色滑块并输入十六进制值为"053EBF"，如图 2.4 所示。

Step3 重命名"图层 1"为"背景"，在该图层上拖动鼠标将矩形覆盖整个舞台，如图 2.5 所示，单击工具箱中的"渐变变形工具"或按【F】键，将矩形顺时针旋转 90°，如图 2.6 所示。编辑完成后，单击"背景"图层上的锁形图标将该层锁定。

图 2.4　设置矩形颜色

图 2.5　绘制矩形

图 2.6　渐变变形

Step4　新建图层并重命名为"繁星"，单击工具箱中的"多角星形工具" ⬡，在"属性"面板"工具设置"区域单击"选项"按钮 ⬛选项…⬛，在弹出的"工具设置"对话框中将"样式"设置为"星形"，"边数"设置为"10"，"星形顶点大小"设置为"0.20"，如图 2.7 所示。在"属性"面板中将"笔触颜色"设置为无色 ⬛，"填充颜色"的十六进制值为"#FFFF00"。单击"繁星"图层的第 1 帧，在舞台中反复单击拖动，绘制出大大小小的满天繁星，注意在"属性"面板中观察每颗星形的"宽"与"高"尽量不要超过 15 像素×15 像素，如图 2.8 所示。

图 2.7　多角星形工具设置

图 2.8　繁星满天的效果

Step5　同时选中"繁星"和"背景"图层的第 24 帧（按住【Shift】键可加选），如图 2.9 所示。按【F5】键可在两个图层的第 24 帧同时"插入帧"，则此时"繁星"和"背景"两个图层都将在动画中持续显示 2 s，如图 2.10 所示。

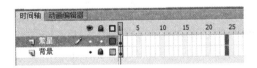

图 2.9　在时间轴上选中帧

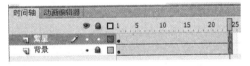

图 2.10　在时间轴上插入帧

Step6　在"繁星"图层上新建图层并重命名为"流星"，单击"流星"图层的第 1 帧，保持步骤 4 的"多角星形工具"设置，在舞台中随意绘制一个星形，用工具箱中的"选择工具" ⬛选中星形，在"属性"面板中设置其"位置"和"大小"：X 的值为"530"，Y 的值为"-8"，宽和高的值均为"30"，并单击宽高前的图标⬛把宽高的比例进行锁定，绘制的效果如图 2.11 所示。一颗比较明亮的星星出现在舞台的右上角处。选中星形并按【F8】键，把星形转换为元件，在弹出的"转换为元件"对话框中设置其"名称"为"流星"，"类型"为"图形"，如图 2.12 所示，单击"确定"按钮退出。

图 2.11　第 1 帧星形的位置（箭头所指）和大小

图 2.12　"转换为元件"对话框

Step7　右击"流星"图层的第 2 帧，在弹出的快捷菜单中选择"插入关键帧"命令（或直接按【F6】键快速插入关键帧）。选中第 2 帧中的元件"流星"，在"属性"面板中设置其"位置"和"大小"：X 值为"490"，Y 值为"20"，宽和高均为"35"，效果如图 2.13 所示。

图 2.13　第 2 帧星形的位置（箭头所指）和大小

Step8　后面 4 个关键帧中"流星"的制作方法与第 2 帧相同。需注意的是用逐帧的方法绘制流星，要安排好每一帧上"流星"的大小和位置的变化。由于流星下落是一个加速运动，所以在制作后面的关键帧时流星下落的距离应该越来越大，且流星的大小也相应改变。为了给读者提供参考，以下列出每个关键帧中元件"流星"的位置与大小数据。

第 1 帧：X：530，Y：-8，宽：30，高：30；

第 2 帧：X：490，Y：20，宽：35，高：35；

第 3 帧：X：430，Y：60，宽：40，高：40；

第 4 帧：X：350，Y：120，宽：45，高：45；

第 5 帧：X：230，Y：210，宽：50，高：50；

第 6 帧：X：90，Y：320，宽：55，高：55。

制作完毕后，选中"第 6 帧"，单击"时间轴"下方的"绘图纸外观轮廓"按钮 ▢，在时间轴上把"绘图纸外观轮廓"的范围设置在第 1 帧到第 6 帧之间，如图 2.14 所示，然后在舞台中观察其效果，如图 2.15 所示。

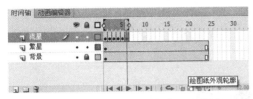

图 2.14 "绘图纸外观轮廓"的范围　　图 2.15 打开"绘图纸外观轮廓"后前 6 帧的效果

Step9 此时按【Ctrl+Enter】组合键测试即可见"流星"落下的效果。下面开始为"流星"绘制拖尾及溢彩效果。在"流星"图层上新建图层并重命名为"拖尾"。选中第 1 帧，切换"多角星形工具" 为"椭圆工具"（或直接使用快捷键【O】进行切换），如图 2.16 所示。在舞台中按住【Shift】键单击并拖动鼠标任意绘制一个圆，然后按快捷键【V】切换为"选择工具" ，移动鼠标接近圆

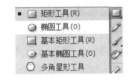

图 2.16 切换"椭圆工具"

的边缘，当箭头下方出现弧形小图标时，在圆的右边拖出图 2.17 所示的形状。双击选中形状，在"属性"面板中将"笔触颜色"设置为无色 ，单击附加工具栏中的"颜色"按钮 ，在"颜色类型"下拉列表框中选择"线性渐变"选项，单击左边的颜色滑块并输入十六进制值为"F2FF00"，单击右边的颜色滑块并输入十六进制值同样为"F2FF00"，但其 Alpha 值为"0%"，如图 2.18 所示。

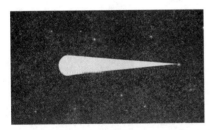

图 2.17 以"圆"为基础绘制的流星拖尾　　图 2.18 颜色设置

Step10 选中先前所绘制的流星拖尾，设置其宽为"100"，高为"15"，按【F8】键将其转换成元件，设置"名称"为"拖尾"，"类型"为"影片剪辑"，如图 2.19 所示。按快捷键【Q】切换成"任意变形工具"，单击拖动元件的中心点，移至元件左端如图 2.20 所示位置。

图 2.19 转换为元件　　　　　　图 2.20 设置元件中心点（箭头所指）

第 2 章 基础动画

Step11 在"拖尾"图层第 1 帧上选中元件"拖尾",按【Ctrl+T】组合键打开"变形"面板,设置其旋转角度为"-38.0°",将其中心与"流星"图层第 1 帧中的"流星"中心对准,可得到流星的拖尾效果如图 2.21 所示。

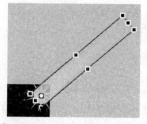

图 2.21 拖尾旋转角度设置及其与流星中心对齐的效果

Step12 选中"拖尾"元件,在"属性"面板的色彩效果区域,设置"拖尾"的 Alpha 值为"75%"。在"属性"面板滤镜区域中单击"添加滤镜"按钮,在弹出菜单中选中"渐变发光"命令,然后设置渐变发光滤镜的值,模糊 X 与模糊 Y 均为"11 像素",强度为"200%",品质为"高",角度与距离的值都为"0",如图 2.22 所示。单击滤镜属性里的"渐变"颜色条,设置其两端的十六进制颜色值均为"#FFFF99"。发光的拖尾效果如图 2.23 所示。

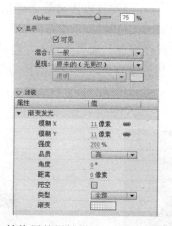

图 2.22 第 1 帧拖尾的属性设置   图 2.23 流星拖尾发光效果

Step13 选中"拖尾"图层的第 2 帧,按【F6】键插入关键帧,将该帧的"拖尾"元件与"流星"图层第 2 帧的"流星"元件对准,如图 2.24 所示。按【Ctrl+T】组合键打开"变形"面板,设置其"缩放宽度"的值为"130%","缩放高度"的值维持"100%"不变,如图 2.25 所示。

图 2.24 "拖尾"与第 2 帧的"流星"对准   图 2.25 "拖尾"的缩放参数设置

第 3 帧至第 6 帧元件缩放的设置方法与第 2 帧相同，以下列出第 3～6 帧缩放值以供参考：

第 3 帧：缩放宽度为"140%"，缩放高度为"110%"

第 4 帧：缩放宽度为"165%"，缩放高度为"120%"

第 5 帧：缩放宽度为"230%"，缩放高度为"125%"

第 6 帧：缩放宽度为"290%"，缩放高度为"135%"

设置完成后，单击时间轴最下方的"编辑多个帧"按钮，把"编辑多个帧"的范围设置成第 1 帧至第 6 帧，观察是否为图 2.26 所示效果，并按【Ctrl+Enter】组合键进行测试，一次流星划过的效果已经完成。

图 2.26 第 1 帧到第 6 帧的拖尾流星效果

Step14 为了在场景里制作更多的流星效果，可以把制作好的流星与拖尾效果创建成元件。选中"流星"与"拖尾"两个图层上的所有帧并右击，在弹出的快捷菜单中选择"复制帧"命令。按【Ctrl+F8】组合键弹出"创建新元件"对话框，设置元件"名称"为"拖尾流星"，"类型"为"影片剪辑"，如图 2.27 所示。在元件编辑模式中选中"图层 1"的第 1 帧并右击，在弹出的快捷菜单中选择"粘贴帧"命令，如图 2.28 所示，"流星"与"拖尾"两个图层的内容都被粘贴进来。同时选中"流星"与"拖尾"两个图层的第 7 帧到第 24 帧，按【F7】键则同时在这些帧中插入空白关键帧，如图 2.29 所示。这是为了防止"拖尾流星"元件放入舞台后在 24 帧内反复循环播放。

图 2.27 复制帧与新建元件

图 2.28 在新建的元件中粘帖帧

图 2.29 插入空白关键帧

Step15 单击舞台编辑区域左上角的"场景 1"按钮返回场景（见图 2.30），新建图层重命名为"粉色流星"，选中第 4 帧并按【F7】键插入空白关键帧，然后按【Ctrl+L】组合键打开"库"面板，将"库"里的"拖尾流星"元件拖到舞台中，在"属性"面板中设置其位置与大小，X 值为"95"，Y 值为"155"，宽值为"66"，高值为"57"。在"色彩效果"区域的"样式"下拉列表框中选择"高级"选项，设置绿色值为"35%"，如图 2.31 所示。粉色流星在场景中的效果如图 2.32 所示。

图 2.30　返回"场景 1"

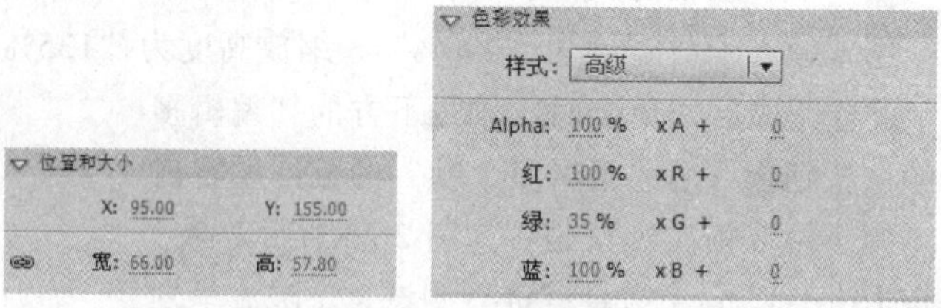

图 2.31　位置与大小及色彩效果的属性设置

Step16　新建图层，重命名为"蓝色流星"，选中第 9 帧并按【F7】键插入空白关键帧，然后按【Ctrl+L】组合键打开"库"面板，将"库"里的"拖尾流星"元件拖到舞台中，在"属性"面板中设置其位置与大小，X 值为"340"，Y 值为"280"，宽值为"75"，高值为"65"。在"色彩效果"区域的"样式"下拉列表框中选择"高级"选项，设置红色值为"0%"，设置 xG+值为"255"，xB+值为"255"，如图 2.33 所示。

图 2.32　粉色流星效果

注意：用同样的方法可以在本场景中添加更多颜色的流星，每颗流星的动态最好用单独一层来表现，不同图层的"拖尾流星"元件的起始位置要错开，流星的动态才不会那么呆板。

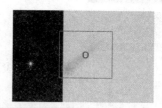

图 2.33　蓝色流星属性设置与效果

2.1.2　实例 Ⅱ——制作"卡通老鼠跳舞"动画

想要绘制老鼠跳舞的动态，就要先对动作进行分析，用逐帧的方式来表现老鼠的每一个动作。一般先确定一个动作的起始帧和结束帧的动态造型，再绘制两帧之间的中间动态。然后再继续绘制起始帧和中间帧，中间帧与结束帧之间的动态，进而继续绘制更多的中间动态，一帧一帧细化，逐渐形成一个流畅的动态效果。

Step1　单击"文件"|"新建"命令，或按【Ctrl+N】组合键，在弹出的"新建文档"对话框的"常规"选项卡中选择"ActionScript 3.0"选项，舞台宽度和高度为默认值即可，

设置帧频为 8 fps，单击"确定"按钮，如图 2.34 所示。

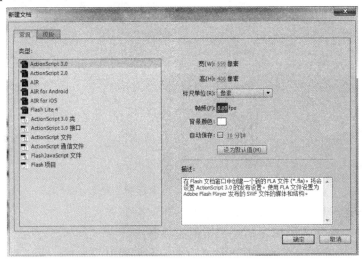

图 2.34　新建文档

> **Step2** 绘制老鼠头部形状。用"椭圆工具"绘制一个圆，用"选择工具"对其加以修改，调整成老鼠的头部形状。然后用"椭圆工具"绘制耳朵，选择不要的线删除，用"选择工具" ▲（快捷键【V】）调整形状，如图 2.35 所示。

> **Step3** 绘制老鼠身体形状。在老鼠头部下方用"椭圆工具" ◎绘制一个椭圆，然后用"选择工具" ▲配合"部分选取工具" ▲（快捷键【A】）对身体形状进行修改。用"铅笔工具"绘制裙子，再用"选择工具" ▲配合"部分选取工具" ▲并利用【+】键快速对裙子曲线加点，逐步编辑修改，使裙子呈现出一定的结构，如图 2.36 所示。

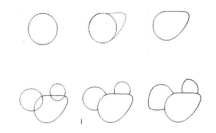

图 2.35　老鼠头部形状绘制步骤

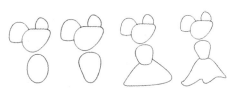

图 2.36 老鼠身体形状绘制步骤

> **Step4** 绘制老鼠四肢。用"线条工具"绘制出老鼠四肢，注意关节点的位置要把握好，如图 2.37 所示。

> **Step5** 深入刻画，绘制老鼠的细节部分，完成卡通老鼠的造型绘制。用"铅笔工具""椭圆工具""线条工具（快捷键【N】）"等绘制工具配合"选择工具"与"部分选取工具"，在老鼠基本形状的基础上加细节。删除多余的线条，调整好线条的造型，完成卡通老鼠的基本形象，步骤如图 2.38 所示。注意细节的表现，可参考人物的形象来丰富老鼠的造型，如图 2.39 所示。绘制完成后，可以把老鼠的位置移到舞台外作为形象参考。

图 2.37　绘制老鼠四肢

图 2.38　卡通老鼠造型绘制步骤

Step6 新建图层，重命名为"基本动态"。根据设
计好的老鼠造型，先在该层第 1 帧绘制出起始动态形状，
如图 2.40 所示。然后在第 9 帧绘制出结束动态。本实例中
可以取巧地把第 1 帧的老鼠动态进行水平翻转来作为第 9
帧的结束动态。方法是在第 9 帧按【F6】键插入关键帧，
整体选中老鼠，单击"修改"｜"变形"｜"水平翻转"命

图 2.39　卡通老鼠造型细节

令，然后把老鼠向右拖动一定的距离，如图 2.41 所示。单击 "绘图纸外观轮廓"按钮，
设置其范围在第 1 帧至第 9 帧之间，就可以在舞台中同时看到第 1 帧和第 9 帧的画面以及
它们的位置关系，如同图 2.40 与图 2.41 之间的距离。

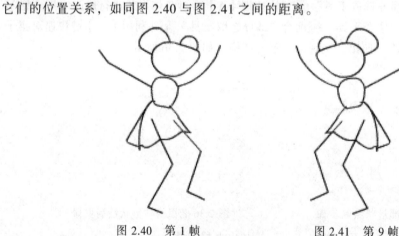

图 2.40　第 1 帧　　　　　　　　　图 2.41　第 9 帧

　　一般在进行逐帧角色动画的绘制时，应先确定其第 1 帧和最后一帧的基本动作。在这
一步，先把形体的动态确定好，确保动态流畅，然后再一帧一帧绘制出细节，这样做可以
对动态更有把握。如果一开始就想着直接用复杂的老鼠形象来绘制动态，就有可能做许多
无用功。

　　Step7 绘制第 1 帧到第 9 帧之间的中间帧（第 5 帧），这一帧的动作是老鼠起跳到空
中最高的位置。保持"绘图纸外观轮廓"的打开状态，确保其范围设置在第 1 帧和第 9 帧之
间（见图 2.42）。在第 5 帧插入关键帧，用上一步中提到的方法，对老鼠进行修改，绘制出
以下动作，如图 2.43 所示。

图 2.42　绘图纸外观轮廓的范围　图 2.43　中间帧（第 5 帧）老鼠跳至空中的动态

Step8　绘制第 3 帧的动态。保持"绘图纸外观轮廓"的打开状态，确保其范围设置在第 1 帧和第 5 帧之间，如图 2.44 所示。在第 3 帧插入关键帧，对老鼠进行修改，绘制出图 2.45 所示的动作。

图 2.44　绘制第 3 帧时绘图纸外观轮廓的范围

Step9　绘制第 7 帧的动态。保持"绘图纸外观轮廓"的打开状态，确保其范围设置在第 5 帧至第 9 帧之间，如图 2.46 所示。在第 7 帧插入关键帧，对老鼠进行修改，绘制出图 2.47 所示的动作。

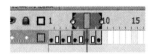

图 2.45　第 3 帧动态及其与第 1、5 帧的位置关系　图 2.46　绘制第 7 帧时绘图纸外观轮廓的范围

注意：老鼠的动态不是死板机械的位移，老鼠在跳跃过程中，身体各部位需要配合，形成自然协调的动态。

Step10　继续用同样的方法，绘制出第 2 帧、第 4 帧、第 6 帧、第 8 帧的老鼠动态，如图 2.48～图 2.52 所示。

图 2.47　第 7 帧动态及其与第 5、9 帧的位置关系　图 2.48　第 2 帧动态及其与第 1、3 帧的位置关系

图 2.49 第 4 帧动态及其与第 3、5 帧的位置关系　　图 2.50 第 6 帧动态及其与第 5、7 帧的位置关系

图 2.51 第 8 帧动态及其与第 7、9 帧　　　图 2.52 绘图纸外观轮廓范围设置
的位置关系（第 2 帧复制翻转可得）　　　在第 1~9 帧时老鼠的全部动态

Step11 观察老鼠目前的动态，是从左边起跳到右边落下。如果想制作出一直跳舞的循环动态，那么就需要继续制作从右往左跳的动作。此时，可利用老鼠先前的动态来完成。选中第 1 帧并右击，在弹出的快捷菜单中选择"复制帧"命令，右击第 18 帧，在弹出的快捷菜单中选择"粘帖帧"命令。选中第 2 帧并右击，在弹出的快捷菜单中选择"复制帧"命令，右击第 11 帧，在弹出的快捷菜单中选择"粘帖帧"命令。在时间轴上选择第 11 帧，单击"修改"｜"变形"｜"水平翻转"命令，然后单击"绘图纸外观轮廓"按钮，设置其范围为第 9~18 帧之间，把第 11 帧的老鼠移动到图 2.53 所示的位置上。

图 2.53 第 11 帧老鼠的位置

Step12 用同样的方法，复制第 3 帧到第 12 帧并水平翻转，复制第 4 帧到第 13 帧并水平翻转，复制第 5 帧到第 14 帧并水平翻转，复制第 6 帧到第 15 帧并水平翻转，复制第 7 帧到第 16 帧并水平翻转，复制第 8 帧到第 17 帧并水平翻转。注意每一帧老鼠的位置，制作完成后，老鼠是从右往左跳，其运动轨迹是抛物线，如图 2.54 所示。按【Ctrl+Enter】组合键测试，老鼠的动态就是一个完整的循环动作。

图 2.54 老鼠从右往左跳的完整动态

Step13 老鼠的基本动态绘制好后，就可以根据这些简单的形态绘制出细节。复制"基本动态"图层，并重命名为"完整动态"，在这层上一帧一帧地绘制老鼠的细节。绘制过程中可锁定"基本动态"图层，并单击图层名称右边的方形色块，使其变成带颜色的线框显示模式，用于动作的参考。绘制新一帧时，可利用上一帧绘制好的造型，配合"铅笔工具""选择工具""部分选取工具""套索工具""任意变形工具"等对可用的部分进行复制、移动、旋转或缩放以及修改线条造型等操作，得到所需的造型。绘制完毕后，在导出影片时可删除"基本动态"图层。老鼠从左往右跳的动态序列如图 2.55 所示（从右往左跳只需按照基本动态的方法进行复制翻转即可），详情可参见光盘"效果\ch02\老鼠跳舞.swf"。

图 2.55 老鼠动态序列帧

2.2 传统补间动画

传统补间动画是 Flash 中最常用的制作动画的方法，可以利用传统补间对属性为元件的图像添加位移、缩放、旋转、渐隐渐显、效果变化等动画效果，其基本方法是先制作一个关键帧，再在时间轴后面的某帧上插入关键帧，调整新关键帧的参数值，然后在两个关键帧之间创建补间动画，软件会自动计算两帧之间的变化效果。

请看一个非常简单的案例如图 2.56 所示，第 1 个关键帧就是左上角的蓝色方块元件，新插入的关键帧在第 5 帧上，蓝色方块元件在这一帧被移动到右下角，并进行了放大。中间 3 个浅蓝色方块显示的就是软件自动计算补间在这 3 帧上的结果。请仔细观察时间轴，如图 2.57 所示，其中第 1 帧与第 5 帧显示的黑色圆点代表关键帧，中间部分则是从左往右的箭头，且所有帧的颜色都显示浅紫色，表示创建的传统补间已经生效。

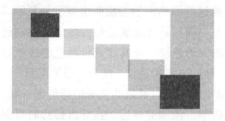

图 2.56 传统补间动画

图 2.57 传统补间动画在时间轴上的显示

元件属性有很多设置，如色彩效果的样式以及各种滤镜，都可以用传统补间来制作其参数变化的动态效果。只要处理得当，用简单的传统补间动画，就可以完成很多不错的动画效果。要想做出好的效果，就要对元件属性有一定的理解，并在实践过程中能灵活利用各种属性的参数来制作补间动画。

2.2.1 实例Ⅰ——制作"空调广告"动画

根据前面提到的补间动画制作方法，现在尝试制作一个"空调"的简单广告动画，画面效果如图 2.58 所示，最终的动画效果可参见光盘中的文件"效果\ch02\2.2.1 空调广告.swf"。

图 2.58 "空调"广告动画效果

Step1 单击"文件"|"新建"命令，或按【Ctrl+N】组合键，在弹出的"新建文档"对话框的"常规"选项卡中选择"ActionScript 3.0"选项，舞台宽度和高度为 720 像素×480 像素，帧频为 24 fps，背景颜色为黑色（#000000），如图 2.59 所示。

Step2 单击工具箱中的"矩形工具" ▭，在"属性"面板中设置"笔触颜色"为无色 ▱，单击"窗口"|"颜色"命令，或者单击附加工具栏中的"颜色"按钮 ，在"颜色

类型"下拉列表框中选择"径向渐变"选项，单击左边的颜色滑块并输入十六进制值为"2C73D5"，单击右边的颜色滑块并输入十六进制值为"000000"，如图2.60所示。

 Step3 重命名"图层 1"为"背景"，用"矩形工具"在该图层上拖动鼠标且覆盖整个舞台，如图2.61所示，单击工具箱中的"渐变变形工具" 或按【F】键，使用操作手柄将径向渐变的正圆挤压成椭圆，如图2.62所示。选中矩形，按【F8】键将其转换为名称为"背景"，类型为"图形"的元件。在时间轴上选中第180帧，按【F5】键或右击，在弹出的快捷菜单中选择"插入帧"命令，设置该动画的时长为180帧。编辑完成后，单击"背景"图层上的锁形图标 🔒。

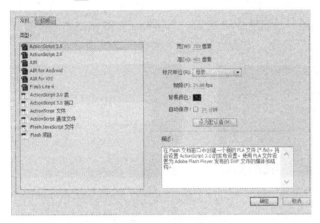

图 2.59 新建文档

图 2.60 设置矩形颜色

图 2.61 设置矩形颜色

图 2.62 调整径向渐变的范围

 Step4 新建图层并重命名为"背景图案"，单击"文件"|"导入"|"导入到库"命令，将"素材\ch02\2.2.1 空调广告"文件夹里的所有 JPG、PNG 格式的素材导入到库中，按【Ctrl+L】组合键打开"库"面板，把库中的素材"背景图案"拖到舞台中，按【F8】键将其转换成"名称"为"背景图案"，"类型"为"影片剪辑"的元件，在"属性"面板的"显示"区域设置"混合模式"为"叠加"，如图2.63所示。按【Ctrl+K】组合键打开"对齐"面板，勾选"与舞台对齐"复选框，单击"匹配宽和高"按钮 ▣，如图2.64所示，把图片设置成与舞台大小一致。然后单击"对齐"区域的"水平中齐"按钮 ▤ 与"垂直中齐"按钮 ▥，使图片与舞台对齐。为了方便后面图层的编辑操作，在此步骤之后对"背景图案"图层也进行锁定。

 Step5 新建图层并重命名为"空调"。把库里的素材"空调.png"拖到舞台中，按【F8】键将其转换成"名称"为"空调"，"类型"为"影片剪辑"的元件，如图2.65所示。

图 2.63　调整显示混合模式　　图 2.64　和舞台大小匹配　　图 2.65　转换"空调"元件

Step6 制作空调移动动画。在"空调"图层第 1 帧上将"空调"元件移动到舞台外左侧（位置为 X：-250，Y：250），如图 2.66 所示，在第 15 帧插入关键帧，把"空调"元件移动到舞台中间（位置为 X：360，Y：250），如图 2.67 所示。右击第 1～15 帧之间的位置，在弹出的快捷菜单中选择"创建传统补间"命令。空调由左边进入舞台的动态设置完成。

图 2.66　第 1 帧空调的位置　　　　　图 2.67　第 15 帧空调的位置

Step7 为了凸显空调，给空调添加发光动画效果。在"空调"图层的第 20 帧插入关键帧，在"空调"元件的"属性"面板给空调添加发光滤镜，设置参数为模糊 X 和模糊 Y 均为"0 像素"，品质设置为"高"，颜色的十六进制值为"#6699FF"，其余参数为默认值，如图 2.68 所示。在第 25 帧插入关键帧，设置发光滤镜模糊 X 和模糊 Y 均为"125 像素"，强度为"230%"，如图 2.69 所示。复制第 20 帧到第 30 帧与第 45 帧的位置上，复制第 25 帧到第 35 帧上。选中第 45 帧按【Ctrl+T】组合键打开"变形"面板，把"空调"元件的宽度与高度的缩放值都设置为"70%"，如图 2.70 所示。分别选中第 20、25、30、35 帧并右击，在弹出的快捷菜单中选择"创建传统补间"命令。

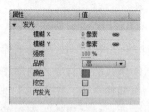
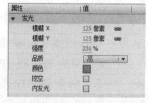

图 2.68　第 20 帧发光滤镜参数　　图 2.69　第 25 帧发光滤镜参数　　图 2.70　缩放设置

Step8 制作文字从无到有逐渐显现的效果。在"空调"图层上方新建"文字 1"图层，选中第 55 帧并插入空白关键帧，把素材"军工科技.png"拖到舞台中，按【F8】键将其转换成"名称"为"文字 1"，"类型"为"图形"的元件，具体位置为 X：250，Y：100，如图 2.71 所示。在第 70 帧插入关键帧，然后回到第 55 帧，在"属性"面板中的"色彩效果"区域设置样式为"Alpha"，Alpha 的值设置为"0%"。右击第 70 帧，在弹出的快捷菜单中选择"创建传统补间"命令。文字逐渐显现效果完成。

Step9 制作文字运动缓冲效果。在"文字 1"图层上方新建"文字 2"图层，在"文字 2"层第 85 帧的位置上插入空白关键帧，把库里的素材"强力制冷，快人一步.png"拖入舞台，按【F8】键将其转换成"名称"为"文字 2"，"类型"为"图形"的元件，把元件拉到舞台外右侧（位置为 X：750，Y：340），如图 2.72 所示。按【Q】键或者单击工具箱中的"任意变形工具"，把其中心点设置在元件下方中间的位置上，如图 2.73 所示，然后按【Ctrl+T】组合键打开"变形"面板，设置其水平倾斜角度为"40°"，如图 2.74 所示。在第 95 帧插入关键帧，在"属性"面板中修改其位置属性为 X：210，在"变形"面板中设置水平倾斜角度为"-35°"，如图 2.75 所示。在第 103 帧插入关键帧，在"变形"面板中设置水平倾斜角度为"0°"，如图 2.76 所示。在时间轴上分别选中第 85 帧和第 95 帧并右击，在弹出的快捷菜单中选择"创建传统补间"命令。文字运动缓冲效果完成。

图 2.71 "文字 1"元件的位置和大小参数及效果

图 2.72 "文字 2"在第 85 帧上的位置

图 2.73 调整中心点的位置（箭头所指空心小圆）

图 2.74 第 85 帧水平倾斜角度设置及效果

图 2.75 第 95 帧水平倾斜角度设置及效果

图 2.76 第 103 帧水平倾斜角度设置及效果

Step10 制作最后 LOGO 定版效果。在"文字 2"图层上方新建"LOGO"图层，在第 125 帧插入空白关键帧，把库里的素材"标志.png"拖入舞台，然后按【F8】键将其转换为"名称"为"LOGO"，"类型"为"影片剪辑"的元件。在"属性"面板的"色彩效果"区域设置样式为"亮度"，把亮度值设置为"100%"，如图 2.77 所示。给"LOGO"元件添加"模糊"滤镜，设置其模糊 X 和模糊 Y 的值均为"255 像素"，品质为"高"，如图 2.78 所示。在第 137 帧插入关键帧，设置其模糊 X 和模糊 Y 的值均为"0 像素"，如图 2.79 所示。在第 125 帧到第 137 帧之间创建传统补间动画。

图 2.77 "LOGO"的色彩   图 2.78 第 125 帧模糊   图 2.79 第 137 帧模糊
效果样式设置   滤镜参数   滤镜参数

Step11 测试影片，发现背景图案影响了文字和定板的显示效果，因此，需要继续给背景图案制作简单的动画效果。在时间轴上选中"背景图案"图层，将该层解锁。然后在第 1 帧的舞台中选中"背景图案"元件，在"属性"面板的"色彩效果"区域设置样式为"Alpha"，把 Alpha 的值设置为"0%"，如图 2.80 所示。在第 70 帧插入关键帧，设置 Alpha 的值为"100%"，在这一帧上给"背景图案"元件添加"模糊"滤镜，设置其模糊 X 和模糊 Y 的值均为"0 像素"，品质设置为"高"，如图 2.81 所示。在第 130 帧、第 140 帧插入关键帧，在第 140 帧将"模糊"滤镜的模糊 X 的值设置为"255 像素"，模糊 Y 设置为"0 像素"，如图 2.82 所示。选中第 70 帧与第 130 帧并右击，在弹出的快捷菜单中选择"创建传统补间"命令。背景图案的动画效果完成。

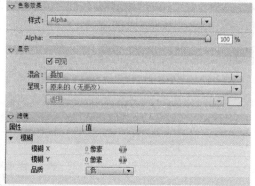

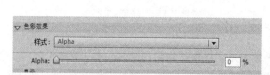

图 2.80 "背景图案"元件第 1 帧的色彩效果设置   图 2.81 "背景图案"元件第 70 帧的属性设置

Step12 检查并修改各个图层的显示与持续帧数。由于开始制作本实例时，就已经将"背景"图层的持续时长设定为 180 帧，而后创建的图层都会直接默认持续 180 帧，假设在操作过程中不小心删除了帧或添加了多余的帧，就应该选择右键快捷菜单中的"插入帧"命令或"删除帧"命令来增加或减少帧。其中"空调"图层与两个文字图层在"LOGO"图层出现后就

图 2.82 "背景图案"元件 130
帧的滤镜参数

不应再显示，同时选中这三个图层的第 130 帧并右击，在弹出的快捷菜单中选择"插入空白关键帧"命令。完成后图层与时间轴如图 2.83 所示。全部动画设置完成，测试无误后保存即可。

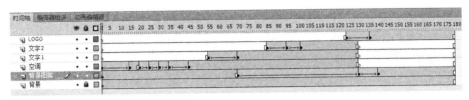

图 2.83 图层设置与时间轴的设置

2.2.2 实例Ⅱ——制作"企业形象广告"动画

为了加深认识，继续完成一个"企业形象广告"动画，画面效果如图 2.84 所示，最终的动画效果可参见光盘中的文件"效果\ch02\2.2.2 企业形象广告.swf"。

图 2.84 "企业形象广告"效果

Step1 单击"文件"|"新建"命令，或按【Ctrl+N】组合键，在弹出的"新建文档"对话框的"常规"选项卡中选择"ActionScript 3.0"选项，保留默认设置，单击"确定"按钮，如图 2.85 所示。

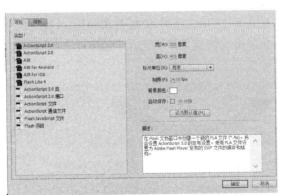

图 2.85 "新建文档"对话框

Step2 单击工具箱中的"矩形工具" ，在"属性"面板中将"笔触颜色"设置为无色 ，设置"填充颜色" 十六进制值为"#FFCC66"。将"图层 1"重命名为"背景"，在该图层上拖动鼠标将绘制的矩形覆盖整个舞台，如图 2.86 所示，在第 160 帧插入帧。编辑完成后单击"背景"图层上的锁形图标 将该层锁定。

Step3 单击"文件"|"导入"|"导入到库"命令，将"素材\ch02\2.2.2 企业形象广告"

中的所有 PNG 格式素材导入到库中。按【Ctrl+F8】组合键或单击"插入"|"新建元件"命令，创建一个"名称"为"半圆"，"类型"为"图形"的元件，如图 2.87 所示。把"半圆.png"拖入元件，单击舞台左上方的"场景 1"按钮回到场景。

图 2.86　绘制矩形　　　　　　　　　　　　　　　图 2.87　创建元件

Step 4　制作半圆落下的效果。在"背景"图层上新建图层并重命名为"半圆"，在该图层的第 1 帧上把"半圆"元件拖入舞台。在这一帧上选中"半圆"元件，用"任意变形工具"调整元件中心点的位置到半圆的底端，如图 2.88 所示。按【Ctrl+T】组合键打开"变形"面板，将缩放宽度与缩放高度都设置为"50%"，设置位置为 X：280，Y：-140，如图 2.89 所示。在第 10 帧插入关键帧，调整"半圆"元件的位置为 X：280，Y：250，如图 2.90 所示。

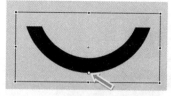

图 2.88　修改中心点的位置　　　图 2.89　第 1 帧"半圆"　　　图 2.90　第 10 帧"半圆"
　　　　　　　　　　　　　　　　　　位置与缩放参数　　　　　　　位置与缩放参数

Step 5　制作半圆变形效果。在第 13 帧插入关键帧，利用"变形"面板的缩放高度对"半圆"元件进行压缩，缩放高度值为"30%"，如图 2.91 所示，在第 16 帧插入关键帧，将"半圆"元件的缩放高度设置为"65%"，垂直方向抬高，位置为 Y：225，如图 2.92 所示。选中并复制第 13 帧，粘贴到第 18 帧，将第 10 帧复制到第 20 帧。选中第 1 帧，按住【Shift】键单击第 19 帧并右击，在弹出的快捷菜单中选择"创建传统补间"命令，半圆下落并变形的动画完成。

图 2.91　第 13 帧"半圆"缩放参数

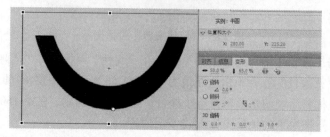

图 2.92　第 16 帧"半圆"位置与缩放参数

Step6 制作"大"字渐显的效果。新建一个"名称"为"大","类型"为"图形"的元件，将库里的素材"大.png"拖入元件图层1的第1帧中。单击舞台左上方"场景1"按钮回到场景，新建图层并重命名为"大字"，在第25帧插入空白关键帧，将做好的"大"元件拖入这一帧的舞台中，按【Ctrl+K】组合键打开"变形"面板，设置缩放宽度和缩放高度的值均为"55%"，设置位置为X：225，Y：140，与半圆进行对位，如图2.93所示。在第40帧插入关键帧。回到第25帧，将"大"元件色彩效果的样式属性设置为"Alpha"，把Alpha（即不透明度）的值设置为"0%"，如图2.94所示。在第25～40帧之间创建传统补间，大字逐渐显现效果完成。

图2.93　第25帧元件"大"的位置与缩放参数

图2.94　第25帧元件"大"的色彩效果样式设置

Step7 制作方块运动效果。在"大字"图层的下方新建图层并重命名为"左"，在该层第60帧插入空白关键帧，单击工具箱中的"矩形工具"，在"属性"面板中将"笔触颜色"设置为无色，设置"填充颜色"十六进制值为"#000000"，在舞台中绘制一个25像素×25像素的矩形，按【F8】键将其转换成"名称"为"方格"，"类型"为"图形"的元件。调整其位置为X：188，Y：176，如图2.95所示。复制第60帧到第45帧，在第45帧把"方格"位置调整为X：270，Y值不变，如图2.96所示。在第45～60帧之间创建传统补间。在时间轴上选中图层"左"并右击，在弹出的快捷菜单中选择"复制图层"命令，将"左复制"图层重命名为"右"，在图层"右"第60帧的位置上，将"方格"元件的位置设置为X：348，Y值不变，如图2.97所示。方块运动效果完成。

图2.95　图层"左"第60帧"方格"　　　图2.96　图层"左"第45帧
　　　的位置与大小及效果　　　　　　　　　"方格"的位置

图2.97　图层"右"第60帧"方格"的位置及效果

第2章　基础动画

37

Step8 制作轮子转动元件。新建一个"名称"为"轮子","类型"为"影片剪辑"的元件。将库里的素材"大"元件拖入"轮子"元件图层1的第1帧中。单击工具箱中的"椭圆工具",在"属性"面板中将"笔触颜色"设置为无色，设置"填充颜色"十六进制值为"#FFCC66",在"轮子"元件中新建图层2,将图层2移动到底层,在该层第1帧绘制一个直径为200像素的圆。将圆和"大"元件进行对齐,如图2.98所示。然后在图层2第15帧插入帧。在图层1第15帧插入关键帧,在第1～15帧之间创建传统补间,选中第1～14帧之间任何一帧,在"属性"面板"补间"区域将"旋转"设置为"顺时针","旋转次数"设置为"1",如图2.99所示。

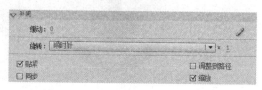

图2.98 对齐的效果　　　　　　图2.99 补间旋转方向与次数设置

Step9 制作轮子的运动效果。单击舞台左上方"场景1"按钮回到场景,在"大字"图层下方新建图层并重命名为"轮子左",在第75帧插入空白关键帧,把"轮子"元件拖入舞台。按【Ctrl+T】组合键打开"变形"面板,设置缩放宽度和缩放高度的值均为"55%",如图2.100所示。然后将"轮子"元件与"大字"图层进行对位,因为"轮子"元件和"大"元件的大小不一致,因此所在的位置也不同,需手动对位,以"大字"图层可以完全覆盖住"轮子左"图层的大字图案为准。在第90帧插入关键帧,利用"变形"面板设置缩放宽度和缩放高度的值均为"25%",将轮子缩小,并把轮子移动到图2.101所示的位置上。复制"轮子左"图层并重命名为"轮子右",在该层第90帧上将轮子放置到图2.102所示的位置即可,此时所有图层组合成车形图标。

Step10 制作车子形图标整体运动的效果。同时选中"大字""轮子左""轮子右""左""右""半圆"这6个图层(见图2.103)的第100帧,按【F6】键统一插入关键帧,继续同时选中这6个图层的第120帧并插入关键帧,在第120帧的位置上框选所有元件,设置位置为X:290,Y:140,如图2.104所示。

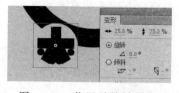

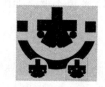

图2.100 缩放设置　　图2.101 位置及缩放设置　　图2.102 图层"轮子右"

第90帧"轮子"元件的位置

图2.103 六个图层　　　图2.104 第120帧车子形图标整体所在的位置

Step11 制作企业名字定版效果。在"大字"图层上方新建图层并重命名为"捷运"，在第 100 帧插入空白关键帧，同时把库里的素材"捷运（文字）.png"拖入舞台，按【F8】键将位图素材转换成"名称"为"捷运"，"类型"为"影片剪辑"的元件。设置其位置参数为 X：－450，Y：100，如图 2.105 所示。给"捷运"元件添加"模糊"滤镜，设置其模糊 X 值为"255 像素"，模糊 Y 值为"0 像素"，品质设置为"高"，如图 2.106 所示，在第 120 帧插入关键帧，设置位置参数为 X：55，Y：150，宽为"240"，高为"141"，并把"模糊"滤镜模糊 X 和模糊 Y 的值均设置为"0 像素"，如图 2.107 所示。本实例制作完成，可按【Ctrl+Enter】组合键进行测试，确定效果无误后对文件进行保存。

图 2.105　第 100 帧"捷运"
元件位置设置

图 2.106　第 100 帧"捷运"元件
效果及"模糊"滤镜参数设置

图 2.107　第 120 帧"捷运"元件效果及"模糊"滤镜参数设置

2.3　形状补间动画

形状补间动画，一般只对属性为"形状"的图形生效，通过改变属性为"形状"的图形的大小与轮廓造型及颜色，来创建形状补间动画效果。形状补间动画的一般创建方法是先制作好一个关键帧，此关键帧中只能有"形状"属性的图形，然后在此关键帧后的时间轴上再创建一个只有"形状"属性图形的关键帧，然后右击两个关键字之间的位置，在弹出的快捷菜单中选择"创建补间形状"命令即可完成创建。

请观察图 2.108 所示案例，第 1 个关键帧就是左上角的紫色圆形形状，第 2 个关键帧在第 5 帧，为黄色矩形形状。而中间三个浅色形状显示的就是软件自动计算的补间动画在这三帧上的结果。请仔细观察时间轴，如图 2.109 所示，其中第 1 帧与第 5 帧显示的黑色圆点代表关键帧，中间部分则是从左往右的箭头，且所有帧的颜色都显示浅绿色，表示创建的形状补间已经生效。

图 2.108　补间形状动画　　　　　图 2.109　时间轴上显示的补间形状动画

2.3.1 实例 I —— 制作"声波效果"动画

根据前面所讲的补间形状动画的制作方法，现在尝试利用补间形状制作"声波效果"动画，画面效果如图 2.110 所示，最终的动画效果可参见光盘中的文件"效果\ch02\2.3.1 声波效果动画.swf"。

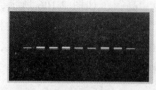  

图 2.110 "声波动画"效果

Step1 单击"文件"|"新建"命令，或按【Ctrl+N】组合键，在弹出的"新建文档"对话框的"常规"选项卡中选择"ActionScript 3.0"选项，舞台宽度和高度为 500 像素 × 240 像素，设置帧频为 24 fps，单击"确定"按钮，如图 2.111 所示。

Step2 单击工具箱中的"矩形工具" ▢，在"属性"面板中将"笔触颜色"设置为无色 ／▢，单击"窗口"|"颜色"命令，或者单击附加工具栏中的"颜色"按钮 ▣，设置"颜色类型"为"线性渐变"，单击左边的颜色滑块并输入十六进制值为"0031C9"，单击右边的颜色滑块并输入十六进制值为"000000"，如图 2.112 所示。

Step3 重命名"图层 1"为"背景"，在该图层上拖动鼠标将矩形覆盖整个舞台，如图 2.113 所示，单击工具箱中的"渐变变形工具" ▣ 或按【F】键，将矩形顺时针旋转 90°，如图 2.114 所示。编辑完成后，单击"背景"图层上的锁形图标 ▣ 将该层锁定。

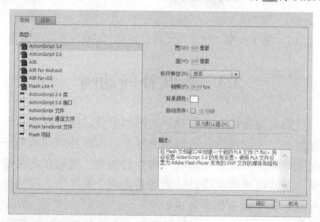

图 2.111 新建文档

图 2.112 设置矩形颜色

图 2.113 绘制矩形

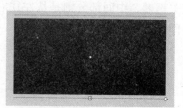

图 2.114 渐变变形

Step4 新建图层并重命名为"音柱",设置"填充颜色" 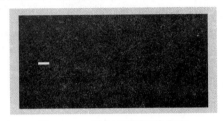 为"#B5FFFF",单击工具箱中的"矩形工具" ，在舞台中绘制一个矩形,在"属性"面板中设置其宽为"30",高为"6",把矩形放置在 X:50,Y:120 的位置上,如图 2.115 所示。按 8 次【Ctrl+D】组合键对矩形进行复制,得到 8 个矩形,然后把最后一个矩形移动到 X:420,Y:120 的位置,如图 2.116 所示。选中所有矩形,按【CTRL+K】组合键打开"对齐"面板,单击间隔区域的"水平平均间隔"按钮 ，如图 2.117 所示,再继续单击对齐区域的"顶对齐"按钮 ，即可获得图 2.118 所示效果。

图 2.115 绘制矩形及其位置

图 2.116 复制矩形并移动矩形

Step5 按快捷键【Q】或单击工具箱中的"任意变形工具" ，依次对矩形进行选择并编辑,将鼠标放置于其顶边往上拖或往下拉(不要改变其底边的位置),把 9 个矩形调整成以下效果,注意每个矩形底边位置是在同一水平线上的,而高度要有所参差,如图 2.119 所示。这个步骤可按【Z】键或使用工具箱中的"缩放工具" 框选所编辑的矩形,将所要编辑的矩形进行放大。如果图像过大不好编辑,可以在舞台右上角的"显示比例"下拉列表框中选择"100%"迅速恢复原始大小。

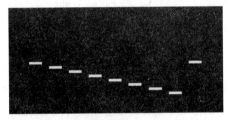

图 2.117 执行水平平均间隔

图 2.118 执行顶对齐

图 2.119 用"任意变形工具"对矩形高度进行调整

Step6 新建图层并重命名为"音频"，单击"文件"｜"导入"｜"导入到库"命令，在弹出的"导入到库"对话框中选择光盘中的文件"素材\ch02\声音素材.mp3"，单击"打开"按钮。按【Ctrl+L】组合键或单击"窗口"｜"库"命令，打开"库"面板，把"声音素材.mp3"直接拖入舞台。然后拖动时间轴的指针到第 120 帧的位置，同时选中"背景""音柱""音频"3 个图层的第 120 帧，按【F5】键插入帧，此时可见"音频"图层上显示的是整条音频波形，如图 2.120 所示。为了能更加清晰地看到时间轴上的音频波形，单击时间轴右上角的按钮███，在其下拉菜单中选择"预览"选项，如图 2.121 所示，则时间轴上的每一帧都放大了，音频波形比较清晰，接下来就可根据音频的波形来编辑音柱高度。

图 2.120　时间轴上的音频波形

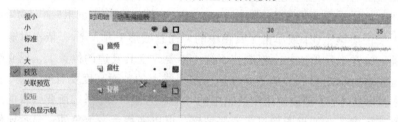

图 2.121　放大时间轴

Step7 观察"音频"图层时间轴上的波形，然后根据波形强弱来编辑"音柱"的高低效果。仔细观察，发现该音频在第 6 帧开始有所变化，因此，在"音柱"图层的第 6 帧按【F6】键快速插入一个关键帧，用 "任意变形工具"对每个矩形加以调整，使得矩形整体有升高的变化，所有矩形都应有参差，中间的矩形略高，但最高不超过 10 像素，两边的矩形略矮，但不矮于第 1 帧的高度。继续观察，发现音频的波形在第 8 帧左右有一个小高峰，于是在"音柱"图层的第 8 帧插入关键帧，先整体抬升所有矩形，矩形最高不超过 20 像素，然后用同样的方法对每个矩形的高度进行调整，调整的原则与第 6 帧基本一致，中间的矩形较高，两边的矩形略矮，如图 2.122 所示。

Step8 对音频强弱观察越细致，则"音柱"图层的关键帧设置得越多，就可以得到更加富有变化并且与音频强弱更加切合的音柱波形动态效果。本实例中，仅罗列出各个主要关键动态的设置以供参考。

所有关键帧中矩形高度设置的基本要求：中间略高，两边略矮，每个矩形都必须有一定的高度差。

第 1 帧：所有矩形高度不超过 6 像素，如图 2.123 所示。 将该关键帧复制到第 15 帧、第 24 帧、第 120 帧。

第 6 帧：插入关键帧，调整各个矩形，所有矩形高度不超过 10 像素，如图 2.124 所示。将该关键帧复制到第 12 帧、第 22 帧、第 30 帧、第 117 帧。

第 8 帧：插入关键帧，调整各个矩形，所有矩形高度不超过 20 像素，如图 2.125 所示。复制该关键帧到第 39 帧、第 45 帧、第 100 帧、第 106 帧、第 114 帧。

第 1 帧：

第 6 帧：

第 8 帧：

图 2.122　音柱前 3 个关键帧的设置

图 2.123　第 1 帧的音柱效果

图 2.124　第 6 帧的音柱效果

图 2.125　第 8 帧的音柱效果

第 19 帧：插入关键帧，调整各个矩形，所有矩形高度不超过 40 像素，如图 2.126 所示。复制该关键帧到第 112 帧。

第 26 帧：插入关键帧，调整各个矩形，所有矩形高度不超过 50 像素，如图 2.127 所示。复制该关键帧到第 66 帧。

图 2.126　第 19 帧的音柱效果

图 2.127　第 26 帧的音柱效果

第 34 帧：插入关键帧，调整各个矩形，所有矩形高度不超过 60 像素，如图 2.128 所示。复制该关键帧到第 42 帧、第 55 帧。

第 49 帧：插入关键帧，调整各个矩形，所有矩形高度不超过 110 像素，如图 2.129 所示。复制该关键帧到第 62 帧、第 75 帧、第 85 帧。

图 2.128　第 34 帧的音柱效果

图 2.129　第 49 帧的音柱效果

第 59 帧：插入关键帧，调整各个矩形，所有矩形高度不超过 80 像素，如图 2.130 所示。复制该关键帧到第 70 帧、第 80 帧、第 90 帧。

Step9　在时间轴"音柱"图层上，选中第 1 帧，然后按住【Shift】键进行加选，选中除第 120 帧以外的所有关键帧并右击，在弹出的快捷菜单中选择"创建补间形状"命令，如图 2.131 所示。按【Ctrl+Enter】组合键进行测试，即可看到基本的音波效果。

图 2.130　第 59 帧的音柱效果

图 2.131　创建补间形状

Step10 选择"音柱"图层并右击，在弹出的快捷菜单中选择"复制图层"命令，则得到一个新的图层"音柱 复制"，将其重命名为"音柱倒影"。单击时间轴最下方"编辑多个帧"按钮，将"编辑多个帧"的范围设置成第 1 帧至第 120 帧，锁定"音柱倒影"图层以外的所有图层，用"选择工具"对整个舞台范围进行框选，即可同时选中并编辑"音柱倒影"图层的所有帧，此时时间轴如图 2.132 所示。按快捷键【Q】或者单击工具箱中的"任意变形工具"，将鼠标放在任意变形框顶边从上往下拖动，可把所有帧上的所有矩形同时向下翻转，如图 2.133 所示。

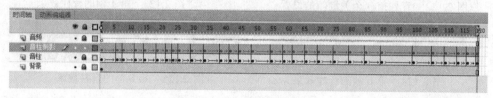

图 2.132　选择所有关键帧

Step11 保持选中所有帧上的所有矩形，单击"属性"面板中的"填充颜色"，保持原来的颜色值，修改 Alpha 的值为"30%"，如图 2.134 所示。然后单击时间轴最下方的"编辑多个帧"按钮关闭此前状态，可见舞台中音波有了倒影效果，如图 2.135 所示。按【Ctrl+Enter】组合键进行动画测试，可见完整的动画效果。最后单击"文件"|"保存"命令即可。

图 2.133　垂直翻转

图 2.135　音柱倒影效果

图 2.134　设置 Alpha 的值

2.3.2　实例Ⅱ——制作"炫光效果"动画

结合前面所学的传统补间动画制作的方法，再加以利用形状补间动画的方式制作"炫光效果"动画，画面效果如图 2.136 所示，最终的动画效果可参见光盘中的文件"效果\ch02\2.3.2 炫光效果动画.swf"。

图 2.136　炫光动画效果

Step1 单击"文件"|"新建"命令，或按【Ctrl+N】组合键，在弹出的"新建文档"对话框的"常规"选项卡中选择"ActionScript 3.0"选项，舞台宽度和高度为 400 像素×400

像素，设置帧频为 24 fps，背景颜色为"#000000"，单击"确定"按钮，如图 2.137 所示。

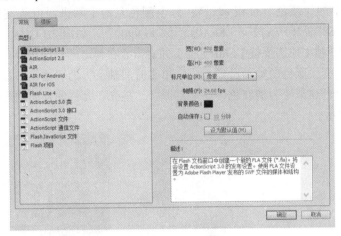

图 2.137　新建文档

Step2　将图层 1 重命名为"星光"，单击工具箱中的"多角星形工具" ⬡，在"属性"面板的工具设置区域单击"选项"按钮 选项... ，在弹出的"工具设置"对话框中设置样式为"星形"，边数为"12"，星形顶点大小为"0.05"，如图 2.138 所示。在属性面板中将"笔触颜色"设置为无色 ，单击"窗口"|"颜色"命令，或者单击附加工具栏上的"颜色"按钮 🎨，设置"颜色类型"为"径向渐变"，设置 5 个取色点，从左到右每个取色点的颜色的十六进制值依次为"33FF00""84F368""F8EEA8""C1E269""66CC00"，其中，第 2 个取色点设置 A 为"20%"，第 4 个取色点设置 A 为"0%"（A 即 Alpha 值，表示不透明度），如图 2.139 所示。

图 2.138　星形工具设置　　　　图 2.139　设置星形的颜色

Step3　在舞台中绘制一个星形，在"属性"面板中设置星形的宽、高均为"450"。选中星形，按【Ctrl+K】组合键打开"对齐"面板，勾选"与舞台对齐"复选框，并单击"对齐"区域的"水平中齐"按钮 与"垂直中齐"按钮，生成的效果如图 2.140 所示。

Step4　在舞台里选中星形按【F8】键，或单击"修改"|"转换为元件"命令，将星形转换为"名称"为"星光"，"类型"为"影片剪辑"的元件，如图 2.141 所示。

图 2.140　星形与舞台对齐的效果

双击"星光"元件进入元件编辑模式，在第 30 帧插入关键帧，即已经把第 1 帧的效果复制在第 30 帧。在第 15 帧插入关键帧，选中第 15 帧的星光，单击"窗口"｜"颜色"命令，或者单击附加工具栏中的"颜色"按钮 ，将 5 个颜色点的十六进制值从左往右依次设置为 "FF9900" "F3BC68" "FF7A12" "FFA041" "FF9900"，如图 2.142 所示。修改完成后，选中第 1 帧与第 15 帧（加选要按【Shift】键）并右击，在弹出的快捷菜单中选择"创建补间形状"命令，星光变换颜色的动画已经完成，单击时间轴下方的"播放"按钮进行观察，可见星光颜色从青绿色逐渐变为橘红色再逐渐复原。"星光"元件的补间动画完成后时间轴的显示如图 2.143 所示。

图 2.141　转换为影片剪辑元件

图 2.142　设置星形颜色

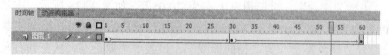

图 2.143　"星光"元件的时间轴

Step5　双击"星光"空白处或单击舞台左上角的"场景 1"按钮回到场景编辑模式，在"星光"图层上新建图层并重命名为"环状光"，单击工具箱中的"椭圆工具" ，设置"填充颜色"为无色，设置"笔触颜色" 的十六进制值为"#FF6666"，笔触高度为"6"，如图 2.144 所示。按住【Shift】键在"环状光"图层第 1 帧的舞台中心绘制一个圆，设置其宽和高均为"10"，用"对齐"面板将该圆与舞台中心对齐，得到图 2.145 所示效果。

图 2.144　圆环的笔触设置

图 2.145　绘制圆形的效果

Step6　选中绘制出来的圆，然后按【F8】键把圆转换为"名称"为"环状光"，"类型"为"影片剪辑"的元件，将该元件与舞台中心对齐。双击进入"环状光"元件的编辑模式，在第 30 帧的位置按【F6】键插入关键帧，将圆的笔触颜色 十六进制值设置为"#FFF200"，笔触大小设置为"30"，宽和高均设置为"200"，效果如图 2.146 所示，注意圆环中心要与星光的中心保持一致。在第 60 帧按【F6】键插入关键帧，将圆的笔触颜色十六进制值设置为"#00CC00"，Alpha 的值设置为"0%"，笔触大小设置为"30"，宽和高均设置为"500"，如图 2.147 所示。

图 2.146 圆形的大小与笔触颜色及效果

图 2.147 圆形的大小与笔触颜色及效果

Step7 在"环状光"元件的编辑模式下，选中第 1 帧和第 30 帧并右击，在弹出的快捷菜单中选择"创建补间形状"命令，此时环状光的变化也已经完成，如图 2.148 所示。单击时间轴下方的"播放"按钮进行观察，可见圆环逐渐从小变大并且产生色彩变化的效果。

图 2.148 "环状光"元件的时间轴

Step8 双击"环状光"空白处或单击舞台左上角的"场景 1"按钮回到场景编辑模式，在"环状光"图层的第 1 帧选中"环状光"元件，在"属性"面板显示区域将其混合模式设置为"增加"。然后单击属性面板"滤镜"区域的"添加滤镜"按钮，在弹出菜单中选择"模糊"命令，设置模糊 X、Y 的值均为"15 像素"，品质设置为"高"。继续单击"添加滤镜"按钮，在弹出菜单中选择"发光"命令，设置模糊 X、Y 的值均为"5 像素"，强度为"300%"，品质为"高"，设置其颜色的十六进制值为"#66CCFF"，如图 2.149 所示。然后在"环状光"图层第 60 帧插入帧，让整个动画持续 60 帧的时间，设置完成后，"环状光"图层的时间轴如图 2.150 所示。

图 2.149 混合模式及滤镜参数设置

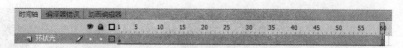

图 2.150 "环状光"图层的时间轴

Step9 选中"星光"图层第 1 帧上的"星光"元件,给"星光"添加发光效果。单击"属性"面板"滤镜"区域的"添加滤镜"按钮,在弹出菜单中选择"发光"命令,设置模糊X、Y 的值均为"20 像素",强度为"350%",品质为"高"。设置其颜色的十六进制值为"#FFFF33",如图 2.151 所示。

Step10 给星光添加旋转效果。在"星光"图层第 60 帧插入关键帧,右击第 1 ~ 59 帧之间的任意位置,在弹出的快捷菜单中选择"创建传统补间"命令,完成创建后的时间轴如图 2.152 所示。然后在"属性"面板补间区域设置"旋转"为"顺时针",旋转次数设置为"1",如图 2.153 所示。整个实例设置完成,可按【Ctrl+Enter】组合键进行动画测试,效果满意进行保存即可。

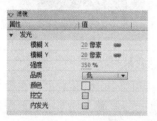

图 2.151 "星光"元件的滤镜参数设置

图 2.152 "星光"图层的时间轴

在具体的案例中不应只会用一种基础动画的形式进行动画设计,而应该将所学到的内容加以综合运用,多方尝试;在制作案例的过程中,更加要学会利用图层、元件层级的配合,才能创造与制作出更多美观的动态效果。

图 2.153 "星光"补间旋转的参数设置

课 后 练 习

操作题

使用本章所学的知识制作植物开花的逐帧动画。效果如图 2.154 所示,最终动画效果参见光盘中的文件"效果\ch02\植物开花逐帧动画.swf"。

图 2.154 植物开花逐帧动画效果图

→ 高级动画

Flash 动画中引导层和遮罩层的使用是需要重点掌握的内容，运用引导层和遮罩层可以制作出各种不同的动画效果，如按照固定路径移动的动画、逐渐显示或隐藏物体的动画等。骨骼工具与 3D 旋转工具是制作运动动画和 3D 动画的必要工具，如制作行走、奔跑等动画。

学习目标	本章知识	了　解	掌　握	重　点	难　点
	Flash 基础操作	☆	☆		
	遮罩层		☆	☆	
	引导层		☆	☆	
	骨骼工具		☆		☆
	3D 旋转工具		☆		☆

3.1　引导路径动画

引导路径动画是指将一个或多个图层与一个运动引导层关联，使得一个或多个对象沿着一条路径运动（如蝴蝶飞舞动画和落叶动画），完成规则或不规则运动。引导层中的路径是一条闭合或者不闭合的线段，而被引导层中的对象可以是文字、图形元件、按钮元件、影片剪辑元件，但不能是形状。

3.1.1　实例Ⅰ——制作"蝴蝶飞舞"动画

在第 2 章基础动画制作的基础上，使用引导层来完成一个"蝴蝶飞舞"动画的制作，舞台的画面效果如图 3.1 所示，最终动画效果参见光盘中的文件"效果\ch03\3.1.1 蝴蝶飞舞动画.swf"。

图 3.1　"蝴蝶飞舞动画"舞台效果

1. 绘制蝴蝶

Step 1　单击"文件"|"新建"命令，或者按【Ctrl+N】组合键，在弹出的"新建文档"对话框的"常规"选项卡中选择"ActionScript 3.0"选项，设置舞台宽度和高度为 550 像素×400 像素，帧频默认为 24 fps，单击"确定"按钮。

Step 2　单击"插入"|"新建元件"命令，在弹出的"创建新元件"对话框中输入"名称"为"蝴蝶"，设置"类型"为"图形"，单击"确定"按钮，如图 3.2 所示。

Step 3　单击工具箱中的"椭圆工具"，在舞台上使用"椭圆工具"拖出大小不同的椭圆绘制蝴蝶身体部分，如图 3.3 所示。

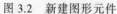

图 3.2　新建图形元件

图 3.3　"椭圆工具"绘制身体部分

Step4 新建图层并重命名为"触须"。单击工具箱中的"线条工具" ，在舞台上使用"线条工具" 拖出长度不同的直线，单击工具箱中的"选择工具" ，改变直线的弯曲度，绘制蝴蝶触须部分，如图 3.4 所示。

Step5 新建图层并重命名为"左翅"。单击工具箱中的"线条工具" ，在舞台上使用"线条工具" 拖出长度不同的直线，单击工具箱中的"选择工具" ，改变直线的弯曲度，绘制蝴蝶左翅部分，如图 3.5 所示。

图 3.4　"线条工具"绘制触须部分

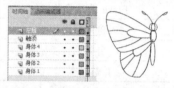

图 3.5　"线条工具"绘制左翅部分

Step6 单击工具箱中的"颜料桶工具" ，设置"填充颜色"为"#FF99CC"，填充左翅颜色，如图 3.6 所示。

Step7 在"时间轴"面板中选择"左翅"图层并右击，在弹出的快捷菜单中选择"复制图层"命令，重命名为"右翅"。按【Ctrl+T】组合键调出"变形"面板，选择"倾斜"单选按钮，设置"垂直倾斜"为"180°"。使用工具箱中的"选择工具" 或者按【→】键，将右翅移动到适当位置，如图 3.7 所示。

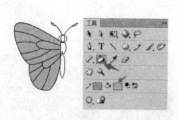

图 3.6　"颜料桶工具"填充颜色

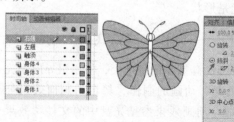

图 3.7　"变形"面板

Step8 至此蝴蝶图形绘制完成。单击"场景 1"按钮返回场景舞台，如图 3.8 所示。

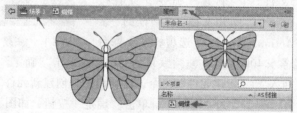

图 3.8　图形元件效果

2．制作蝴蝶飞

Step 1 单击"插入"|"新建元件"命令，在弹出的"创建新元件"对话框中输入"名称"为"蝴蝶飞"，设置"类型"为"影片剪辑"，单击"确定"按钮。

Step 2 按【Ctrl+L】组合键，调出"库"面板。从"库"面板中将"蝴蝶"图形元件拖到舞台中。按【Ctrl+K】组合键，调出"对齐"面板，勾选"与舞台对齐"复选框，单击"对齐"区域的"水平中齐"按钮和"垂直中齐"按钮，如图 3.9 所示。

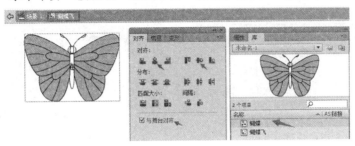

图 3.9 "对齐"面板

Step 3 单击"修改"|"分离"命令，或按【Ctrl+B】组合键，打散"蝴蝶"图形。在"时间轴"面板的第 3 帧按【F6】键插入关键帧，单击工具箱中的"任意变形工具" ，调整蝴蝶的宽度。然后在第 4 帧按【F5】键插入帧，如图 3.10 所示。

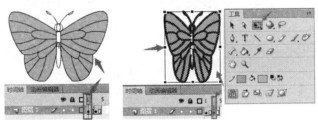

图 3.10 任意变形

Step 4 至此"蝴蝶飞"影片剪辑制作完成。单击"场景 1"按钮，返回场景舞台，如图 3.11 所示。

3．制作蝴蝶飞舞动画

Step 1 按【Ctrl+R】组合键，弹出"导入"对话框，选择"素材\ch03\3.1.1 蝴蝶飞舞动画"中的"蝴蝶背景.jpg"，单击"打开"按钮，将图片导入到舞台，图层重命名为"背景"。

Step 2 在"属性"面板中，设置图片的位置 X、Y 值均为"0"，宽度为"550"，高度为"400"，如图 3.12 所示。

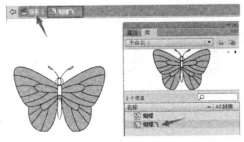

图 3.11 影片剪辑舞台效果

图 3.12 位置和大小

Step3 在"时间轴"面板中新建"蝴蝶"图层,从"库"面板中将"蝴蝶飞"影片剪辑拖到"蝴蝶"图层中。使用工具箱中的"任意变形工具" 📱 ,调整蝴蝶的大小,如图 3.13 所示。

Step4 在"时间轴"面板中新建 "蝴蝶飞路线"图层,使用工具箱中的"线条工具" ◢ ,在舞台上花朵之间拖出一条直线,如图 3.14 所示。然后单击工具箱中的"选择工具" ▶ ,改变直线的弯曲度。

图 3.13 任意变形　　　　　　　　　　　图 3.14 绘制引导线

Step5 在"时间轴"面板中选择"蝴蝶飞路线"图层并右击,在弹出的快捷菜单中选择"引导层"命令,如图 3.15 所示。

图 3.15 选择引导层命令

Step6 在"时间轴"面板中选择"蝴蝶"图层,按住鼠标左键向"蝴蝶飞路线"图层右上方拖放,使"蝴蝶"图层变为被引导层,如图 3.16 所示。

Step7 选择"蝴蝶"图层,在"时间轴"面板的第 30 帧按【F6】键插入关键帧。选择"蝴蝶飞路线"图层,在"时间轴"面板的第 30 帧按【F5】键插入帧,如图 3.17 所示。

图 3.16 添加引导层

Step8 选择"蝴蝶"图层,右击第 1～30 帧之间的任意位置,在弹出的快捷菜单中选择"创建传统补间"命令,如图 3.18 所示。

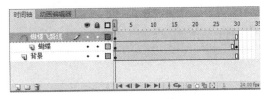
图 3.17 时间轴

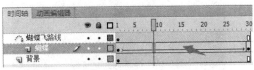
图 3.18 创建传统补间

Step9 选择"蝴蝶"图层，在第 1 帧使用工具箱中的"选择工具" ，拖动"蝴蝶"与"蝴蝶飞路线"的左端重合，并使用工具箱中的"任意变形工具"，调整蝴蝶的飞行方向。同理，在第 30 帧使用工具箱中的"选择工具"，拖动"蝴蝶"与"蝴蝶飞路线"的右端重合，并使用工具箱中的"任意变形工具"，调整蝴蝶的飞行方向，如图 3.19 所示。

图 3.19 调整蝴蝶飞行方向

Step10 为了让蝴蝶停留在花朵上，在各图层的第 40 帧按【F5】键插入帧。

Step11 将文件进行保存，单击"控制"|"测试场景"命令或者按【Ctrl+Enter】组合键对文件进行测试。

3.1.2 实例 II——制作"秋风落叶"动画

在第 2 章基础动画制作的基础上，使用引导层完成一个"秋风落叶"动画的制作，舞台的画面效果如图 3.20 所示，最终的动画效果参见光盘中的文件"效果\ch03\3.1.2 秋风落叶动画.swf"。

1. 绘制落叶

Step1 单击"文件"|"新建"命令，或按【Ctrl+N】组合键，在弹出的"新建文档"对话框的"常规"选项卡中选择"ActionScript 3.0"选项，设置舞台宽度和高度为 550 像素 × 400 像素，帧频默认为 24 fps，单击"确定"按钮。

Step2 单击"插入"|"新建元件"命令，在弹出的"创建新元件"对话框中输入"名称"为"落叶"，设置"类型"为"图形"，单击"确定"按钮。

Step3 在时间轴上将"图层 1"重命名为"叶面"。使用工具箱中的"钢笔工具"绘制叶面，如图 3.21 所示。可以配合【Ctrl】键或【Alt】键改变锚点位置或角度。

Step4 在时间轴上新建"图层 2"并重命名为"叶柄"。使用工具箱中的"刷子工具"绘制叶柄和叶茎部分，叶柄颜色设置为"#722C00"，叶茎颜色设置为"#C99B0A"，如图 3.22 所示。

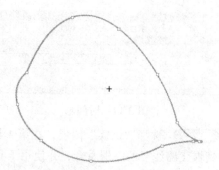

图 3.20 "秋风落叶"舞台效果　　　　　图 3.21 "钢笔工具"绘制叶面

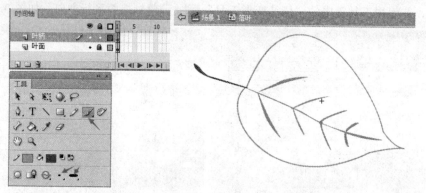

图 3.22 刷子工具绘制叶柄和叶茎

Step5 在时间轴上选择"叶面"图层，使用工具箱中的"颜料桶工具" <img>，"填充颜色"为"#D9B311"，如图 3.23 所示。

Step6 使用工具箱中的"橡皮擦工具" <img>，擦除叶子边缘，使之形成锯齿状，如图 3.23 所示。

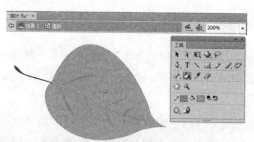

图 3.22 颜料桶工具绘制叶柄　　　　图 3.23 橡皮擦工具绘制锯齿

Step7 至此"落叶"图形元件制作完成。单击"场景 1"按钮，返回场景舞台，如图 3.24 所示。

2. 制作秋风落叶动画

Step1 按【Ctrl+R】组合键，弹出"导入"对话框，选择"素材\ch03\3.1.2 秋风落叶动画"中的"秋叶.jpg"，单击"打开"按钮，将图片导入到舞台。图层重命名为"背景"。

Step2 在"属性"面板中，设置图片位置的 X、Y 值为"0"，宽度为"550"，高度为"400"，如图 3.25 所示。

图 3.24 返回"场景 1"   图 3.25 位置和大小

Step3 在"时间轴"面板中新建"秋叶"图层，从"库"面板中将"落叶"图形元件拖到"秋叶"图层中。使用工具箱中的"任意变形工具" 调整秋叶的大小，如图 3.26 所示。

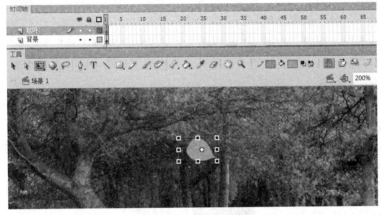

图 3.26 "落叶"图形元件

Step4 在"时间轴"面板中新建 "秋叶飘落路线"图层，使用工具箱中的"钢笔工具" 在树与地面之间绘制一条曲线，如图 3.27 所示。

Step5 在"时间轴"面板中选择"秋叶飘落路线"图层并右击，在弹出的快捷菜单中选择"引导层"命令，如图 3.28 所示。

图 3.27 绘制引导线

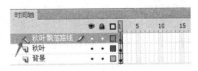

图 3.28 设置引导层

Step6 在"时间轴"面板中选择"秋叶"图层，按住鼠标左键向"秋叶飘落路线"图层右上方拖放，使"秋叶"图层成为被引导层，如图 3.29 所示。

Step7 选择"秋叶"图层，在"时间轴"面板第 30 帧，按【F6】键插入关键帧。选择"秋叶飘落路线"图层和"背景"图层，在"时间轴"面板第 30 帧按【F5】键插入帧。

Step8 选择"秋叶"图层，右击第 1～30 帧之间的任意位置，在弹出的快捷菜单中选择"创建传统补间"命令，如图 3.30 所示。

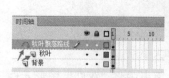

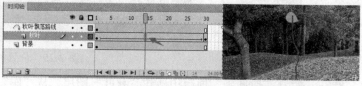

图 3.29　添加引导层　　　　　　　　　图 3.30　创建传统补间

Step9 选择"秋叶"图层，在第 1 帧使用工具箱中的"选择工具" ，拖动"落叶"图形元件注册点与"秋叶飘落路线"的上端重合，并使用工具箱中的"任意变形工具" ，调整落叶的飘落方向。同理，在第 30 帧使用工具箱中的"选择工具" ，拖动"落叶"图形元件注册点与"秋叶飘落路线"的下端重合，并使用工具箱中的"任意变形工具" ，调整落叶的飘落方向，如图 3.31 所示。

Step10 在时间轴上选中"秋叶"和"秋叶飘落路线"图层并右击，在弹出的快捷菜单中选择"复制图层"命令，复制两个图层，如图 3.32 所示。

Step11 将复制的两个图层的帧向后移动到适当位置，如图 3.33 所示，并调整两个关键帧中落叶与路径的位置，方法同"步骤 9"。

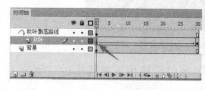

图 3.31　调整落叶方向

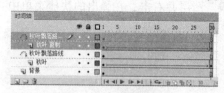
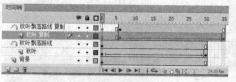

图 3.32　复制图层　　　　　　　　　　图 3.33　移动帧

Step12 落叶通常颜色各不相同。选择关键帧中的"落叶"图形元件，在"属性"面板中设置"色彩效果"的样式为"高级"，调整"Alpha、红、绿、蓝"等值改变落叶的颜色，如图 3.34 所示。

Step13 根据需要可重复"步骤 11"，复制两个图层的内容并移动到适当位置，并调整两个关键帧。选择关键帧中的"落叶"图形元件，在"属性"面板中设置"色彩效果"的样式为"色调"，调整"色调、红、绿、蓝"等值来改变落叶的颜色，如图 3.35 所示。

将文件进行保存，单击"控制"|"测试场景"命令或者按【Ctrl+Enter】组合键对文件进行测试。

图 3.34 设置"高级"样式

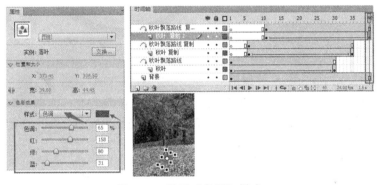

图 3.35 设置"色调"样式

3.2 遮 罩 动 画

遮罩层其实是图层的一种类型,为了得到特殊的效果(如扫描效果和百叶窗效果),可以在遮罩层上创建任意形状的"视窗",遮罩层下方被"视窗"遮罩的部分显示出来,没有被"视窗"遮罩的部分则不可见。

3.2.1 实例Ⅰ—— 制作"扫描效果"动画

在第 2 章基础动画制作的基础上,使用遮罩层完成一个"扫描效果"动画的制作,舞台的画面效果如图 3.36 所示,最终的动画效果参见光盘中的文件"效果\ch03\3.2.1扫描效果动画.swf"。

1. 绘制扫描镜头

Step1 单击"文件"|"新建"命令,或按【Ctrl+N】组合键,在弹出的"新建文档"对话框的"常规"选项卡中选择"ActionScript 3.0"选项,设置舞台宽度和高度为 550 像素 × 400 像素,帧频默认为 24 fps,单击"确定"按钮。

图 3.36 "扫描效果"舞台效果图

Step2 单击 "插入"|"新建元件"命令，在弹出的"创建新元件"对话框中输入"名称"为"扫描镜头"，设置"类型"为"图形"，单击"确定"按钮。

Step3 使用工具箱中的"椭圆工具" ⬭，设置"笔触大小"为16.7，"笔触颜色"为"#009900"，"填充颜色"为无。绘制图3.37所示的圆环。

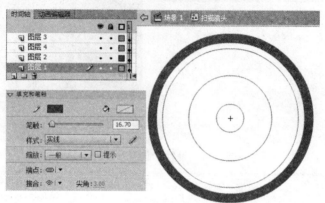

图 3.37　绘制圆环

Step4 新建"刻度"图层。使用工具箱中的"线条工具" ╲，设置"笔触颜色"为"#009900"，"填充颜色"为无。绘制刻度如图3.38所示。

Step5 选择"刻度"图层，使用工具箱中的"任意变形工具" ▦，设置注册点为圆环的中心位置，如图3.39所示。

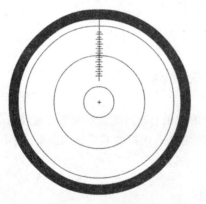

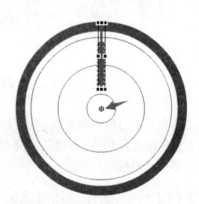

图 3.38　绘制刻度　　　　　　　　　　　图 3.39　移动中心位置

Step6 按【Ctrl+T】组合键打开"变形"面板，设置"旋转"为"30°"，单击"重制选区和变形"按钮12次，如图3.40所示。

Step7 选择最外圈所在图层，隐藏其他图层，使用工具箱中的"颜料桶工具" ⬗，"填充颜色"为"#003300"，如图3.41所示。

Step8 单击"场景1"按钮，返回舞台。

2．制作扫描元件

Step1 在"库"面板中双击打开"扫描镜头"元件，选择最外圈的圆和一条直线，按【Ctrl+C】组合键进行复制，如图3.42所示。

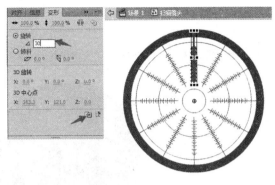
图 3.40　设置"旋转"角度

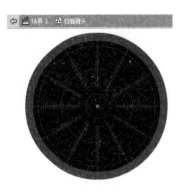
图 3.41　填充颜色

Step2　单击"插入"|"新建元件"命令，在弹出的"创建新元件"对话框中输入"名称"为"扫描"，设置"类型"为"图形"，单击"确定"按钮。

Step3　按【Shift+Ctrl+V】组合键粘贴到当前位置。选择直线，使用工具箱中的"任意变形工具" ，设置注册点为圆的中心位置。按【Ctrl+T】组合键打开"变形"面板，单击"重制选区和变形"按钮进行复制，然后设置"旋转"为"30°"，再次单击"重制选区和变形"按钮，效果如图 3.43 所示。

Step4　使用工具箱中的"选择工具"选中圆，按【Del】键删除部分。填充扇形区域，如图 3.44 所示。单击"场景 1"按钮，返回舞台。

图 3.42　选择的形状

图 3.43　设置"旋转"角度

3. 创建扫描动画影片剪辑元件

Step1　单击"插入"|"新建元件"命令，在弹出的"创建新元件"对话框中输入"名称"为"扫描动画"，设置"类型"为"影片剪辑"，单击"确定"按钮。

Step2　从"库"面板中将"扫描镜头"元件拖放到"扫描动画"影片剪辑中，并按【Ctrl+K】组合键打开"对齐"面板，使之居中对齐。在时间轴中新建"扫描遮罩"图层，从"库"面板中将"扫

图 3.44　填充颜色

描"元件拖放到该层中。同时选中两个图层的第 60 帧，按【F5】键插入帧，如图 3.45 所示。

Step3　选中"扫描遮罩"图层第 1 帧，使用工具箱中的"任意变形工具"设置"扫描"元件控制中心点到左下角。然后右击"扫描遮罩"图层第 60 帧，在弹出的快捷菜单中

选择"创建补间动画"命令，并在"属性"面板的"旋转"区域设置"方向"为"顺时针"，如图 3.46 所示。

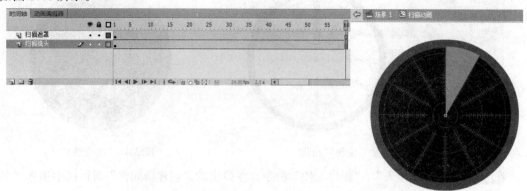

图 3.45　插入帧

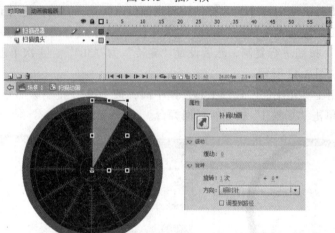

图 3.46　修改旋转方向

Step4　选择"扫描镜头"图层中的图形元件，设置"属性"面板中"色彩效果"的样式为"色调"，参数设置如图 3.47 所示。

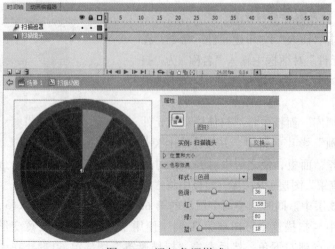

图 3.47　添加色调样式

Step5 右击"扫描遮罩"图层，在弹出的快捷菜单中选择"遮罩层"命令，如图3.48所示。

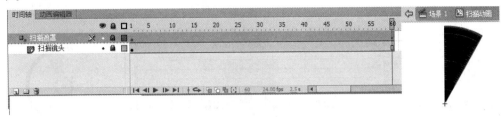

图 3.48　添加遮罩层

Step6 在"时间轴"面板的"扫描镜头"图层上方创建"图层 3"，绘制一个圆形，"笔触颜色"为黑白渐变，"笔触大小"为"17 像素"，如图3.49所示。

Step7 在"时间轴"面板的"扫描遮罩"图层上方创建"图层 4"，绘制一个圆，"笔触颜色"为"#009900"，"笔触大小"为"1 像素"，如图3.50所示。

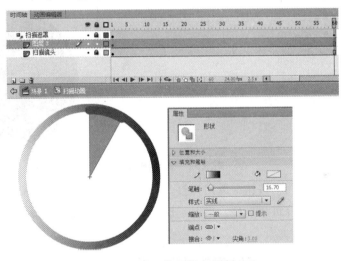

图 3.49　填充渐变颜色

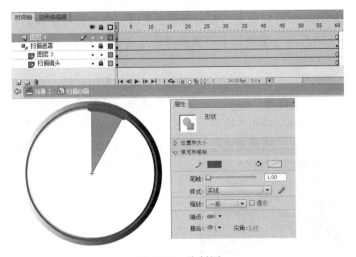

图 3.50　绘制圆

Step8 在"时间轴"面板"图层 4"的第 60 帧按【F6】键插入关键帧。使用工具箱中的"任意变形工具"改变大小。右击第 20 帧，在弹出的快捷菜单中选择"创建补间形状"命令，如图 3.51 所示。

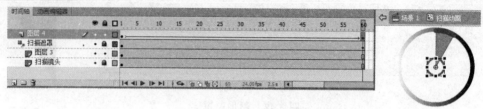

图 3.51　创建补间形状

Step9 在"时间轴"面板新建"图层 5"，置于最底层。从"库"面板中将"扫描镜头"元件拖入，如图 3.52 所示。

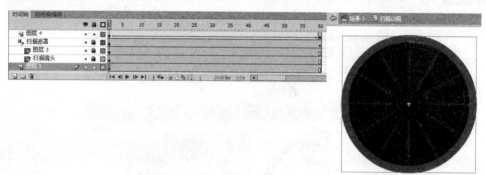

图 3.52　新建图层

Step10 单击"场景 1"按钮，返回舞台。从"库"面板中将"扫描动画"影片剪辑元件拖放到舞台正中。将文件进行保存，单击"控制"丨"测试场景"命令或者按【Ctrl+Enter】组合键对文件进行测试。

3.2.2　实例Ⅱ——制作"百叶窗效果"动画

在第 2 章基础动画制作的基础上，使用遮罩层完成一个"百叶窗效果"动画的制作，舞台的画面效果如图 3.53 所示，最终的动画效果参见光盘中的文件"效果\ch03\3.2.2 百叶窗效果.swf"。

Step1 单击"文件"丨"新建"命令，或按【Ctrl+N】组合键，在弹出的"新建文档"对话框的"常规"选项卡中选择"ActionScript 3.0"选项，设置舞台宽度和高度为 550 像素 × 330 像素，帧频默认为 24 fps，单击"确定"按钮。在时间轴上将"图层 1"重命名为"相框"，创建 3 个图层，分别命名为"线条遮罩""相片 1""相片 2"，如图 3.54 所示。

图 3.53　"百叶窗效果"舞台效果图

图 3.54　创建图层

Step 2 单击"插入"|"新建元件"命令，在弹出的"创建新元件"对话框中输入"名称"为"线条"，设置"类型"为"图形"，单击"确定"按钮。

Step 3 使用工具箱中的"矩形工具" ■，设置"笔触颜色"为无，"填充颜色"为"#006600"，绘制效果如图 3.55 所示。

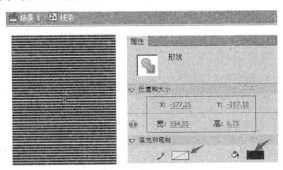

图 3.55　绘制矩形

Step 4 单击"场景 1"按钮，返回舞台。从"库"面板中分别将"相片"和"线条"拖放到对应图层的舞台中，如图 3.56 所示。

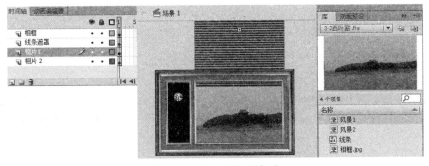

图 3.56　拖动元件到舞台

Step 5 在时间轴上右击"线条遮罩"图层，在弹出的快捷菜单中选择"遮罩层"命令，选中第 100 帧并按【Shift】键选择所有图层，按【F5】键插入帧。

Step 6 在时间轴上右击"线条遮罩"图层的第 100 帧，在弹出的快捷菜单中选择"创建补间动画"命令，将"线条"图形元件移到中间位置，在第 100 帧设置"属性"面板的"旋转"选项，"方向"为无，如图 3.57 所示。

图 3.57　创建补间动画

Step 7 在时间轴上选择"线条遮罩"图层的第 101 帧，按【F7】键插入空白关键帧，其他图层按【F5】键插入帧。从"库"面板中将"线条"图形元件放到"线条遮罩"图层的第 101 帧，使用工具箱中的"任意变形工具" 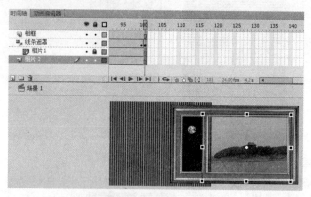 将"线条"图形元件旋转适当方向，并移动到适当位置，如图 3.58 所示。其他图层如果需要更换图片或相框，可在第 101 帧按【F7】键插入空白关键帧。

Step8 在时间轴的第 200 帧选择所有图层，按【F5】键插入帧。右击"线条遮罩"图层第 200 帧，在弹出的快捷菜单中选择"创建补间动画"命令，将"线条"图形元件移动到中间位置，并在第 200 帧设置"属性"面板的"旋转"选项，"方向"为无，效果如图 3.59 所示。按【Ctrl+Enter】组合键测试影片。

图 3.58　创建"线条遮罩"图层补间动画

图 3.59　创建补间动画

Step9 将文件进行保存，单击"控制"|"测试场景"命令或者按【Ctrl+Enter】组合键对文件进行测试。

3.3　IK 骨骼动画

IK 骨骼动画是制作各种复杂形变动画的有效手段，使用 IK 骨骼可以控制 IK 图形元件、影片剪辑元件等各种对象的动作，免去逐帧绘制动画的麻烦。使用工具箱中的"骨骼工具"将各个影片剪辑连接到一起，然后控制影片剪辑元件的旋转和位移，以形成动画，如人物行走和动物奔跑动画。

3.3.1　实例 I ——制作"人物行走"动画

1. 绘制人物各元件

Step1 单击"文件"|"新建"命令，或按【Ctrl+N】组合键，在弹出的"新建文档"对话框的"常规"选项卡中选择"ActionScript 3.0"选项，设置舞台宽度和高度为 550 像素 × 400 像素，帧频默认为 24 fps，单击"确定"按钮。

Step2 单击"插入"｜"新建元件"命令，在弹出的"创建新元件"对话框中输入"名称"为"头"，设置"类型"为"影片剪辑"，单击"确定"按钮。

Step3 使用工具箱中的"椭圆工具" ，设置"笔触颜色"为无，"填充颜色"为黑色，绘制一个圆。按【Ctrl+K】组合键打开"对齐"面板，与舞台中心对齐，如图 3.60 所示。

图 3.60 "对齐"面板与"属性"面板

Step4 重复步骤 2～3，创建"脖子""躯干""骨盆""上腿""下腿""脚""上臂""下臂""手"等影片剪辑元件，如图 3.61 所示。

图 3.61 制作影片剪辑

Step5 从"库"面板中将所创建的人物各部位元件拖放到舞台中，如图 3.62 所示。

Step6 为了区别左右的手和腿。使用"选择工具"选中同一侧的手和腿，设置"属性"面板"色彩效果"的"样式"为"色调"，颜色为"#666666"，如图 3.63 所示。

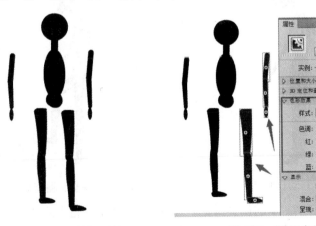

图 3.62 组合影片剪辑元件　　　图 3.63 设置色调样式

2．向元件添加骨骼

Step1 单击"骨骼工具" ，在"骨盆"元件上按住鼠标左键不放，拖动到"躯干"元件的适当位置，松开鼠标，创建从骨架根骨"骨盆"元件到"躯干"元件的骨骼，如图 3.64 所示。

Step2 依次继续创建从"躯干"元件到"脖子""头"元件的骨骼，将这些元件连接起来。然后再创建从"躯干"元件到"上臂""下臂""手"元件的骨骼，连接上肢骨骼。回到骨架根骨"骨盆"元件，连接"骨盆"元件到"上腿""下腿""脚"元件，进行下肢骨骼连接，如图 3.65 所示。

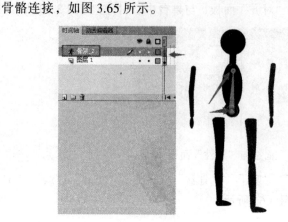

图 3.64　骨骼工具　　　　　　　　　图 3.65　骨骼连接

3. 调整人物姿势

Step1 使用工具箱中的"任意变形工具" 选择所需元件，重新调整元件控制点。通过旋转或移动来改变元件位置和角度，如图 3.66 所示。注意这些控制点实际就是骨骼间的连接点。

Step2 可以通过工具箱中的"选择工具" 观察骨骼连接情况，调整骨骼姿势，如图 3.67 所示。

图 3.66　移动控制点　　　　　　　　　图 3.67　调整骨骼姿势

Step3 调整一条手臂、腿的位置到躯干另一侧。使用工具箱中的"任意变形工具" ，按住【Shift】键，选中一条手臂和腿的相关元件并右击，在弹出的快捷菜单中选择"排列"|"移至底层"命令，使四肢位于躯干两侧。根据实际情况，通过旋转或移动来改变元件的位置和角度，如图 3.68 所示。

Step4 在时间轴第 5 帧右击，在弹出的快捷菜单中选择"插入姿势"命令。使用"选择工具" 调整骨骼姿势，如图 3.69 所示。如果骨骼错位，可以使用"任意变形工具" 通过旋转或移动来改变元件的位置和角度。

图 3.68 改变元件位置 　　　　　　图 3.69 改变元件位置和角度

Step5 在时间轴第 10 帧右击，在弹出的快捷菜单中
选择"插入姿势"命令。由于第 10 帧与第 1 帧的左右手臂、
腿进行交替，因此，在舞台空白处单击，取消选择。然后在
时间轴第 1 帧右击，在弹出的快捷菜单中选择"复制姿势"
命令；在第 10 帧右击，在弹出的快捷菜单中选择"粘贴姿势"
命令。使用"选择工具" 调整骨骼姿势，如图 3.70 所示。
如果骨骼错位，可以使用"任意变形工具" 通过旋转或移
动来改变元件的位置和角度。

Step6 同理，在第 15、20 帧按照"步骤 5"的方法，
分别插入所需要的姿势，如图 3.71 所示。

图 3.70 改变元件位置和角度

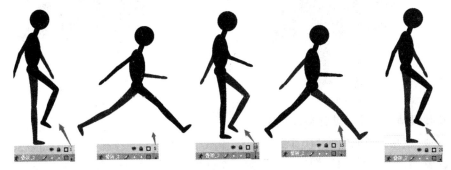

图 3.71 改变行走姿势

Step7 将文件进行保存，单击"控制"|"测试场景"命令或者按【Ctrl+Enter】组合
键对文件进行测试。

3.3.2 实例 Ⅱ —— 制作"动物奔跑"动画

1. 向元件添加骨骼

Step1 打开光盘中的"素材\ch03\3.3.2 动物奔跑动画"中的"骏马.fla"文档，如
图 3.72 所示。

Step2 使用工具箱中的"骨骼工具" ，按住鼠标左键从骨架根骨"马臀"元件开始
向骨骼"马身"元件拖动，松开鼠标。然后从骨骼"马身"元件的尾部拖动鼠标至"马脖"

元件，松开鼠标。使用同样的方法，依次拖动鼠标创建从"马脖"元件→"马头"元件→"马发"元件的骨架，如图 3.73 所示。

图 3.72　初始舞台效果图

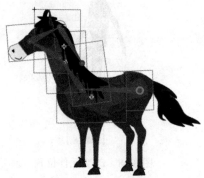

图 3.73　创建主骨架

Step 3　创建后退分支骨架。单击后部分支骨架开始的位置——现有骨骼的"马臀"元件，拖动鼠标创建新分支的第一个骨骼"马尾"元件。使用同样的方法，创建从现有骨骼的"马臀"元件开始到"后腿上"元件→"后腿下"元件→"脚"元件的骨架，如图 3.74 所示。

Step 4　使用同样的方法，从马身创建前腿分支骨架，单击"马身"元件，然后拖动鼠标到"前腿上"元件→"前腿下"元件→"脚"元件，如图 3.75 所示。

图 3.74　拖动元件（一）

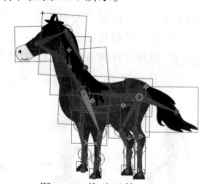

图 3.75　拖动元件（二）

2. 在时间轴中对骨架进行动画处理

Step 1　使用工具箱中的"任意变形工具"![]改变各元件旋转控制点位置，如图 3.76 所示。

Step 2　右击"骨架_1"图层的第 5 帧，在弹出的快捷菜单中选择"插入姿势"命令。然后使用工具箱中的"选择工具"![]控制特定骨骼的运动自由度。同时配合工具箱中的"任意变形工具"![]改变各元件的位置，如图 3.77 所示。

图 3.76　改变各元件控制点

图 3.77　改变各元件位置

Step3 重复步骤 2 的操作，分别右击第 10、15、20 帧，插入马奔跑时不同的姿势，如图 3.78 所示。

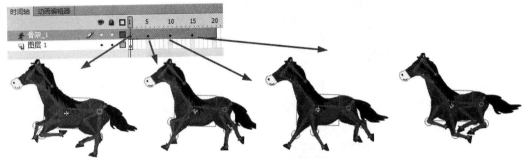

图 3.78　插入关键帧对应的元件

Step4 将文件进行保存，单击"控制"|"测试场景"命令或者按【Ctrl+Enter】组合键对文件进行测试。

3.4　3D 动　画

Flash 软件制作 3D 动画主要是通过工具箱中的"3D 旋转工具""3D 平移工具"修改 X、Y、Z 轴对应的数值，在 3D 空间中改变影片剪辑的角度和位置形成的，如 3D 文字和 3D 图片动画。

3.4.1　实例Ⅰ——制作"3D 文字效果"动画

1. 制作 3D 文字

Step1 单击"文件"|"新建"命令，或按【Ctrl+N】组合键，在弹出的"新建文档"对话框的"常规"选项卡中选择"ActionScript 3.0"选项，设置舞台宽度和高度为 550 像素×400 像素，帧频默认为 24 fps，单击"确定"按钮。

Step2 使用工具箱中的"文本工具"■，在舞台中输入文字"3D 字"。使用"选择工具"■，在"属性"面板中设置字体、大小、颜色、字母间距等，如图 3.79 所示。

Step3 按【Ctrl+B】组合键两次，将文本打散。然后在时间轴上复制"图层 1"，如图 3.80 所示。

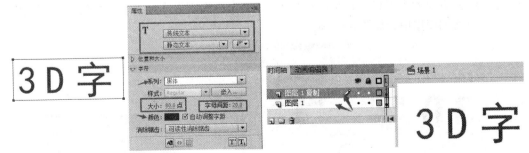

图 3.79　设置文本属性　　　　　　　图 3.80　打散文本并复制图层

Step4 锁定并隐藏"图层 1 复制"图层。单击"图层 1"图层的第 1 帧，按【Ctrl+C】

组合键复制，并按【Shift+Ctrl+V】组合键在当前位置粘贴，然后按【↑】、【←】键进行移动。再选中舞台中的文本，重复进行复制、粘贴、移动的操作几次，效果如图 3.81 所示。

图 3.81　复制粘贴文字

Step5　选中舞台文本，在"属性"面板中，设置"填充颜色"为"#999999"。显示"图层 1 复制"图层，效果如图 3.82 所示。

图 3.82　填充颜色

2. 制作 3D 文字动画特效

Step1　解锁"图层 1 复制"图层，在舞台上选中"3"，按【F8】键弹出"转换为元件"对话框，参数设置如图 3.83 所示，单击"确定"按钮。

Step2　同理，将"D""字"分别转换为影片剪辑元件，如图 3.84 所示。

图 3.83　转换为元件

Step3　在舞台上框选所有元件并右击，在弹出的快捷菜单中选择"分散到图层"命令，将各元件分散到图层中，如图 3.85 所示。

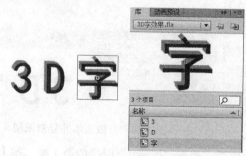

图 3.84　转换为元件

图 3.85　分散到图层

Step4 选中"3"图层，单击"窗口"|"动画预设"命令，在"动画预设"面板的"默认预设"文件夹中选择"从左边飞入"项目，单击"应用"按钮。使用工具箱中的"部分选取工具"，调整动画的起始和终止位置，如图 3.86 所示。

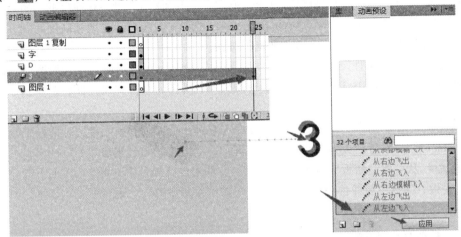

图 3.86 "动画预设"面板

Step5 同理，选中"D"图层，在"动画预设"面板的"默认预设"文件夹中选择"脉搏"项目。选中"字"图层，在"动画预设"面板的"默认预设"文件夹中选择"快速跳跃"项目，并使用工具箱中的"部分选取工具"调整动画的起始和终止位置，如图 3.87 所示。

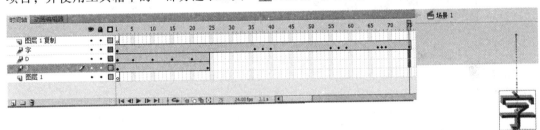

图 3.87 调整位置

Step6 分别在"3""D"图层的最后一帧按【F5】键插入帧，如图 3.88 所示。

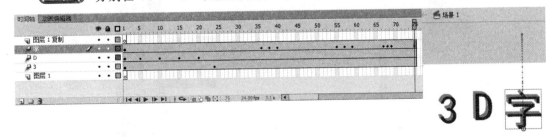

图 3.88 插入帧

Step7 将文件进行保存，单击"控制"|"测试场景"命令或者按【Ctrl+Enter】组合键对文件进行测试。

3.4.2 实例 Ⅱ —— 制作 "3D 图片旋转" 动画

1. 制作 3D 立方体

Step 1 单击 "文件" | "新建" 命令，或按【Ctrl+N】组合键，在弹出的 "新建文档" 对话框的 "常规" 选项卡中选择 "ActionScript 3.0" 选项，设置舞台宽度和高度为 550 像素 × 400 像素，帧频默认为 24 fps，单击 "确定" 按钮。

Step 2 单击 "文件" | "导入" | "导入到库" 命令，在弹出的 "导入到库" 对话框中选择光盘中的 "素材\ch03\3.4.2 3D 图片旋转动画" 中所有的素材文件，如图 3.89 所示，单击 "打开" 按钮。

Step 3 单击 "插入" | "新建元件" 命令，在弹出的 "创建新元件" 对话框中输入 "名称" 为 "face1"，设置 "类型" 为 "影片剪辑"，单击 "确定" 按钮。

Step 4 从 "库" 面板中将素材 "1.png" 文件拖放到舞台中，按【Ctrl+K】组合键打开 "对齐" 面板，勾选 "与舞台对齐" 复选框，单击 "水平中齐" "垂直中齐" 按钮，如图 3.90 所示。

图 3.89 导入素材

图 3.90 "对齐" 面板

Step 5 同理，将其他 5 张图片素材转换成影片剪辑元件，分别命名为 face2～face6，如图 3.91 所示。

Step 6 创建一个名称为 "立方体" 的影片剪辑，分别创建 6 个图层，每个图层放置一张图片的影片剪辑元件，其 "位置" 在对应图上已分别标明，如图 3.92 所示。

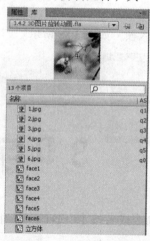

图 3.91 创建影片剪辑

图 3.92 位置和大小

Step 7 选择工具箱中的 "3D 旋转工具" ，单击 "face1" 影片剪辑元件。按【Ctrl+T】

组合键打开"变形"面板，对"face1"影片剪辑进行变形。设置"3D中心点"的Y值为"50"，"3D旋转"的X值为"90°"，如图3.93所示。在"属性"面板的"3D定位和查看"区域显示X值为"0"，Y值为"50"，Z值为"-50"。

图3.93　设置3D旋转和3D定位（一）

Step8 选择工具箱中的"3D旋转工具"，单击"face3"影片剪辑元件。按【Ctrl+T】组合键打开"变形"面板，设置"3D中心点"中Y值为"150"，"3D旋转"的X值为"-90°"进行变形，如图3.94所示。在"属性"面板的"3D定位和查看"区域显示X值为"0"，Y值为"150"，Z值为"-50"。为了便于查看，可隐藏无关图层。

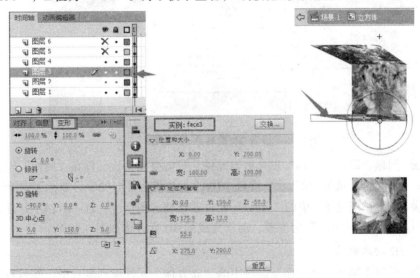

图3.94　设置3D旋转和3D定位（二）

Step9 同理，设置"face5"影片剪辑元件，按【Ctrl+T】组合键打开"变形"面板，设置"3D中心点"中X值为"-50"，Y值为"100"，"3D旋转"的Y值为"-90°"进行变形，如图3.95所示。在"属性"面板的"3D定位和查看"区域显示X值为"-50"，Y值为"100"，Z值为"-50"。

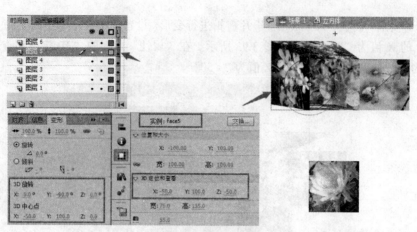

图 3.95　设置 3D 旋转和 3D 定位（三）

Step10　同理，设置"face6"影片剪辑元件，按【Ctrl+T】组合键打开"变形"面板，设置"3D 中心点"中 X 值为"50"，Y 值为"100"，"3D 旋转"的 Y 值为"90°"进行变形，如图 3.96 所示。在"属性"面板的"3D 定位和查看"区域显示 X 值为"50"，Y 值为"100"，Z 值为"-50"。

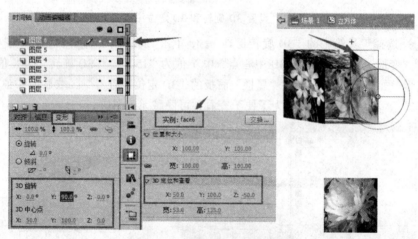

图 3.96　设置 3D 旋转和 3D 定位（四）

Step11　同理，设置"face4"影片剪辑元件，只需要调整该元件在"属性"面板的"3D 定位和查看"区域的 X 值为"0"，Y 值为"100"，Z 值为"-100"，如图 3.97 所示。

Step12　由于"图层 5"中的"face5"元件遮盖住"图层 4"的"face4"元件内容，需要调整"图层 4"与"图层 5"的位置，制作完成的 3D 立方体如图 3.98 所示。

2. 制作 3D 动画效果

Step1　返回主场景，将"库"面板中的"立方体"元件拖到舞台中，然后右击"图层1"的第 1 帧，在弹出的快捷菜单中选择"创建补间动画"命令。

Step2　接着在第 60 帧插入普通帧。选择工具箱中的"3D 旋转工具"和"3D 平移工具"，通过选择不同的帧，对"立方体"元件进行变形，就可以自动创建关键帧，如图 3.99所示。

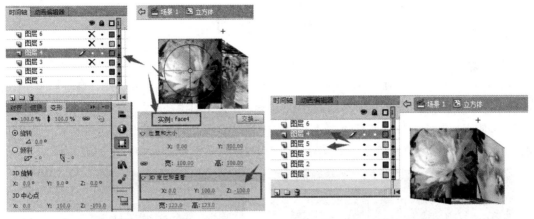

图 3.97　设置 3D 定位　　　　　　　　　　图 3.98　调整图层位置

图 3.99　元件变形

Step3 然后按【Ctrl+Enter】组合键对效果进行测试。如果觉得效果满意，就可以发布。单击"文件"｜"发布设置"命令，在弹出的"发布设置"对话框中勾选"GIF 图像"复选框，在"播放"下拉列表框中选择"动画"选项，并选择"不断循环"单选按钮，单击"发布"按钮，如图 3.100 所示。

图 3.100　发布设置

课后练习

操作题

1. 使用本章所学引导层制作动画的方法制作一个"地雷引爆"的动画效果，效果如图 3.101 所示，也可参见光盘中的文件"效果\ch03\课后练习\1 地雷引爆动画.swf"。

2. 使用本章所学骨骼工具制作动画的方法制作一个"人物行走"的动画效果，效果如图 3.102 所示，也可参见光盘中的文件"效果\ch03\课后练习\2 人物行走动画.swf"。

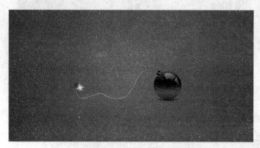

图 3.101 "地雷引爆"效果图

图 3.102 "人物行走动画"效果图

➡ ActionScript 3.0 脚本基础

ActionScript 3.0 是 Flash 的编程语言，与之前的版本有着本质上的不同，它是一门功能强大、符合业界标准的面向对象的编程语言。ActionScript 3.0 有很多新增的、独有的特色功能，非常适合因特网应用程序开发。

学习目标	本 章 知 识	了　解	掌　握	重　点	难　点
	ActionScript 3.0 特点	☆			
	脚本添加		☆		
	数据类型		☆	☆	
	变量和常量		☆	☆	
	函数		☆	☆	☆
	类和闭包		☆	☆	☆
	语法和语句		☆	☆	

4.1　ActionScript 简介

4.1.1　ActionScript 的作用

ActionScript（AS）是一种基于 ECMAScript 的编程语言，用来编写 Adobe Flash 动画和应用程序。现在普遍使用的版本 ActionScript 3.0 是一种完全面向对象的编程语言，功能强大，类库丰富，语法类似 JavaScript，多用于 Flash 互动性、娱乐性、实用性开发，网页制作和 RIA（因特网应用程序）开发。

如果不希望做出的网页只是简单地罗列出新闻和图片的话，就需要考虑网页的动态效果。可以使用 Flash 设计交互式矢量图，做出一些炫丽的效果，让网页看起来更加有生机活力，充分调动浏览者的积极性。引入 ActionScript 后，用户可以使用键盘或鼠标与动画交互，大大增强了用户的参与性，同时也大大增强了 Flash 动画的魅力。

4.1.2　ActionScript 3.0 的特点

1. 运行时异常（Runtime Exception）处理机制

运行异常发生时，及时提供并使用含有批注的堆栈跟踪，批注中包含源文件和行信号，帮助开发人员快速找出错误。

2. 运行时变量类型检测（Runtime Types）

在 ActionScript 3.0 中，类型信息在运行时仍然保留，有很多实际用途。Flash Player 9 支持运行时类型检查，增强了系统的类型安全性。

3. 密封类（Sealed Classes）

密封类只拥有在编译时定义的固定属性和方法集，无法在运行时添加其他属性和方法。密封类对象实例没有内部哈希表，从而提高内存使用效率和访问性能。密封类的支持使得更加严格的编译时检查成为可能，从而帮助开发人员写出更加可靠的程序。

4. 闭包方法（Method Closure）

使用闭包方法可以自动记起它的原始对象实例。此功能对于事件处理非常有用。

5. E4X

一种先进的 XML（eXtensible Markup Language，可扩展标记语言），E4X 使得 XML 数据处理自然简单，大量降低了所需要的代码数量，显著提高了开发效率。

6. 正则表达式

ActionScript 3.0 从内部支持（native support）正则表达式，帮助开发人员快速搜索和处理字符串。

7. 命名空间

源于 XML 命名空间的概念，用户也可以自定义命名空间，定义出不同的访问控制权限。

8. int 型和 uint 数据类型

int 类型是一个带符号的 32 位整数，可以充分利用 CPU 的快速处理整数数学运算的能力，int 类型对使用证书循环计数器和变量都非常有用。uint 类型是无符号的 32 位整数类型，可用于 RGB 颜色值、字节计数和其他方面。

9. 显示列表 API

一种新的、自由度较大的管理屏幕上显示对象的方法。

10. DOM3 事件模型

该事件模型提供了生成和处理事件消息的一种标准方法，从而应用程序内的对象可以交互和通信，保持状态并对更改作出响应。

4.1.3 动作脚本的添加

在早期的 Flash 中能够添加动作脚本的有关键帧、按钮、影片剪辑和 AS 文件。其他地方是不可以添加动作脚本的，否则会引起 Flash 出错。但是 ActionScript 3.0 发生了重大变化，代码只能写在帧和 AS 类文件中。在实际开发过程中，如果把代码写在帧上会导致代码难以管理，因此建议用 AS 类文件来组织动作脚本更合适，这样可以使设计与开发分离，利于协同工作。

1. 给关键帧添加代码

能够添加代码的可以是有对象的关键帧，也可以是空白关键帧。加载关键帧时即可运行控制代码。操作过程是在时间轴中选中要添加代码的关键帧或空白关键帧，然后打开"动作"面板或按【F9】键，直接在"动作"面板中输入代码即可。

2. AS 类文件

在 Flash CS6 中，单击"文件"|"新建"命令，在弹出的"新建文档"对话框的"常规"

选项卡中选择"ActionScript 3.0 类"选项，即可创建一个外部类文件，如图 4.1 所示。

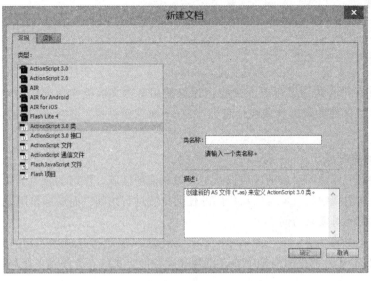

图 4.1　新建 ActionScript 3.0 类

4.2　基 本 语 法

4.2.1　数据类型

1. 基元数据类型

主要包括 Boolean、int、Null、Number、String、uint 和 void。

（1）Boolean 数据类型用来标识真假，包含两个值：true 和 false，其他值无效。

（2）int 数据类型用来处理整数，变量的默认值是 0。

（3）Null 数据类型表示为空，仅包含一个值：null。这是 String 数据类型和用来定义复杂数据类型的所有类（包括 Object 类）的默认值。其他基元数据类型（如 Boolean、Number、int 和 uint）均不包含 null 值。

（4）Number 数据类型可以表示整数、无符号整数和浮点数。

（5）String 数据类型用来处理文字。

（6）uint 数据类型可用于定义非负整数的特殊情形。例如，必须使用 uint 数据类型表示像素颜色值。

（7）void 数据类型仅包含一个值：undefined。

2. 复杂数据类型

主要包括 Object、Array、Date、Error、Function、RegExp、XML 和 XMLList。

4.2.2　变量和常量

变量可用来存储程序中使用的值。要声明变量，必须将 var 语句和变量名结合使用。

1. 变量声明

在 ActionScript 3.0 中声明变量的格式如下：

```
var 变量名:数据类型;
var 变量名:数据类型=值;
```

例如:

```
var vehicle:String="truck"
```

其中, var 是关键字, 用来声明变量。vehicle 是变量名, 变量命名的规则是任何单词或字符串, 但首字符必须为字母或下画线, 建议使用有含义的英文单词作为变量名。:String 表示定义变量可保存的数据类型或信息类型。=（赋值运算符）将 vehicle 变量的值设置为 "truck"。

2. 变量的作用域

作用域是指可以访问对象的区域以及定义对象值的区域。作用域分为全局作用域和局部作用域。全局作用域中的对象可以从代码的任何位置进行访问, 而局部作用域中的对象只允许通过定义它们的对象来访问。

（1）全局作用域

任何在 Flash 影片的根时间轴中或在函数和类外部定义的对象都属于全局作用域。

（2）局部作用域

① 类级（静态）变量和访问方法。

变量存在于类级作用域中, 使用类名加对象名访问这些对象。例如:

```
package{
  public class MyExample{
      public static var length:int=12;
  }
}
```

访问 length 变量, 可用如下方式:

```
trace(MyExample.length);
```

② 实例级变量和访问方法。

与类级变量不同, 实例变量对于类的各个实例都是相互独立的, 因此要访问实例变量, 可以使用实例名加变量名, 如下所示:

```
package{
    public class MyExample{
        public static var length:int=12;
        public var height:int=20;
    }
}
var MyTest:MyExample=new MyExample();
trace(MyTest.height);
```

③ 函数级变量。

对象也可以在函数中被定义。每个函数都会在运行期间创建一个临时的作用域, 并在函数运行结束后删除。

```
package{
    public class MyExample{
        public static var length:int=12;
        public var height:int=20;
        public function showValue():void{
            var area:int=length*height;
            trace(area);
        }
    }
}
```

3. 常量

常量声明使用 const 关键字，常量和变量的不同在于常量在声明时被初始化，之后就不能再赋值了。

4.2.3 函数

函数在 ActionScript 脚本中始终扮演着极为重要的角色。函数（Function）的准确定义为执行特定任务，并可以在程序中重用的代码块。ActionScript 3.0 中有两种函数类型：方法和函数闭包。将函数称为方法或是函数闭包取决于定义函数的上下文。如果将函数定义为类定义的一部分或者将它附加到对象的实例，则该函数称为方法。如果以其他任何方式定义函数，则该函数称为函数闭包。

1. 函数语句定义法

使用 function 关键字来声明，格式如下：

```
function 函数名（参数1：参数类型，参数2：参数类型……）：返回值类型{
    //函数内部语句
}
```

例如：

```
function addNumber(a:int,b:int):int{
    return a+b;
}
addNumber (5, 6);              //11
```

2. 函数表达式定义法

赋值语句和函数表达式结合使用，函数表达式有时又称函数字面值或匿名函数。这是一种较为繁杂的方法，在早期的 ActionScript 版本中广为使用。格式如下：

```
var 函数名:funtion = function (arg1:type1, arg2:type2……):返回值类型
{
    ...
}
```

例如：

```
var traceParameter:Function = function (aParam:String)
{
    trace(aParam);
};
traceParameter("hello");                 // hello
```

4.2.4　类和闭包

1. 类

在 ActionScript 3.0 中，每个对象都是由类定义的。类定义的对象中可以包括变量和常量以及方法，前者用于保存数据值，后者是封装绑定到类的行为的函数。在 ActionScript 3.0 中声明类使用 class 关键字，并且类名要和文件名一致。

例如：

```
package flash.demo{
    public class Rectangle{
        //类体
    }
}
```

如果要使用类类型变量，需要使用 new 关键字初始化对象。在程序执行时，new 关键字会引发运行环境调用类的构造函数。构造函数是一种特殊的函数，使用 function 关键字声明，它的名字和类名一样，不需要声明返回类型。

例如：

```
package flash.demo{
    public class Rectangle{
        public function Rectangle(width:int,height:int){
        }
    }
}
```

实例化 Rectangle 类：

```
var myRectangle:Rectangle=new Rectangle(3,5);
```

2. 闭包

在 ActionScript 3.0 中，package 是一个逻辑单元，包含多个具有逻辑联系的类，共同对外提供一个或多个服务。闭包必须与所在目录的名字相同，根目录下的闭包没有名字。

例如：

```
package flash.demo{
    public class Rectangle{
        //类体
    }
}
```

类 Rectangle 所在闭包的名字为 flash.demo，如果使用不同闭包中的类，必须先导入该类。使用同一个闭包内的类文件则无须导入。

例如：

```
package flash.demo{
    import flash.movie.Show;        //导入 flash.movie 闭包中的 Show 类
    public class Rectangle{
        //类体
    }
}
```

4.2.5　语法和语句

1. 语法

语法是指在编写代码时必须遵循的规则。这些规则决定了可以使用的符号和语言以及如何构造代码。

（1）区分大小写

ActionScript 3.0 程序语言区分大小写。例如，以下代码创建了两个不同的变量：

```
var telephone:String;
var Telephone:String;
```

（2）分号

用于终止一条语句。如果省略了分号，那么编译器会假设每一行代码代表一条单一语句。

（3）括号

括号的用法有如下三种：

① 改变表达式里的运算顺序，在括号里进行分组的运算符总是优先执行。例如：

```
trace((2+3)*4);                    //先算 2+3，再和 4 相乘，输出 20
```

② 与逗号运算符 "，" 一起使用，返回最终表达式的结果。例如：

```
var a:int=2;
var b:int=3;
trace((a++,b++,a+b));              //输出 7
```

③ 传递参数。例如：

```
trace("hello");                    //输出 hello
```

（4）保留字

保留字不能在代码中用作标识符使用，是由 ActionScript 程序语言保留使用。

2. 语句

语句是执行或指定动作的语言元素。语句主要由保留字和表达式构成，以分号结束。

（1）条件语句

用来判断给定的条件是否为真，根据判断结果决定要执行的程序。

```
if(逻辑判断语句){
    //执行语句
}
```

例如：

```
if(tomorrow=="Sunday"){
  swim();
}
```

（2）循环语句

在满足条件的情况下，使用一系列值或变量来反复执行一段特定的代码块。有 4 种语句可以实现程序的循环，分别是 while、do...while、for 和 for...in。

① while 语句。while 循环与 if 语句相似，只要条件为 true，就会反复执行。例如：

```
var i:int =0;
while (i < 5)              //当i<5 时，不断输出i值，当i≥5时，循环停止
{
    trace(i);
    i++;                  //i 递增 1
}                         //输出 4
```

② do...while 语句。do...while 循环是另一种 while 循环，保证至少执行一次代码块，这是因为在执行代码块后才会检查条件。例如：

```
var i:int=5;
do
{
    trace(i);
    i++;
} while(i<5);
// 输出 5
```

③ for 语句。for 语句是功能最强大、使用最灵活的一种循环语句。for 语句包含 3 个表达式，中间用分号隔开。第一个表达式通常用来设定循环语句变量的初始值，这个表达式只会执行一次；第二个表达式通常是一个关系表达式或者逻辑表达式，用来判定循环是否继续；第三个递增表达式是每次执行完"循环体语句"以后就会执行的语句，通常用来增加或减少变量的初始值。例如，求 1～100 的和。

```
var sum:Number=0;
for(i=1;i<=100;i++){
  sum=sum+i;
}
trace(sum);
```

这段程序首先进行第一次循环，执行 i=1，然后进行条件判断 i<=100，若判定为真，则执行 sum=sum+i，然后 i+1=2，再进行第二次循环，一直到 i=101，条件判定为假，跳出循环。

④ for... in 语句。for...in 循环访问对象属性或数组元素。例如：

```
var myArray:Array=["one", "two", "three"];
for(var i:String in myArray)
{
```

```
    trace(myArray[i]);
}
// 输出
// one
// two
// three
```

4.3 实例——制作"小游戏"

4.3.1 实例分析

根据上述所学，做一个简单的 Flash 小游戏，在制作游戏过程中，更好地理解 ActionScript 3.0 脚本语句的编写思路。接元宝游戏界面效果如图 4.2 所示。最终的动画效果可参见光盘中的文件"效果\ch04\4.3 小游戏.swf"。

游戏设置是通过键盘上的方向键控制小黄人接掉下来的元宝，同时避开炸弹，屏幕上显示接到的元宝和未接到的元宝数量。下面首先对此实例用到的 ActionScript 3.0 语法知识进行简单介绍。

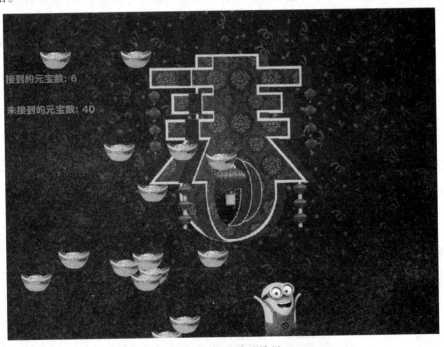

图 4.2　游戏界面效果

在 ActionScript 3.0 中，事件是由 Event 类统一管理。Event 类包含 4 个子类：鼠标类（Mouse Event）、键盘类（KeyBoardEvent）、时间类（TimerEvent）、文本类（TextEvent）。其中，键盘类事件包括两种类型：KeyboardEvent.KEY_ DOWN 和 KeyboardEvent.KEY_UP。

在实例中，需要指派舞台为监听者，监听内容为其中一种键盘事件。而 ActionScript 3.0 中统一使用 addEventListener()来注册监听器。

```
stage.addEventListener(KeyboardEvent.KEY_DOWN, changePosition);
```

其中，changePosition 函数是要处理的函数，当监听到键盘被按下的时候，调用 changePosition 函数来处理接元宝的小黄人的位置移动。

changePosition 函数的定义如下：

```
function changePosition(event:KeyboardEvent):void
{
    //显示接元宝的小黄人
    happy_mc.visible = true;
    //显示沮丧的小黄人
    depressed_mc.visible = false;
    switch (event.keyCode)
    {
            //如果按下键盘左方向键，改变接元宝的小黄人的x坐标
        case 37 :
            happy_mc.x -=   60;
            break;
        case 39 :
            happy_mc.x +=   60;
            break;

    }

}
```

对接元宝影片剪辑设置一个 ENTER_FRAME 事件监听：

```
stage.addEventListener(Event.ENTER_FRAME, catchFruit);
```

帧循环 ENTER_FRAME 事件是 ActionScript 3.0 动画编程的核心事件。该事件能够控制代码跟随帧频播放，在每次刷新屏幕时改变显示对象。

接元宝过程中，当小黄人接到 1 个元宝时，屏幕左上方计数加 1。如果碰上炸弹则不计数，并且当前小黄人切换为"沮丧的小黄人"，因此这里需要使用碰撞检测方法。在 ActionScript 3.0 中，所有的显示对象都可以作为检测和被检测的对象进行碰撞检测。通过以下两种方法实现。

第一种方法：

```
显示对象 1.hitTestObject(显示对象 2);
```

说明：该方法用于检测两个显示对象是否发生碰撞，返回一个 Boolean 值，若判定为 true，表示两个对象发生了碰撞，否则为没有碰撞。

第二种方法：

```
显示对象.hitTestPoint(x,y,检测方法);
```

本例使用的是第一种方法，动作脚本如下：

```
if (currentGoods.hitTestObject(happy_mc))
    //如果接到的是炸弹，则显示沮丧的小黄人，并清除接到的炸弹
    if (currentGoods is bomb)
    {
        happy_mc.visible = false;
        depressed_mc.visible = true;
        depressed_mc.x = happy_mc.x;
        depressed_mc.y = happy_mc.y;
        removeChild(currentGoods);
        goodsOnstage.splice(i,1);

        return;

    }
    //如果接到的是元宝，则计数加1，清除接到的元宝，并显示当前接到的元宝数
    if (currentGoods is money)

        moneyCollected++;
        removeChild(currentGoods);
        goodsOnstage.splice(i,1);
        field1_txt.text = "接到的元宝数：" + moneyCollected;
```

4.3.2 实现步骤

Step 1 启动 Flash CS6，单击"文件"|"新建"命令，或按【Ctrl+N】组合键，在弹出的"新建文档"对话框的"常规"选项卡中选择"ActionScript 3.0"选项，设置舞台宽度和高度为 600 像素×400 像素，背景颜色为白色，如图 4.3 所示。

Step 2 将主场景中的"图层 1"重命名为"背景"，单击"文件"|"导入"|"导入到舞台"命令，将光盘中的"素材\ch04\1.小游戏\beijing1.jpg"文件导入，设置其宽、高为 600 像素×400 像素并与舞台居中对齐。

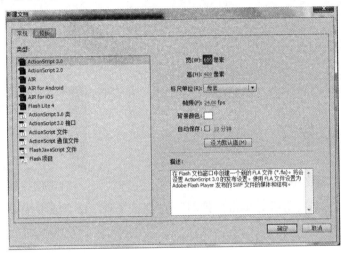

图 4.3 新建文档

Step 3 选择工具箱中的"文本工具" **T**，在"属性"面板的"文本类型"下拉列表框中选择"动态文本"选项，然后在舞台左右两侧分别拖出一个文本框，实例名称分别为"field1_txt""field2_txt"，如图 4.4 所示。

Step 4 单击"插入"|"新建元件"命令，在弹出的"创建新元件"对话框中设置"类型"为"影片剪辑"，"名称"为"高兴的小黄人"，单击"确定"按钮，如图 4.5 所示。单击"文件"|"导入"|"导入到舞台"命令，将光盘中的"素材\ch04\1.小游戏\happy.png"文件导入。

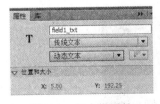

图 4.4 文本框属性

图 4.5 "创建新元件"对话框

Step 5 按照步骤 4 的方法，新建一个影片剪辑元件，"名称"为"沮丧的小黄人"，并导入"素材\ch04\1.小游戏\depressed.png"。

Step 6 按照步骤 4 的方法，新建一个影片剪辑元件，"名称"为"元宝"，并导入"素材\ch04\1.小游戏\yuanbao.png"。

Step 7 按照步骤 4 的方法，新建一个影片剪辑元件，"名称"为"炸弹"，并导入"素材\ch04\1.小游戏\bomb.png"。

Step8 单击"文件"|"新建"命令，在弹出的"新建文档"对话框的"常规"选项卡中选择"ActionScript 3.0 类"选项，"类名称"为"myDemo"，如图 4.6 所示。单击"确定"按钮，在打开的"脚本窗口"里输入代码，如图 4.7 所示。代码详见"素材\ch04\1.小游戏\myDemo.as"文件。

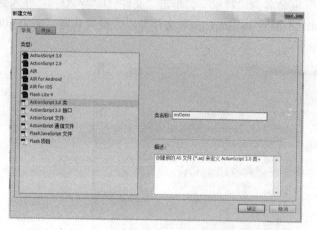

图 4.6　新建 ActionScript 3.0 类文件

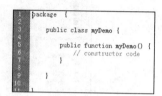

图 4.7　脚本窗口

Step9 将文件进行保存，单击"控制"|"测试场景"命令或者按【Ctrl+Enter】组合键对文件进行测试。

课 后 练 习

一、简答题

1. ActionScript 3.0 有哪些特点？

2. ActionScript 3.0 基本语法有哪些？

二、操作题

制作电子日历，能显示当前年月日和准确的时间，效果如图 4.8 所示。也可参见光盘中的文件"效果\ch04\课后练习\电子日历.swf"。

图 4.8　电子日历效果图

第⑤章

→ 常用特效动画

Flash 动画的声音控制有两种方法：一是把声音文件拖到关键帧上，在"属性"面板中通过修改声音效果、同步声音、声音循环的设置来控制声音；二是通过 ActionScript 脚本语句控制，首先需要在"动作"面板中创建声音对象，关联声音文件后，运用声音对象的方法来控制声音。视频文件导入到 Flash 动画中，通常使用 FLVPlayback 组件或者 ActionScript 脚本语句在 Flash Player 中可以播放发布为 HTTP 下载文件或本地媒体文件的 FLV 或 F4V 文件，也可以一起使用 FLVPlayback 组件和 ActionScript。

	本 章 知 识	了　解	掌　握	重　点	难　点
学习目标	Flash 基础操作		☆		
	Action Script 3.0 语法	☆		☆	
	Deco 工具		☆	☆	
	控制声音脚本语句	☆			☆
	控制视频脚本语句	☆			☆

5.1　文　字　特　效

文字是表现主题内容的基本元素，是获取信息的重要来源。在 Flash 动画中可以创建 3 种类型的文本：静态文本、动态文本和输入文本，主要应用于动画标题文字、动画内容文字、操作提示文字等方面。下面将介绍两种常用的文字特效。

5.1.1　实例Ⅰ —— 制作"文字高光"特效

在前几章已学动画制作的基础上，来完成一个"文字高光"的动画，舞台的画面效果如图 5.1 所示，最终的动画效果可参见光盘中的文件"效果\ch05\5.1.1 文字高光特效.swf"。

图 5.1　"文字高光特效"舞台效果图

Step1 单击"文件"|"新建"命令，或按【Ctrl+N】组合键，在弹出的"新建文档"对话框的"常规"选项卡中选择"Action Script 3.0"选项，设置舞台宽度和高度为 280 像素×99 像素，帧频默认为 24 fps，背景颜色为黑色，单击"确定"按钮。

Step2 "图层 1"重命名为"背景"，使用"矩形工具"在"背景"图层上创建矩形，宽度和高度为 280 像素×99 像素，在"颜色"面板设置"颜色类型"为"线性渐变"，勾选

"线性 RGB"复选框，左右两个颜色滑块对应的十六进制值分别为"#D99631"和"#584011"，如图 5.2 所示。

Step3 创建"图层 2"并重命名为"皇冠"。新建元件，"类型"为"图形"，命名为"皇冠 1"，将库面板中的皇冠图片拖入元件里，返回"场景 1"将"皇冠 1"元件拖入"皇冠"图层，在"变形"面板中将缩放宽度和缩放高度都设为"25%"，如图 5.3 所示。锁定"背景"图层和"皇冠"图层。

图 5.2 线性渐变 　　　　图 5.3 缩放变形

Step4 创建图层，并重命名为"皇冠店铺"，把库面板中的"皇冠店铺"元件拖入"皇冠店铺"图层，在"变形"面板中将缩放宽度和缩放高度都设为"18%"，移动到相应位置，复制"皇冠店铺"图层并重命名复制图层为"皇冠店铺 2"，效果如图 5.4 所示。

Step5 创建一个图形元件，命名为"高光"，在元件里绘制矩形，宽度和高度为 40 像素×180 像素。在"颜色"面板中设置"颜色类型"为"线性渐变"，并添加一个滑块。下面 3 个滑块对应的颜色都是白色，左右两个滑块的 Alpha 值为"0%"，如图 5.5 所示。

图 5.4 舞台效果 　　　　图 5.5 线性渐变

Step6 在"皇冠店铺"图层和"皇冠店铺 2"图层之间创建图层并重命名为"高光"，把"高光"图形元件拖入"高光"图层，在"变形"面板中修改缩放宽度和缩放高度的值为"80%"，位置如图 5.6 所示。

Step7 设置"皇冠店铺 2"图层为"遮罩层"，除了"高光"图层外，其他图层都在第 20 帧插入帧。在"高光"图层第 20 帧插入关键帧，并将"高光"移到图 5.7 所示的位置，然后在第 1 帧和第 20 帧之间创建传统补间动画。

图 5.6 调整位置（一） 　　　　图 5.7 调整位置（二）

5.1.2 实例Ⅱ——制作"火焰文字"特效

使用"Deco工具"完成一个"火焰文字"动画的制作,舞台的画面效果如图5.8所示,最终的动画效果可参见光盘中的文件"效果\ch05\5.1.2火焰文字特效.swf"。

1. 绘制火焰

Step1 单击"文件"|"新建"命令,或【Ctrl+N】组合键,在弹出的"新建文档"对话框的"常规"选项卡中选择"ActionScript 3.0"选项,设置舞台宽度和高度为550像素×400像素,帧频默认为24 fps,背景颜色为黑色,单击"确定"按钮。

Step2 单击"插入"|"新建元件"命令,在弹出的"创建新元件"对话框中输入"名称"为"火焰",设置"类型"为"影片剪辑",单击"确定"按钮。

Step3 使用工具箱中的"Deco工具",在"属性"面板中设置"绘制效果"为"火焰动画","高级选项"区域的相关参数均为默认,如图5.9所示。

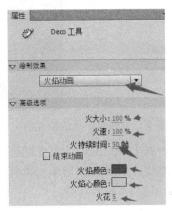

图5.8　火焰文字特效舞台效果　　　　图5.9　"Deco工具"属性面板

Step4 在舞台中适当的位置单击,将自动生成火焰动画效果,如图5.10所示。

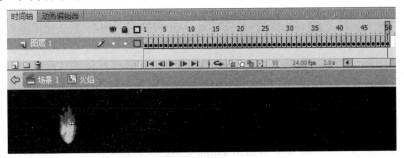

图5.10　火焰动画效果

2. 制作火焰文字效果

Step1 返回"场景1"中。将"图层1"重命名为"背景",将库中的"火焰"元件拖至舞台中。在时间轴中右击"背景"图层,在弹出的快捷菜单中选择"复制图层"命令,将复制的图层重命名为"火焰",如图5.11所示。

Step2 新建图层并重命名为"文字",在舞台中输入所需文字——"火焰",将文字调整到合适的位置和大小,如图5.12所示。

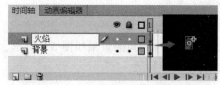

图 5.11　复制并重命名图层

图 5.12　新建图层

Step3 使用工具箱中的"任意变形工具" ，调整"火焰"图层中"火焰"元件的大小及位置，如图 5.13 所示。

Step4 右击"文字"图层，在弹出的快捷菜单中选择"遮罩层"命令，这样舞台中就只存在"背景"图层的"火焰"元件，如图 5.14 所示。

图 5.13　调整火焰的位置和大小

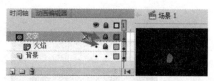

图 5.14　创建"遮罩层"

Step5 按【Ctrl+Enter】组合键进行动画测试，可以看到熊熊火焰正在文字中燃烧，如图 5.15 所示。如果觉得火焰燃烧有停顿，可以删除"火焰"元件中前 15 帧的动画。

图 5.15　舞台效果

5.2　音频视频特效

计算机可以采用数字格式对图像进行编码，然后存储在计算机中可以检索以及在屏幕上显示它们。计算机也可以捕获并编码数字音频，将声音数据转换为数字格式后，它具有各种不同的特性，如声音的音量以及立体声或单声道声音，并通过连接到计算机上的扬声器进行回放，这种回放声音的方法是使用 Adobe Flash Player 播放器和 ActionScript 脚本语句。

ActionScript 3.0 声音体系结构可能使用 flash.media 包中的一些类，Flash.media 包中的类及其描述如表 5-1 所示。

表 5-1　Flash.media 包中的类及其描述

类	描　　述
flash.media.Sound	Sound 类处理声音加载、管理基本声音属性以及启动声音播放
flash.media.SoundChannel	当应用程序播放 Sound 对象时，将创建一个新的 SoundChannel 对象来控制回放。SoundChannel 对象控制声音的左和右回放声道的声量。播放的每种声音具有其自己的 SoundChannel 对象
flash.media.SoundLoaderContext	SoundLoaderContext 类指定在加载声音时使用的缓冲秒数，以及 Flash Player 在加载文件时是否从服务器中查找跨域策略文件。SoundLoaderContext 对象用作 Sound.load()方法的参数

类	描　述
flash.media.SoundMixer	SoundMixer 类控制与应用程序中的所有声音有关的回放和安全属性。实际上，可通过一个通用 SoundMixer 对象将多个声道混合在一起，因此，该 SoundMixer 对象中的属性值将影响当前播放的所有 SoundChannel 对象
flash.media.SoundTransform	SoundTransform 类包含控制音量和声相的值。可以将 SoundTransform 对象应用于单个 SoundChannel 对象、全局 SoundMixer 对象或 Microphone 对象等
flash.media.ID3Info	ID3Info 对象包含一些属性，它们表示通常存储在 mp3 声音文件中的 ID3 元数据信息
flash.media.Microphone	Microphone 类表示连接到用户计算机上的麦克风或其他声音输入设备。可以将来自麦克风的音频输入传送到本地扬声器或发送到远程服务器。Microphone 对象控制其自己的声音流的增益、采样率以及其他特性

本节介绍了一些常规的声音处理任务：

（1）加载外部 MP3 文件并跟踪其加载进度。

（2）播放、暂停、继续播放以及停止播放声音。

（3）在加载的同时播放声音流。

（4）控制音量和声相。

加载声音文件并开始回放以获取对音频信息的访问，可以通过 Sound 类。开始播放声音后，可使用 SoundChannel 对象来控制声音的属性以及停止回放。如果要控制组合音频，可以通过 SoundMixer 类对混合输出进行控制。

Sound 类允许在应用程序中使用声音。通过 Sound 类可以创建新的 Sound 对象，将外部 MP3 文件加载到该对象并播放、关闭声音流，以及访问有关声音的数据。可通过以下选择对声音执行更精细的控制：声音源（声音的 SoundChannel 或 Microphone 对象）和 SoundTransform 类中控制计算机扬声器输出声音的属性。Sound 类的属性及说明如表 5-2 所示，Sound 类的方法及说明如表 5-3 所示，Sound 类的事件及说明如表 5-4 所示。

第5章 常用特效动画

表 5-2　Sound 类的属性及说明

属　性	说　明
bytesLoaded：uint	返回此声音对象中当前可用的字节数
bytesTotal：int	返回此声音对象中总的字节数
id3：ID3Info	提供对作为 MP3 文件一部分的元数据的访问
isBuffering：Boolean	返回外部 MP3 文件的缓冲状态
length：Number	当前声音的长度（以毫秒为单位）
url：String	从中加载此声音的 URL

表 5-3　Sound 类的方法及说明

方　法	说　明
Sound(stream:URLRequest=null,context:SoundLoaderContext=null)	创建一个新的 Sound 对象
close():void	关闭该流，从而停止所有数据的下载
load(stream:URLRequest,context:SoundLoaderContext=null):void	启动从指定 URL 加载外部 MP3 文件的过程

方　法	说　明
play(startTime:Number=0,loops:int=0,sndTransform：SoundTransform =null): SoundChannel	生成一个新的 SoundChannel 对象来回放该声音

表 5-4　Sound 类的事件及说明

事　件	说　明
complete	成功加载数据后调度
id3	在存在可用于 MP3 声音的 ID3 数据时由 Sound 对象调度
ioError	在出现输入/输出错误并由此导致加载操作失败时间度
open	在加载操作开始是时调度
progress	在加载操作进行过程中接收到数据时调度

SoundChannel 类控制应用程序中的声音。Flash 应用程序中播放的每个声音都被分配到一个声道，而且可以混合多个声道。SoundChannel 类包含 stop()方法，用于监控声道幅度（音量）的属性，以及对声道设置 SoundTransform 对象的属性，如表 5-5 所示。

表 5-5　SoundChannel 类的属性及说明

属　性	说　明
leftPeak:Number	左声道的当前幅度（音量），范围从 0（静音）～1（最大幅度）
position:Number	该声音中播放头的当前位置
rightPeak:Number	右声道的当前幅度（音量），范围从 0（静音）～1（最大幅度）
soundTransform:SoundTransform	分配给该声道的 SoundTransform 对象

SoundTransform 类包含音量和平移的属性。以下对象包含 SoundTransform 属性，该属性的值是一个 SoundTransform 对象：Microphone、NetStream、SimpleButton、SoundChannel、SoundMixer 和 Sprite。

SoundTransform(vol:Number = 1, panning:Number = 0)构造函数创建 SoundTransform 对象，其公共属性如表 5-6 所示。

表 5-6　SoundTransform 对象的属性

属　性	说　明
leftToLeft:Number	从 0（无）～1（全部）的值，指定了左输入在左扬声器里播放的量
leftToRight:Number	从 0（无）～1（全部）的值，指定了左输入在右扬声器里播放的量
pan:Number	声音从左到右的平移，范围从 -1（左侧最大平移）～1（右侧最大平移）
rightToLeft:Number	从 0（无）～1（全部）的值，指定了右输入在左扬声器里播放的量
rightToRight:Number	从 0（无）～1（全部）的值，指定了右输入在右扬声器里播放的量
volume:Number	音量范围从 0（静音）～1（最大音量）

5.2.1　实例Ⅰ——制作"声音控制"特效

"声音控制"特效的舞台画面效果如图 5.16 所示，最终效果可参见光盘中的文件"效果

\ch05\5.2.1 声音控制.swf"。

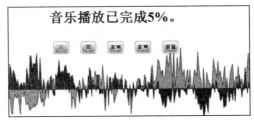

图 5.16 "声音控制"舞台效果图

1. 加载外部 MP3 文件并跟踪其回放进度

Step 1 单击"文件"|"新建"命令，或按【Ctrl+N】组合键，在弹出的"新建文档"对话框的"常规"选项卡中选择"ActionScript 3.0"选项，设置舞台宽度和高度为 550 像素 × 400 像素，帧频默认为 24 fps，背景颜色为白色，单击"确定"按钮。

Step 2 使用工具箱中的"文本工具" T ，在"属性"面板中设置为"动态文本"，命名为"wb"。在舞台上拖出文本区域，如图 5.17 所示。

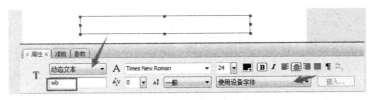

图 5.17 动态文本

Step 3 按【Ctrl+S】组合键将文件保存为"声音控制.fla"，保存路径与"bigSound.mp3"素材文件为同一文件夹。按【F9】键，打开"动作"面板，输入以下代码：

```
//为播放的声音分配一个声道
var  channel:SoundChannel=new SoundChannel();
//创建一个新的 Sound 对象
var  snd:Sound = new Sound();
//将 URLRequest 对象传递给 URLStream、URLLoader、Loader 以及其他加载操作的 load()
方法以启动 URL 下载
var  req:URLRequest = new URLRequest("bigSound.mp3");
//启动从指定 URL 加载外部 MP3 文件的过程
snd.load(req);
//生成一个新的 SoundChannel 对象来回放该声音
channel = snd.play();
addEventListener(Event.ENTER_FRAME, onEnterFrame);
function onEnterFrame(event:Event):void
{
    var estimatedLength:int = Math.ceil(snd.length / (snd.bytesLoaded /
snd.bytesTotal));
    var  playbackPercent:uint =  Math.round(100 * (channel.position /
```

```
estimatedLength));
    wb.text="Sound playback is " + playbackPercent + "% complete.";
}
```

Step 4 将文件进行保存，单击"控制"|"测试场景"命令或者按【Ctrl+Enter】组合键对文件进行测试。

2. 暂停和恢复播放声音

Step 1 单击"窗口"|"公用库"|"Buttons"命令，在打开的"外部库"面板中展开"playback rounded"文件夹，将"rounded green play""rounded green pause""rounded green stop"元件拖放到舞台中，分别命名为"playbtn""pausebtn""stopbtn"，如图5.18所示。

图 5.18　按钮元件

Step 2 按【F9】键，打开"动作"面板，修改并输入如下代码：

```
//为播放的声音分配一个声道
var  channel:SoundChannel=new SoundChannel();
//创建一个新的 Sound 对象
var  snd:Sound = new Sound();
//MP3 文件与该文件在同一个文件夹内
var  req:URLRequest = new URLRequest("bigSound.mp3");
//启动从指定 URL 加载外部 MP3 文件的过程
snd.load(req);
//设置三个按钮的显示或隐藏状态，避免多次单击
playbtn.visible=true;
pausebtn.visible=false;
stopbtn.visible=false;
//定义用于控制音乐音量大小的SoundTransform对象
var trans:SoundTransform = new SoundTransform();
//定义用于存储当前播放位置的变量
var pausePosition:int =0;

playbtn.addEventListener(MouseEvent.CLICK,onPlay);
//定义"播放"按钮上的单击响应函数
function onPlay(e)
{
    //生成一个新的 SoundChannel 对象来回放该声音
```

```
    channel = snd.play(pausePosition,1,trans);
    addEventListener(Event.ENTER_FRAME, onEnterFrame);
    //"播放"按钮隐藏
    playbtn.visible=false;
    pausebtn.visible=true;
    stopbtn.visible=true;
}

pausebtn.addEventListener(MouseEvent.CLICK,onpause);
//定义"暂停"按钮上的单击响应函数
function onpause(e)
{
    //存储当前播放位置
    pausePosition = channel.position;
    //停止在声道中播放的声音
    channel.stop();
    //"暂停"按钮隐藏
    playbtn.visible=true;
    pausebtn.visible=false;
    stopbtn.visible=true;
}

stopbtn.addEventListener(MouseEvent.CLICK,onstop);
//定义"停止"按钮上的单击响应函数
function onstop(e)
{
  SoundMixer.stopAll();
  //channel.stop();
  pausePosition =0;
  playbtn.visible=true;
  pausebtn.visible=false;
  stopbtn.visible=false;
}

function onEnterFrame(event:Event):void
{
    var estimatedLength:int = Math.ceil(snd.length / (snd.bytesLoaded /
snd.bytesTotal));
    var playbackPercent:uint = Math.round(100 * (channel.position /
```

```
estimatedLength));
        wb.text="音乐播放已完成" + playbackPercent + "%。";
    }
```

3. 设置声道控制

Step 1 在"库"面板中右击"rounded green stop"按钮，在弹出的快捷菜单中选择"直接复制"命令。在弹出的"直接复制元件"对话框中命名为"右声道"，如图 5.19 所示。

Step 2 在"库"面板中双击"右声道"按钮，设置"弹起""指针经过"两个状态下的文字，如图 5.20 所示。同理，创建"左声道"按钮元件。

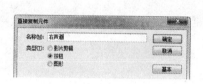

图 5.19　直接复制元件

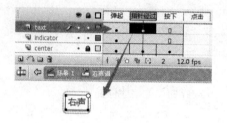

图 5.20　编辑按钮元件

Step 3 从"库"面板中将"左声道""右声道"按钮元件拖放到舞台中，分别在"属性"面板中的"实例名称"文本框中输入名称为"zuoshengbtn""youshengbtn"，如图 5.21 所示。

图 5.21　实例名称

Step 4 按【F9】键，打开"动作"面板，继续输入如下代码：

```
var pan:Number=0;
zuoshengbtn.addEventListener(MouseEvent.CLICK,onzuosheng);
//定义"左声道"按钮上的单击响应函数
function onzuosheng(e)
{   trace(pan);
    trans.pan = pan;
    channel.soundTransform = trans;
    pan+=0.05;
}
```

```
youshengbtn.addEventListener(MouseEvent.CLICK,onyousheng);
//定义"右声道"按钮上的单击响应函数
function onyousheng(e)
{   trace (pan);
    trans.pan = pan;
    channel.soundTransform = trans;
    pan-=0.05;
}
```

4. 设置音量控制

Step1 在"库"面板中右击其中的元件，在弹出的快捷菜单中选择"直接复制"命令，创建"音量"按钮元件。将"音量"按钮元件拖放到舞台中，在"属性"面板中命名实例名称为"Volumebtn"，如图 5.22 所示。

图 5.22　实例名称

Step2 按【F9】键，打开"动作"面板，继续输入如下代码：

```
var Volume:Number=0;
Volumebtn.addEventListener(MouseEvent.CLICK,onVolume);
//定义"音量"按钮上的单击响应函数
function onVolume(c)
{
    trace(Volume);
    trans.volume = Volume;
    channel.soundTransform = trans;
    (Volume<=1)? Volume+=0.05 : Volume=0;
}
```

Step3 将文件进行保存，单击"控制"|"测试场景"命令或者按【Ctrl+Enter】组合键对文件进行测试。

5.2.2　实例Ⅱ——制作"音乐播放器"

"音乐播放器"的舞台画面效果如图 5.23 所示，最终效果可参见光盘中的文件"效果\ch05\5.2.2 音乐播放器.swf"。

1. 制作音乐播放器面板

Step1 单击"文件"|"新建"命令，或按【Ctrl+N】组合键，在弹出的"新建文档"对话框的"常规"选项卡中选择"ActionScript 3.0"选项，设置舞台宽度和高度为 550 像素 × 400 像素，帧频默认为 24 fps，背景颜色为"#666666"，单击"确定"按钮。

Step2 使用工具箱中的"矩形工具" ▢，在"属性"面板中设置"矩形边角半径"为"20"，"笔触颜色"为"无"。在"颜色"面板中设置类型为"线性渐变"，在舞台中拖出一个矩形。然后使用工具箱中的"渐变变形工具" ▨ 调整渐变颜色，如图 5.24 所示。

图 5.23 "音乐播放器"舞台效果图

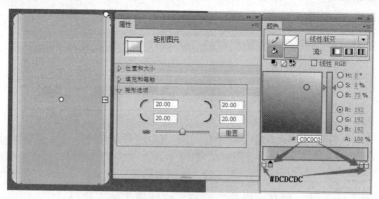

图 5.24 线性渐变

Step3 新建图层"屏幕"。使用工具箱中的"矩形工具"和"椭圆工具"，绘制屏幕和圆盘，如图 5.25 所示。

Step4 新建图层"按钮"，单击"插入"|"新建元件"命令，或按【Ctrl+F8】组合键。在弹出的"创建新元件"对话框的"名称"文本框中输入"播放暂停"，"类型"为"按钮"，单击"确定"按钮。

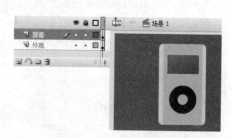

图 5.25 绘制屏幕和圆盘

Step5 绘制"播放暂停"按钮的各种状态，如图 5.26 所示。

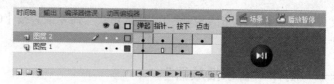

图 5.26 "播放暂停"按钮时间轴

Step6 返回场景，从"库"面板中将"播放暂停"按钮元件拖放到舞台中，在"属性"面板中将实例名称命名为"play_pause_btn"，如图 5.27 所示。

Step7 同理，按【Ctrl+F8】组合键，创建"加音量""减音量""上一首""下一首"

按钮元件并绘制各种状态，将按钮元件拖放到舞台中，在"属性"面板中分别命名实例名称为"jia_btn""jian_btn""prev_btn""next_btn"，如图5.28所示。

图5.27 "播放暂停"实例名称

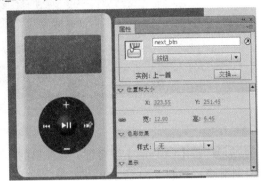

图5.28 其他按钮实例名称

Step8 新建图层"加载进度"，单击"插入"|"新建元件"命令，或按【Ctrl+F8】组合键。在弹出的"创建新元件"对话框的"名称"文本框中输入"加载进度"，"类型"为"影片剪辑"，单击"确定"按钮。

Step9 使用"矩形工具"绘制"加载进度条"，如图5.29所示。

Step10 同理，创建"播放进度"图层及影片剪辑元件，使用"矩形工具"绘制"播放进度条"，如图5.30所示。

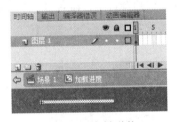

图5.29 绘制形状

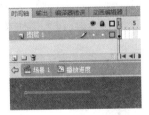

图5.30 创建影片剪辑

Step11 将"加载进度""播放进度"影片剪辑元件拖放到舞台中，在"属性"面板中分别命名实例名称为"loaded_mc""jindutiao_mc"，如图5.31所示。

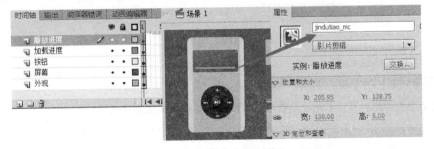

图5.31 修改实例名称

Step12 新建图层"动态文字"。按【Ctrl+F8】组合键。在弹出的"创建新元件"对话框的"名称"文本框中输入"滑块"，在"属性"面板中命名实例名称分别为"musicname_txt""volume_txt"，如图5.32所示。

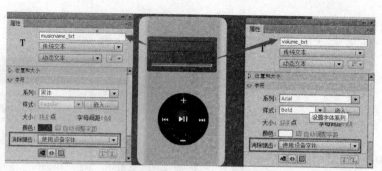

图 5.32　修改实例名称

Step13 按【Ctrl+F8】组合键，在弹出的"创建新元件"对话框中设置"滑块"影片剪辑，绘制滑块，如图 5.33 所示。

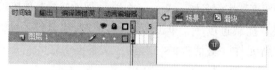

图 5.33　制作滑块影片剪辑

Step14 新建图层"声道控制"。按【Ctrl+F8】组合键，在弹出的"创建新元件"对话框中设置"声道控制"影片剪辑，绘制左、右声道，并将"滑块"元件拖放到中间。设置位置和大小，如图 5.34 所示。将"声道控制"影片剪辑元件拖放到舞台中，命名为"channel_control"。

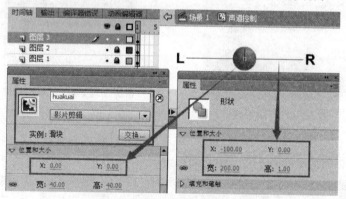

图 5.34　"属性"面板参数设置

2. 实现音乐播放效果

Step1 按【F9】键，打开"动作"面板，输入如下代码：

```
//定义用于存储所有音乐地址的数组，可根据需要更换或增加音乐地址
var musics:Array = new Array("1.mp3","2.mp3","3.mp3");
//定义用于存储当前音乐流的 Sound 对象
var music_now:Sound = new Sound();
//定义用于存储当前音乐地址的 URLRequest 对象
var musicname_now:URLRequest = new URLRequest();
//定义用于标识当前音乐地址在音乐数组中的位置
var index:int = 0;
```

```
//定义用于控制音乐停止的 SoundChannel 对象
var channel:SoundChannel;
//定义用于控制音乐音量大小的 SoundTransform 对象
var trans:SoundTransform = new SoundTransform();
//定义用于存储当前播放位置的变量
var pausePosition:int =0;
//定义用于表示当前播放状态的变量
var playingState:Boolean;
//定义用于存储音乐数组中音乐个数的变量
var totalmusics:uint = musics.length;
//初始设置小文本框中的内容，即当前音量大小
volume_txt.text = "音量:100%";
//初始设置大文本框中的内容，即当前音乐地址
musicname_txt.text = musics[index];
//初始设置当前音乐地址
musicname_now.url=musics[index];
//加载当前音乐地址所指的音乐
music_now.load(musicname_now);
//开始播放音乐并把控制权交给 SoundChannel 对象,同时传入 SoundTransform 对象用于控
制音乐音量的大小
channel = music_now.play(0,1,trans);
//设置播放状态为真，表示正在播放
playingState = true;
var juxing:Rectangle=new Rectangle( -100,0,200,0);
// 按下鼠标或移到上方时会调用此函数
function startDragging(event:MouseEvent):void
{
    channel_control.huakuai.startDrag(false,juxing);
}
// 松开鼠标时会调用此函数
function stopDragging(event:MouseEvent):void
{ trans.pan =channel_control.huakuai.x/100;
    channel_control.huakuai.stopDrag();
    channel.soundTransform = trans;
    volume_txt.text = "声道:"+Math.round(trans.pan*100)+"%";
    trace(channel_control.huakuai.x,channel_control.huakuai.y);
}
channel_control.huakuai.addEventListener(MouseEvent.MOUSE_DOWN,startDragging);
channel_control.huakuai.addEventListener(MouseEvent.MOUSE_UP,stopDragging);
```

```
channel_control.huakuai.addEventListener(MouseEvent.MOUSE_OVER,startDragging);
channel_control.huakuai.addEventListener(MouseEvent.MOUSE_OUT,stopDragging);
//添加 EnterFrame 事件，控制每隔 "1/帧频" 时间检测一次相关进度
addEventListener(Event.ENTER_FRAME, onEnterFrame);
//定义 EnterFrame 事件的响应函数
function onEnterFrame(e)
{
  //得到当前音乐已加载部分的比例
  var loadedLength:Number = music_now.bytesLoaded / music_now.bytesTotal;
  //根据已加载比例设置 "加载进度" 元件的宽度
  loaded_mc.width = loadedLength;
  //计算当前音乐的总时间长度
  var estimatedLength:int = Math.ceil(music_now.length / loadedLength);
  //根据当前播放位置在总时间长度中的比例设置 "播放进度" 元件的宽度
  jindutiao_mc.width = 130*(channel.position / estimatedLength);
}
//为 "播放暂停" 按钮添加单击事件
play_pause_btn.addEventListener(MouseEvent.CLICK,onPlaypause);
//定义 "播放暂停" 按钮上的单击响应函数
function onPlaypause(e)
{
  //判断是否处于播放状态
  if(playingState)
  {
    //为真，表示正在播放
    //存储当前播放位置
    pausePosition = channel.position;
    //停止播放
    channel.stop();
    //设置播放状态为假
    playingState= false;
  } else
  {
    //不为真，表示已暂停播放
    //从存储的播放位置开始播放音乐
    channel = music_now.play(pausePosition,1,trans);
    //重新设置播放状态为真
    playingState=true;
  }
```

```
}
//为"上一首"按钮添加事件
prev_btn.addEventListener(MouseEvent.CLICK,onPrev);
//定义事件响应函数
function onPrev(e)
{
    //停止当前音乐的播放
    channel.stop();
    //计算当前音乐的上一首音乐的序号
    index += totalmusics -1;
    index = index % totalmusics;
    //重新初始化 Sound 对象
    music_now = new Sound();
    //重新设置当前音乐地址
    musicname_now.url=musics[index];
    //重新设置大文本框中的内容
    musicname_txt.text = musics[index];
    //加载音乐
    music_now.load(musicname_now);
    //播放音乐
    channel = music_now.play(0,1,trans);
    //设置播放状态为真
    playingState = true;
}
//为"下一首"按钮添加事件
next_btn.addEventListener(MouseEvent.CLICK,onNext);
function onNext(e)
{
    channel.stop();
    index++;
    index = index % totalmusics;
    music_now = new Sound();
    musicname_now.url=musics[index];
    musicname_txt.text = musics[index];
    music_now.load(musicname_now);
    channel = music_now.play(0,1,trans);
    playingState = true;
}
```

```
//为"增加音量"按钮添加事件
jia_btn.addEventListener(MouseEvent.CLICK,onJia);
function onJia(e)
{
    //将音量增加 0.05，即 5%
    trans.volume +=0.05;
    //控制音量最大为 3，即 300%
    if(trans.volume>3)
    {
        trans.volume = 3;
    }
    //传入参数使设置生效
    channel.soundTransform = trans;
    //重新设置小文本框中的内容，即当前音量大小
    volume_txt.text = "音量:"+Math.round(trans.volume*100)+"%";
}


//为"减少音量"按钮添加事件
jian_btn.addEventListener(MouseEvent.CLICK,onJian);
function onJian(e)
{
    trans.volume -= 0.05;
    if(trans.volume<0)
    {
        trans.volume = 0;
    }
    channel.soundTransform = trans;
    volume_txt.text = "音量:"+Math.round(trans.volume*100)+"%";
}
```

Step2 按【Ctrl+Enter】组合键运行测试。按【Ctrl+S】组合键保存文件为"音乐播放器.fla"。

5.2.3 实例Ⅲ —— 制作"视频拍照"特效

"视频拍照"特效的舞台画面效果如图 5.35 所示，最终效果可参见光盘中的文件"效果\ch05\5.2.3 视频拍照特效.swf"。

1. 实现摄像头基本功能

Step1 单击 "文件"|"新建"命令，或按【Ctrl+N】组合键，在弹出的"新建文档"对话框的"常规"选项卡中选择"ActionScript 3.0"选项，设置舞台宽度和高度为 550 像素×

400 像素，帧频默认为 24 fps，背景颜色为白色，单击"确定"按钮。

图 5.35 "视频拍照"特效舞台效果图

Step2 单击"文件"|"发布设置"命令，设置"目标"为 Flash Player 10 以上版本，单击"确定"按钮，如图 5.36 所示。

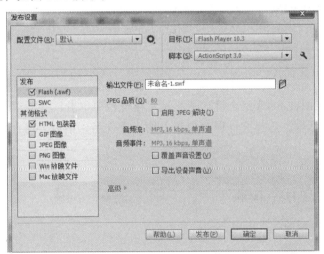

图 5.36 发布设置

Step3 在第 1 帧按【F9】键，打开"动作"面板，输入以下代码：

```
//创建显示摄像头的容器
var  carm:Camera=Camera.getCamera();
var  video:Video=new Video();
// 把视频放进去
video.attachCamera(carm);
//在舞台上显示
addChild(video);
```

第

5

章

常用特效动画

107

Step 4 按【Ctrl+Enter】组合键运行测试。按【Ctrl+S】组合键保存文件为"视频拍照特效.fla"。

2. 实现拍照功能

Step 1 将素材"PNGEncoder.as"文件复制到保存"视频拍照特效.fla"的同一文件夹中，如图 5.37 所示。

图 5.37　复制文件

Step 2 在第 1 帧按【F9】键，打开"动作"面板，继续输入以下代码：

```
//在舞台中单击，实现拍照保存
stage.addEventListener(MouseEvent.CLICK,imagerbtn);
function imagerbtn(e:MouseEvent):void
{
    //使用 BitmapData 类的方法创建任意大小的透明或不透明位图图像，并在运行时采用多
种方式操作这些图像
    var imager:BitmapData = new BitmapData(stage.width,stage.height);
    imager.draw(this);
    var jpg:ByteArray = PNGEncoder.encode(imager);
    //FileReference 类提供了在用户计算机和服务器之间上传和下载文件的方法
    var file:FileReference = new FileReference();
    file.save(jpg, "Photo.jpg");
}
```

Step 3 按【Ctrl+Enter】组合键运行测试。在舞台中单击，弹出"选择要下载的位置，通过 localhost"对话框，选择文件保存位置并输入文件名，单击"保存"按钮，如图 5.38 所示。

图 5.38　保存文件

课 后 练 习

操作题

使用本章中所学的知识制作一个"文字粒子特效"动画，效果如图 5.39 所示，可参见光盘中的文件"效果\ch05\课后练习\文字粒子特效.swf"。

图 5.39 "文字粒子特效"效果图

第6章

➡ 综合应用——Flash 商业广告

经过前面章节的学习，已经基本掌握了基础动画、高级动画、ActionScript 3.0 脚本基础以及一些常用的特效动画制作的基本方法。从本章开始，会利用前面所学的知识进行综合应用的学习。本章将从利用 Flash 软件制作商业广告的角度，把前面所接触到的内容加以深化运用。

通过之前的学习，应该已经体会到，用 Flash 软件制作动画并不困难，难就难在怎么运用各种方法，制作出一个比较完整的、有一定实用价值的实例。换言之，构思才是难点。以下几个实例，就是希望给读者提供一些参考，能在学习与练习的过程中学到综合运用的方式方法。

	本 章 知 识	了 解	掌 握	重 点	难 点
学习目标	舞台设置		☆		
	素材导入		☆		
	动画制作的综合应用		☆	☆	☆
	元件的嵌套		☆		☆
	元件与场景的层级关系		☆		☆
	音乐与音效编辑		☆	☆	
	图层的管理	☆			

6.1 实例Ⅰ——制作"品牌手机"广告

根据前面章节中讲述的 Flash 基本知识，以项目式的操作方式来完成一个品牌手机广告的制作，舞台的画面效果如图 6.1 所示，最终的动画效果可参见光盘中的文件"效果\ch06\6.1品牌手机广告.swf"。

图 6.1 "品牌手机广告"舞台效果

6.1.1 设置舞台与导入素材

Step 1 将"素材\ch06\6.1 品牌手机广告"文件夹中的字体文件"炫彩字体钻石爱心.ttf"复制粘贴到 C 盘 Windows 文件夹下的 Fonts 文件夹中。单击"文件"|"新建"命令，或者按

【Ctrl+N】组合键，在弹出的"新建文档"对话框的"常规"选项卡中选择"ActionScript 3.0"选项，设置舞台宽度和高度为 950 像素 × 560 像素，帧频设置为 30 fps，单击"确定"按钮。

> **Step 2** 单击"文件"|"导入"|"导入到库"命令，在弹出的"导入到库"对话框中选择光盘中的"素材\ch06\6.1 品牌手机广告"中的所有素材文件，单击"打开"按钮，"库"面板中就出现了所有素材。

6.1.2 制作广告

> **Step 1** 将"图层 1"重命名为"背景"，单击该图层的第 1 帧，将"库"面板中的"background.png"位图拖到舞台中，在"属性"面板中设置 X、Y 坐标值为"0"。

> **Step 2** 单击"插入"|"新建元件"命令，或者按【Ctrl+F8】组合键，在弹出的"创建新元件"对话框中选择"类型"为"图形"元件，命名为"手机黑正面"，将"库"面板中的"phone1.png"位图拖到舞台中，在"属性"面板中设置 X、Y 坐标值为"0"。

> **Step 3** 新建"图层 2"并重命名为"手机黑正面"，在该图层的第 1 帧处将"库"面板中的"手机黑正面"图形元件拖到舞台中，选中该元件，单击"变形"按钮，设置缩放高度和宽度都为"60%"，在"属性"面板中设置 X 坐标值为"600"，如图 6.2 所示。

> **Step 4** 在"手机黑正面"图层的第 5 帧插入关键帧，单击第 1 帧，在"属性"面板中设置"色彩效果"的 Alpha 值为"0%"，在第 5 帧设置"色彩效果"的 Alpha 值为"50%"，在第 1 帧和第 5 帧之间创建传统补间。在第 30 帧继续插入关键帧，在"属性"面板中设置 X 坐标值为"200"，设置"色彩效果"的 Alpha 值为"100%"，在第 5 帧和第 30 帧之间创建传统补间，第 30 帧舞台效果如图 6.3 所示。

图 6.2 使用"变形"面板

图 6.3 第 30 帧舞台效果

> **Step 5** 新建一个影片剪辑元件，命名为"光影效果"。在"光影效果"影片剪辑元件中，将"图层 1"重命名为"手机框"，选择"矩形工具"，在"属性"面板中设置"笔触颜色"为无，"填充颜色"为黑色，"矩形边角半径"为"20"，在舞台中进行绘制，并设置矩形宽高分别为"150"和"275"，X 和 Y 坐标值为"0"。再次选择"矩形工具"，在"属性"面板中设置"笔触颜色"为无，"填充颜色"为白色，"矩形边角半径"为"0"，在舞台中进行绘制，并设置矩形宽高分别为"130"和"185"，X 和 Y 坐标值分别为"9"和"45"，接着删除白色矩形，选择手机框位图，将其转换为图形元件，命名为"手机框"。

> **Step 6** 回到"场景 1"中，在"手机黑正面"图层上方新建一个图层，重命名为"光影效果"，在第 30 帧插入关键帧，将"光影效果"影片剪辑拖入"场景 1"的舞台中，与"手机黑正面"元件重合。双击"光影效果"影片剪辑，再次进入"光影效果"影片剪辑舞台，

在"手机框"下方新建一个图层，重命名为"渐变条"。

Step7 在"渐变条"图层的第 1 帧位置绘制一个矩形框，单击"颜色"按钮 ，设置"颜色类型"为"线性渐变"，在中间位置添加一个颜色滑块，所有颜色滑块设置为"#FFFFFF"，左右两边的颜色滑块设置 A（Alpha）值为"0%"，如图 6.4 所示。在舞台上绘制后将矩形渐变条顺时针旋转 15°，放置在手机框位图上方，将其转换为图形元件，命名为"渐变条"。

 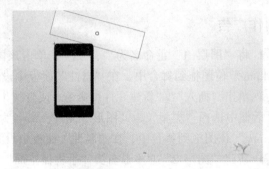

图 6.4　设置线性渐变

Step8 在"渐变条"图层的第 90 帧插入关键帧，接着在第 45 帧插入关键帧，同时将渐变条图形移动到手机框位图下方，在第 1~45 帧和第 45~90 帧之间分别创建传统补间。在"手机框"图层的第 90 帧插入帧，右击"手机框"图层，在弹出的快捷菜单中选择"遮罩层"命令，回到"场景 1"中进行测试，可以看到光影效果，如图 6.5 所示。

Step9 新建"图层 4"并重命名为"文字动画"，在该图层的第 30 帧插入关键帧，单击工具箱中的"文本工具"，在"属性"面板中设置字体为"Impact"，大小为"45 点"，颜色为"#666666"，字母间距为"10"，如图 6.6 所示。在舞台中单击并输入文字"HAND PHONE 2015"，右击文字，在弹出的快捷菜单中选择"转换为元件"命令，在弹出的"转换为元件"对话框中设置为"影片剪辑"元件，并命名为"文字动画"。

Step10 在"场景 1"的舞台中双击文字，进入"文字动画"影片剪辑舞台，单击"修改"|"分离"命令，或者按【Ctrl+B】组合键，接着右击文字，在弹出的快捷菜单中选择"分散到图层"命令，每个文字在时间轴上各占一个图层。选择文字"5"，将其转换为图形元件，命名为"5"，同理将其他文字也转换为图形元件并相应命名。

图 6.5　光影效果　　　　　　　　　　　　图 6.6　设置字符属性

Step11 选择"5"图层，在第 5、10、15、20、25 帧均插入关键帧，在第 1 帧设置 Alpha

值为"0%"，在第 5、10、15、20、25 帧分别设置 Alpha 值为"20%""40%""60%""80%""100%"，并在第 5、10、15、20 帧处对其进行适当的旋转，同时依次向右移动到合适的位置。复制该图层，得到"5 复制"图层，在"5 复制"图层中的第 5、10、15、20、25 帧分别单击"修改"|"变形"|"垂直翻转"命令，将文字垂直翻转并向下移动到合适的位置，并设置 Alpha 值都为"10%"，形成倒影效果。

Step12 将"1"图层按照步骤 11 的方法依次完成，并将"1"图层和"1 复制"图层中的所有帧移动到第 16～40 帧。将"0"图层按照步骤 11 的方法依次完成，并将"0"图层和"0 复制"图层中的所有帧移动到第 31～55 帧。将"2"图层按照步骤 11 的方法依次完成，并将"2"图层和"2 复制"图层中的所有帧移动到第 56～70 帧。

Step13 将剩下的所有文字图层中的第 1 帧移到第 70 帧，在"属性"面板中设置字体为"ARJUNLIAN"，大小为"80 点"，并单击"滤镜"区域的"添加滤镜"按钮 ，在弹出的菜单中选择"渐变发光"命令，如图 6.7 所示。对 H、P、E 三个字母设置颜色为"#000066"，A、H 设置颜色为"#0033CC"，N、O 设置颜色为"#FF3333"，D、N 设置颜色为"#66CC66"。

Step14 在第一个 H 字母图层的第 80 帧插入关键帧，单击第 70 帧，选择舞台中的文字后在"属性"面板中设置 Alpha 值为"0%"，在第 70～80 帧之间创建传统补间。将字母 A 图层的第 70 帧移到第 80 帧，在第 90 帧插入关键帧，单击第 80 帧，选择舞台中的文字后在"属性"面板中设置 Alpha 值为"0%"，在第 80～90 帧之间创建传统补间。其他字母依次按照同样的方式完成，所有图层在第 165 帧插入帧。

Step15 再将 HANDPHONE 所有的文字图层依次复制，并分别处理复制图层的第 80、90、100、110、120、130、140、150、160 帧，对文字进行垂直翻转并向下移动到合适的位置，同时设置每帧每个字母的 Alpha 值为"5%"。在所有图层最上方新建一个图层并重命名为"动作"，在该图层的第 165 帧插入关键帧并右击，在弹出的快捷菜单中选择"动作"命令，或按【F9】键，在弹出的"动作"面板中输入"stop();"，第 165 帧的效果如图 6.8 所示。

图 6.7　添加滤镜

图 6.8　文字动画影片剪辑第 165 帧效果

Step16 新建一个图形元件，命名为"方块 1"，选择"矩形工具"，在"属性"面板中设置"笔触颜色"为无，"填充颜色"为"#EB952E"，"矩形边角半径"为"20"，在舞台中进行绘制，并设置矩形宽高均为"30"，X 和 Y 坐标值都为"0"。新建一个图形元件，命名为"方块 2"，选择"矩形工具"，在"属性"面板中设置"笔触颜色"为无，"填充颜色"为"#EFA45A"，"矩形边角半径"为"20"，在舞台中进行绘制，并设置矩形宽高均为"50"，X 和 Y 坐标值都为"0"。新建一个图形元件，命名为"方块 3"，选择"矩形工具"，在"属性"面板中设置"笔触颜色"为无，"填充颜色"为"#EFC64F"，"矩形形边角半径"为"20",在舞台中进行绘制,并设置矩形宽高均为"56",X 和 Y 坐标值都为"0"。新建一个图形元件,命名为"方块4",选择"矩形工具",在"属性"面板中设置"笔触颜色"为无,"填充颜色"为"#EF9C43","矩形边角半径"为"20",在舞台中进行绘制,并设置矩形宽高均为"80",X 和 Y 坐标值都为"0"。

Step17 新建一个影片剪辑元件,命名为"方块动",将"图层1"重命名为"方块1",将"库"面板中的"方块1"图形元件拖到舞台中,X 和 Y 坐标位置均为"0",在第 30 帧插入关键帧,单击舞台中的方块,在"属性"面板中设置"色彩效果"为"高级"样式,如图 6.9 左图所示设置红、绿、蓝参数,在第 0~30 帧之间创建传统补间。在第 60 帧插入关键帧,单击舞台中的方块,在"属性"面板中设置"色彩效果"为"高级"样式,如图 6.9 右图所示设置红、绿、蓝参数,在第 30~60 帧之间创建传统补间。

 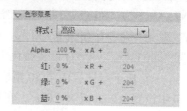

图 6.9 "方块1"的"高级"样式

Step18 在"方块1"图层下方新建"图层2"并重命名为"方块2",在第 10 帧插入关键帧,将"库"面板中的"方块2"图形元件拖到舞台中,X 和 Y 坐标位置均为"0",在第 40 帧插入关键帧,在"属性"面板中设置"色彩效果"为"高级"样式,如图 6.10 左图所示设置红、绿、蓝参数,在第 10~40 帧之间创建传统补间。在第 70 帧插入关键帧,单击舞台中的方块,在"属性"面板中设置"色彩效果"为"高级"样式,如图 6.10 右图所示设置红、绿、蓝参数,在第 40~70 帧之间创建传统补间。

图 6.10 "方块2"的"高级"样式

Step19 在"方块2"图层下方新建"图层3"并重命名为"方块3",在第 20 帧插入关键帧,将"库"面板中的"方块3"图形元件拖到舞台中,X 和 Y 坐标位置均为"0",在第 50 帧插入关键帧,在"属性"面板中设置"色彩效果"为"高级"样式,如图 6.11 左图所示设置红、绿、蓝参数,在第 20~50 帧之间创建传统补间。在第 80 帧插入关键帧,在"属性"面板中设置"色彩效果"为"高级"样式,如图 6.11 右图所示设置红、绿、蓝参数,在第 50~80 帧之间创建传统补间。

Step20 在"方块3"图层下方新建"图层4"并重命名为"方块4",在第 30 帧插入关键帧,将"库"面板中的"方块4"图形元件拖到舞台中,X 和 Y 坐标位置均为"0",在第 60 帧插入关键帧,在"属性"面板中设置"色彩效果"为"高级"样式,如图 6.12 左图所示设置红、绿、蓝参数,在第 30~60 帧之间创建传统补间。在第 90 帧插入关键帧,在"属性"面板中设置"色彩效果"为"高级"样式，如图 6.12 右图所示设置红、绿、蓝参数，在第 60～90 帧之间创建传统补间。选中 4 个图层的第 100 帧插入帧。

图 6.11 "方块 3"的"高级"样式

图 6.12 "方块 4"的"高级"样式

Step21 将"方块动"影片剪辑元件复制，双击"方块动 副本"影片剪辑元件，进入"方块动 副本"元件的舞台，在时间轴最上方新建一个图层，在第 1 帧将"方块 4"图形元件拖入舞台，X 和 Y 坐标值均为"0"，在第 20 帧将"方块 3"图形元件拖入舞台，X 和 Y 坐标值均为"0"，在第 40 帧将"方块 2"图形元件拖入舞台，X 和 Y 坐标值均为"0"，在第 60 帧将"方块 1"图形元件拖入舞台，X 和 Y 坐标值均为"0"。将 4 个图层的所有帧选中后移动到第 60 帧。

Step22 回到"场景 1"中，在所有图层的第 195 帧插入帧。在最上方新建一个图层并重命名为"多方块动"，在第 196 帧插入关键帧，将"库"面板中的"方块动"影片剪辑元件拖入舞台，右击元件并在弹出的快捷菜单中选择"转换为元件"命令，在弹出的"转换为元件"对话框中输入名称为"多方块动"，"类型"为"影片剪辑"。

Step23 双击"多方块动"影片剪辑元件，进入该影片剪辑的舞台，将"库"面板中的"方块动"影片剪辑元件和"方块动 副本"影片剪辑元件依次拖到舞台的最上方，将这两个影片剪辑的缩放宽度和缩放高度均设置为"80%"，如图 6.13 所示排列。在"图层 1"上方新建"图层 2"，在"图层 2"第 30 帧插入关键帧，将"库"面板中的"方块动"影片剪辑元件和"方块动 副本"影片剪辑元件依次并列拖入舞台。

Step24 在"图层 2"上方新建"图层 3"，在"图层 3"第 60 帧插入关键帧，将"库"面板中的"方块动"影片剪辑元件和"方块动 副本"影片剪辑元件依次并列拖入舞台。在"图层 3"上方新建"图层 4"，在"图层 4"第 95 帧插入关键帧，将"库"面板中的"方块动"影片剪辑元件和"方块动 副本"影片剪辑元件依次并列拖入舞台。选择图层 1、2、3并复制，将 3 个复制图层垂直翻转到舞台最下方，同时每个关键帧向后移动 10 帧，在所有图层的第 120 帧插入帧，第 120 帧的舞台效果如图 6.14 所示。新建"图层 5"，在第 120 帧插入关键帧并右击，在弹出的快捷菜单中选择"动作"命令，在"动作"面板中输入"stop();"。

Step25 在所有图层最上方新建一个图层并重命名为"广告词动画"，在该图层的第 196 帧插入关键帧，单击工具箱中的"文本工具"，在"属性"面板中设置字体为"炫彩字体钻石爱心", 大小为 "80 点", 字符间距为 "10 点", 颜色为 "#333333", 在舞台正中输入 "简约" 两个字, 接着在 "属性" 面板的 "滤镜" 区域单击 "添加滤镜" 按钮, 在弹出的快捷菜单中选择 "投影" 命令, 如图 6.15 设置各项参数。

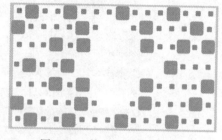

图 6.13 "图层 1" 第 1 帧的舞台效果　　图 6.14　第 120 帧舞台效果

Step26　右击 "简约" 文字, 在弹出的快捷菜单中选择 "转换为元件" 命令, 在弹出的 "转换为元件" 对话框中输入 "名称" 为 "广告词动画", "类型" 为 "影片剪辑"。双击 "广告词动画" 影片剪辑, 进入该影片剪辑的舞台, 再次右击 "简约" 文字, 在弹出的快捷菜单中选择 "转换为元件" 命令, 在弹出的 "转换为元件" 对话框中输入 "名称" 为 "简约", "类型" 为 "图形", 在 "图层 1" 的第 50 帧插入关键帧, 单击舞台中的 "简约" 图形元件, 在 "属性" 面板中设置 Alpha 值为 "0%", 在第 1～50 帧之间创建传统补间。

图 6.15　设置 "字符" 和添加 "投影" 滤镜

Step27　在 "图层 1" 的第 51 帧插入关键帧, 单击工具箱中的 "文本工具", 在 "属性" 面板中设置字体为 "炫彩字体钻石爱心", 大小为 "80 点", 字符间距为 "10", 颜色为 "#3E4DA5", 在舞台正中输入 "从容", 接着在 "属性" 面板的 "滤镜" 区域单击 "添加滤镜" 按钮, 在弹出的快捷菜单中选择 "投影" 命令, 参数设置如图 6.15 所示。右击 "从容" 文字, 在弹出的快捷菜单中选择 "转换为元件" 命令, 在弹出的 "转换为元件" 对话框中输入 "名称" 为 "从容", "类型" 为 "图形", 在 "图层 1" 的第 100 帧插入关键帧, 单击舞台中的 "从容" 图形元件, 在 "属性" 面板中设置 Alpha 值为 "0%", 在第 51～100 帧之间创建传统补间。

Step28　在 "图层 1" 的第 101 帧插入关键帧, 单击工具箱中的 "文本工具", 在 "属性" 面板中设置字体为 "炫彩字体钻石爱心", 大小为 "80 点", 字符间距为 "10", 颜色为 "#333333", 在舞台正中输入 "无可替代", 接着在 "属性" 面板的 "滤镜" 区域单击 "添加滤镜" 按钮, 在弹出的快捷菜单中选择 "投影" 命令, 参数设置如图 6.15 所示。右击 "无可替代" 文字, 在弹出的快捷菜单中选择 "转换为元件" 命令, 在弹出的 "转换为元件" 对话框中输入 "名称" 为 "无可替代", "类型" 为 "图形", 在 "图层 1" 的第 160 帧插入关键帧。

Step29 在"图层 1"上方新建"图层 2",在该图层的第 101 帧使用"矩形工具"绘制一个矩形,将"矩形"转换成"图形"元件并命名为"遮罩方块",如图 6.16 所示。在第 160 帧插入关键帧,将"遮罩方块"图形元件移动到"无可替代"图形元件正上方,在第 101~160 帧之间创建传统补间,右击"图层 2",在弹出的快捷菜单中选择"遮罩层"命令。

Step30 回到"场景 1"中,在"背景"图层、"多方块动"图层和"广告词动画"图层的第 360 帧插入帧。在所有图层上方新建一个图层并重命名为"片尾动画",在该图层的第 361 帧插入关键帧。将"库"面板中的"beauty.png"拖到舞台最左边,右击该位图,在弹出的快捷菜单中选择"转换为元件"命令,在弹出的"转换为元件"对话框中输入"名称"为"片尾动画","类型"为"影片剪辑",双击"片尾动画"影片剪辑元件,进入该影片剪辑的舞台。

Step31 新建"图层 2",在第 5 帧插入关键帧,单击工具箱中的"文本工具",在"属性"面板中设置字体为"炫彩字体钻石爱心",大小为"80 点",字符间距为"10",颜色为"#663333",在舞台中输入"changing..."。新建一个图层并重命名为"金色",在该图层的第 11 帧插入关键帧,将"库"面板中的"glod.png"拖入舞台,调整好位置并适当缩放位图的大小。再新建一个图层并重命名为"绿色",在该图层的第 25 帧插入关键帧,将"库"面板中的"green.png"拖入舞台,调整好位置并适当缩放位图的大小。再新建一个图层并重命名为"粉色",在该图层的第 40 帧插入关键帧,将库面板中的"pink.png"拖入舞台,调整好位置并适当缩放位图的大小,舞台效果如图 6.17 所示。在所有图层的第 55 帧插入帧。在最上方新建一个图层,在该图层的第 55 帧插入关键帧并右击,在弹出的快捷菜单中选择"动作"命令,在"动作"面板中输入"stop();"。

图 6.16 制作"遮罩方块"

图 6.17 "片尾动画"舞台效果

Step32 回到"场景 1"中,在"片尾动画"图层的第 400 帧插入帧,在该图层上方新建一个图层并重命名为"背景音乐",在第 10 帧插入关键帧,将"库"面板中的"music.mp3"拖到舞台中。再新建一个图层并重命名为"代码",在该图层的第 400 帧插入关键帧并右击,在弹出的快捷菜单中选择"动作"命令,在"动作"面板中输入"stop();"。最后保存文件并按【Ctrl+Enter】组合键对场景进行测试,观看动画效果。

6.2 实例Ⅱ——制作"时尚服装"广告

根据前面章节讲述的 Flash 基本知识,以项目式的操作方式来完成一个"时尚服装"广告的制作,舞台的画面效果如图 6.18 所示,最终的动画效果参见光盘中的文件"效果\ch06\6.2 时尚服装广告.swf"。

图 6.18　"时尚服装广告"舞台效果

6.2.1　设置舞台与导入素材

Step1　单击"文件"|"新建"命令，或按【Ctrl+N】组合键，在弹出的"新建文档"对话框的"常规"选项卡中选择"ActionScript 3.0"选项，设置舞台宽度和高度为 1003 像素 ×600 像素，帧频设置为 30 fps，舞台背景颜色为黑色，单击"确定"按钮。

Step2　单击"文件"|"导入"|"导入到库"命令，在弹出的"导入到库"对话框中选择光盘中的"素材\ch06\6.2 时尚服装广告"中的所有素材文件，单击"打开"按钮，"库"面板中就出现了所有的素材。

6.2.2　制作广告

Step1　单击"插入"|"新建元件"命令，在弹出的"创建新元件"对话框中输入"名称"为"线条引导动画"，"类型"为"影片剪辑"，单击工具箱中的"铅笔工具"，在"属性"面板中设置"笔触颜色"为白色，"填充颜色"为无，"笔触大小"为"5"，在该影片剪辑舞台中绘制一条图 6.19 所示的曲线，将"图层 1"重命名为"渐变线"。

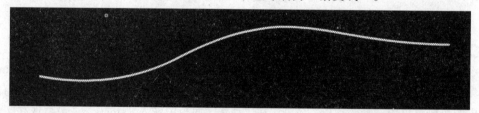

图 6.19　绘制曲线

Step2　再新建"图层 2"并重命名为"圆"，单击工具箱中的"椭圆工具"，在"属性"面板中设置"笔触颜色"为无，"填充颜色"为白色，按住【Shift】键拖动鼠标在舞台中绘制一个圆，选中圆后在"属性"面板中设置宽高都为"19"，按【F8】快捷键，在弹出的"转换为元件"对话框中设置"类型"为"图形"并命名为"圆"。单击工具箱中的"任意变形工具"，将圆的轴心点移动到左上角，如图 6.20 所示。

图 6.20　移动圆轴心点

Step3 右击"圆"图层，在弹出的快捷菜单中选择"添加传统运动引导层"命令，最上方出现引导图层。选择"渐变线"图层的第 1 帧，将其复制粘贴到"引导层：圆"图层的第 1 帧，单击该帧舞台上的曲线，在"属性"面板中设置"笔触大小"为"1"。两条曲线平行放置，并保证"圆"元件的轴心点出现在引导线上，中心位置在渐变线上，如图 6.21 所示。选中引导层的第 100 帧并插入帧，将"圆"元件移动到引导线的最右边位置，在第 1～100 帧之间右击，在弹出的快捷菜单中选择"创建传统补间"命令。

图 6.21　添加传统引导层

Step4 选择"渐变线"图层的第 1 帧，在"颜色"面板中将"颜色类型"设置为"线性渐变"，并添加 2 个颜色滑块，其中最左、最右和中间的颜色滑块颜色都为白色，但是 Alpha 值设置为"0%"，剩下的颜色滑块颜色为白色，但是 Alpha 值设置为"100%"，如图 6.22 所示。在舞台中选择渐变线形状，单击工具箱中的"渐变变形工具"将渐变距离减少并移动到图 6.23 所示的位置，可适当进行旋转。

图 6.22　设置笔触渐变颜色

图 6.23　制作渐变线

Step5 在"渐变线"图层的第 27 帧、第 45 帧、第 100 帧插入关键帧，在舞台中选择渐变线形状，单击工具箱中的"渐变变形工具"，依次将渐变颜色调整为图 6.24 所示的状态，最后在各关键帧之间创建补间形状。

图 6.24　创建渐变线的形状补间

Step6 单击"插入"|"新建元件"命令，在弹出的"创建新元件"对话框中输入"名称"为"多线条动画"，"类型"为"影片剪辑"，在"图层 1"的第 1 帧位置将"库"面板中的"线条引导动画"影片剪辑元件拖到舞台中，单击该元件，在"属性"面板中设置 X 和 Y 坐标值都为"0"，"色彩效果"设置为"高级"样式，参数如图 6.25 所示。

Step7 新建"图层 2"，在该图层第 53 帧插入关键帧，将"库"面板中的"线条引导动画"影片剪辑元件拖到舞台中，单击该元件，在"属性"面板中设置 X 和 Y 坐标值为"0"和"20"，"色彩效果"选择"高级"样式，参数如图 6.26 左图所示。新建"图层 3"，在该图层第 21 帧插入关键帧，将"库"面板中的"线条引导动画"影片剪辑元件拖到舞台中，单击该元件，在"属性"面板中设置 X 和 Y 坐标值为"0"和"40"，"色彩效果"选择"高级"样式，参数如图 6.26 右图所示。

图 6.25 "色彩效果"高级样式

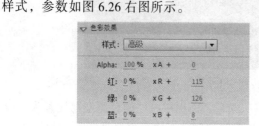 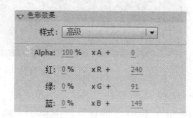

图 6.26 "色彩效果"高级样式

Step8 新建"图层 4"，在该图层第 69 帧插入关键帧，将"库"面板中的"线条引导动画"影片剪辑元件拖到舞台中，单击该元件，在"属性"面板中设置 X 和 Y 坐标值为"0"和"-20"，"色彩效果"选择"高级"样式，参数如图 6.27 左图所示。新建"图层 5"，在该图层第 89 帧插入关键帧，将"库"面板中的"线条引导动画"影片剪辑元件拖到舞台中，单击该元件，在"属性"面板中设置 X 和 Y 坐标值为"0"和"-40"，"色彩效果"选择"高级"样式，参数如图 6.27 右图所示。

图 6.27 "色彩效果"高级样式

Step9 新建"图层 6"，在该图层第 13 帧插入关键帧，将"库"面板中的"线条引导动画"影片剪辑元件拖到舞台中，单击该元件，在"属性"面板中设置 X 和 Y 坐标值为"0"和"-60"，"色彩效果"选择"高级"样式，参数如图 6.28 左图所示。新建"图层 7"，在该图层第 36 帧插入关键帧，将"库"面板中的"线条引导动画"影片剪辑元件拖到舞台中，单击该元件，在"属性"面板中设置 X 和 Y 坐标值为"0"和"-80"，"色彩效果"选择"高级"样式，参数如图 6.28 右图所示。

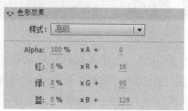 

图 6.28 "色彩效果"高级样式

Step10 回到"场景 1"中，将"图层 1"重命名为"流动线条动画"，选择该图层第 1 帧将"库"面板中的"多线条动画"影片剪辑元件拖到舞台中，选择该影片剪辑，在"变形"面板中，设置缩放宽度和缩放高度均为"80%"，旋转值为"5°"，如图 6.29 所示。将该影片剪辑进行复制，设置缩放宽度和缩放高度均为"100%"，移动到合适的位置，再选择这两个影片剪辑进行复制，将复制的两个影片剪辑设置旋转值为"180°"，并移动到合适位置，如图 6.30 所示。

图 6.29 "变形"面板

图 6.30 影片剪辑位置

Step11 "场景 1"中新建图层并重命名为"公司标志动画"，使用工具绘制图 6.31 所示的图形。全选该图形，单击"颜色"按钮，设置"颜色类型"为"线性渐变"，左边颜色滑块值为"#0041A1"，右边颜色滑块值为"#FFF507"。

图 6.31 绘制标志形状

Step12 保持上一步骤中标志形状的选中状态，将其转换成"影片剪辑"元件并命名为"公司标志动画"，在"属性"面板中设置其宽度和高度分别为"175""128"。双击该影片剪辑，进入影片剪辑舞台，选中舞台中的所有形状并右击，在弹出的快捷菜单中选择"分散到图层"命令，每个形状都生成一个对应的图层，按照图 6.32 所示将时间轴上每个形状对应的帧移动到相互位置，并在"图层 1"的第 45 帧插入关键帧，加入动作脚本"stop();"。

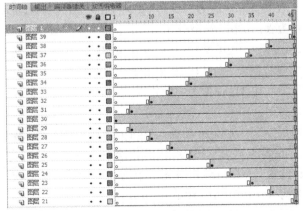

图 6.32 分散到图层并移动帧

Step13 回到"场景 1"的舞台中，在时间轴上新建图层并重命名为"公司名称动画"，在工具箱中单击"文本工具"，在舞台中输入"汇美国际服饰有限公司"文字，右击文字，在弹出的快捷菜单中选择"转换为元件"命令，在弹出的"转换为元件"对话框中设置成"图形"元件，"名称"为"公司名称"，再次将其转换成"影片剪辑"元件，命名为"公司名称动画"，双击该影片剪辑，进入影片剪辑舞台，在"图层 1"的第 45 帧插入关键帧，在第 1 帧单击舞台中的"图形"元件，在"属性"面板中设置 Alpha 值为"0%"，在"图层 1"的第 45 帧加入动作脚本"stop();"。

Step14 回到"场景 1"的舞台中，选择之前建立好的 3 个图层，在第 159 帧统一插入帧。新建一个图层并重命名为"服装广告动态"，在第 160 帧插入空白关键帧，在库里把素材"LOGO 背景.jpg"拖入舞台，设置其宽高为"1400×930"，锁定其比例，位置设置为 X：-95，Y：-48，按【F8】键将其转换为"类型"是"影片剪辑"，"名称"为"服装广告动态"的元件。

Step15 双击进入元件，在"图层 1"的第 1 帧选中图片，按【F8】键再次把位图转换为"类型"为"图形"，"名称"为"模特"的元件。将"色彩效果"的"样式"设置为 Alpha，将 Alpha 的值设置为"0%"，在第 11 帧插入关键帧，设置其 Alpha 值为"20%"。在第 40 帧插入关键帧，设置其 Alpha 值为"40%"，设置其宽为"1250"，高度会自动调整，位置为 X：-9，Y：9。在第 125 帧插入关键帧，设置其 Alpha 值为"30%"，设置其宽为"1070"，高度会自动调整，位置为 X：160，Y：65。在第 135 帧插入关键帧，设置其 Alpha 值为"20%"，设置其宽为"1050"，高度会自动调整，位置为 X：185，Y：75。在第 135 帧插入关键帧，设置其 Alpha 值为"20%"，设置其宽为"1050"，高度会自动调整，位置为 X：185，Y：75。在第 155 帧插入关键帧，设置其 Alpha 值为"0%"，设置其宽为"1010"，高度会自动调整，位置为 X：220，Y：85。

Step16 新建"图层 2"，在第 11 帧插入空白关键帧，将元件"模特"拖入舞台，设置其 Alpha 值为"0%"，设置其宽为"2590"，高度会自动调整，位置为 X：-580，Y：-85。在第 16 帧插入关键帧，设置其 Alpha 值为"10%"。在第 110 帧插入关键帧，设置其宽为"1024"，高度会自动调整，位置为 X：205，Y：80。

Step17 新建"图层 3"，在第 15 帧插入空白关键帧，将元件"模特"拖入舞台，设置其 Alpha 值为"0%"，设置其宽为"1204"，高度会自动调整，位置为 X：60，Y：760。在第 20 帧插入关键帧，设置其 Alpha 值为"10%"。在第 140 帧插入关键帧，设置其宽为"1024"，高度会自动调整，位置为 X：200，Y：80。

Step18 新建"图层 4"，在第 20 帧插入空白关键帧，将元件"模特"拖入舞台，设置其 Alpha 值为"0%"，设置其宽为"1170"，高度会自动调整，位置为 X：155，Y：-660。在第 24 帧插入关键帧，设置其 Alpha 值为"10%"。在第 140 帧插入关键帧，设置其宽为"1060"，高度会自动调整，位置为 X：190，Y：75。

Step19 新建"图层 5"，在第 26 帧插入空白关键帧，将元件"模特"拖入舞台，设置其 Alpha 值为"0%"，设置其宽为"1300"，高度会自动调整，位置为 X：1255，Y：-5。在第 30 帧插入关键帧，设置其 Alpha 值为"10%"。在第 130 帧插入关键帧，设置其宽为"1024"，高度会自动调整，位置为 X：195，Y：80。

Step20 新建"图层 6"，在第 31 帧插入空白关键帧，将元件"模特"拖入舞台，设置其 Alpha 值为 "0%"，设置其宽为 "1024"，高度会自动调整，位置为 X：-805，Y：90。在第 35 帧插入关键帧,设置其 Alpha 值为"10%"。在第 125 帧插入关键帧,设置其宽为"1056",高度会自动调整，位置为 X：170，Y：70。

Step21 新建 "图层 7"，在第 120 帧插入空白关键帧，将元件 "模特" 拖入舞台，设置其 Alpha 值为 "0%"，设置其宽为 "1024"，高度会自动调整，位置为 X：210，Y：80。在第 130 帧插入关键帧，设置其 Alpha 值为 "70%"。统一设置 "图层 1" 到 "图层 7" 的持续时间，方法是选中第 1～7 图层的第 155 帧，按【F5】键插入帧。

Step22 新建 "图层 8"，在第 162 帧插入关键帧，将库里的素材 "背景.jpg" 拖入舞台，在 "对齐" 面板中设置 "背景" 大小与舞台匹配，按【F8】键将位图转换为 "图形" 元件。将舞台中元件的 "色彩效果" 样式设置为 "色调"，色调颜色为黑色，色调值为 "40%"，参数设置如图 6.33 所示。

Step23 新建 "图层 9"，在第 162 帧插入关键帧，在场景中用 "直线工具" 绘制图 6.34 所示形状，将其 "填充颜色" 设置为白色，填充颜色的 Alpha 值为 "30%"，将轮廓线删除。框选形状，按【F8】将其转换为 "名称" 为 "光"，"类型" 为 "图形" 的元件。

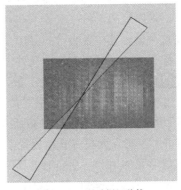

图 6.33 "色彩效果" 样式 "色调" 的参数　　　　图 6.34 绘制的形状

Step24 选中元件 "光"，按【F8】键再次将其转换为 "名称" 为 "光动态"，"类型" 为 "影片剪辑" 的元件，双击进入 "光动态" 元件进行动画编辑。在 "光动态" 元件的 "图层 1" 上，设置第 1～100 帧 "光" 元件的旋转，用 "任意变形工具" 将元件的旋转中心设置到图形中心直线的交汇处，其旋转角度如图 6.35 所示。先由右图逆时针旋转至左图角度，然后由左图角度顺时针转至右图，再次由右图逆时针旋转至左图。由于本实例 "光动态" 应做成随机动态的效果，所有旋转的速度、角度与时间可根据个人对动态的理解来进行调整。时间轴上的关键帧设置可参考图 6.36 "图层 1"。

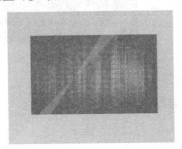
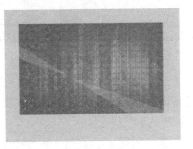

图 6.35 "光" 元件的旋转角度参考

Step25 在"光动态"元件的编辑模式下新建"图层 2",在第 10 帧插入空白关键帧,把"光"元件拖入舞台。在第 10～100 帧设置"光"元件旋转的效果,方法如上。注意关键帧的位置与旋转角度、旋转速度不要与"图层 1"一致即可。具体关键帧的设置可参考图 6.36"图层 2"。

Step26 在"光动态"元件的编辑模式下新建"图层 3",在第 20 帧插入空白关键帧,把"光"元件拖入舞台。在第 20～100 帧设置"光"元件旋转的效果,方法如上。注意关键帧的位置与旋转角度、旋转速度不要与"图层 1""图层 2"一致即可。具体关键帧设置可参考图 6.36"图层 3"。

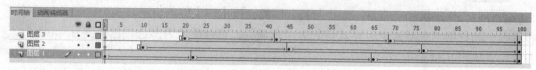

图 6.36 "光动态"元件的时间轴

Step27 回到"服装广告动态"元件的编辑模式,选中"图层 8"和"图层 9"第 200 帧并插入帧,使这两层的时间持续到第 200 帧。新建一个"服装"图层,在第 200 帧插入空白关键帧,将库里的素材"服装 1.png"拖入舞台,锁定其宽高比,设置其宽为"700",高度会自动调整,设置其位置为 X:–110,Y:–20,按【F8】键将其转换成"类型"为"影片剪辑","名称"为"服装动态"的元件。

Step28 双击进入到"服装动态"元件的编辑模式,在初始图层的第 105 帧插入帧。新建"图层 2",在第 1 帧绘制一个三角形,位置与大小如图 6.37 所示,按【F8】键将其转换为"图形"类型的元件。在第 10 帧插入关键帧,回到第 1 帧,选中三角形元件,按【Ctrl+T】组合键打开"变形"面板将其缩放宽度与缩放高度的值都设置为"1%"。在第 40 帧插入关键帧,将三角形元件用"任意变形工具"放大至完全覆盖住"图层 1"中的模特,如图 6.38 所示。在第 90 帧插入关键帧,然后将第 1 帧复制到第 105 帧。在第 1～90 帧之间创建传统补间。完成动态设置后,右击"图层 2",在弹出的快捷菜单中选择"遮罩层"命令,把该层设置为"图层 1"的遮罩层。

图 6.37 第 10 帧的三角形元件

图 6.38 第 40 帧的三角形元件

Step29 新建"图层 3",在第 106 帧插入关键帧,将库里的素材"服装 2.png"拖入舞台,锁定其宽高比,设置其宽为"700",高度会自动调整,设置其位置为 X:–48,Y:–5,在该层第 205 帧插入帧。

Step30 新建"图层 4",在第 106 帧绘制一个圆,位置与大小如图 6.39 所示,按【F8】

键将其转换为"图形"类型的元件。在第 117 帧插入关键帧，回到第 106 帧，选中圆形元件，按【Ctrl+T】组合键打开"变形"面板将其缩放宽度与缩放高度的值都设置为"1%"。在第 130 帧插入关键帧，将圆形元件用"任意变形工具"放大至完全覆盖住"图层 3"中的模特，如图 6.40 所示。在第 190 帧插入关键帧。将第 106 帧复制到第 205 帧。在第 106～190 帧之间创建传统补间。完成动态设置后把该层设置为"图层 3"的遮罩层。

 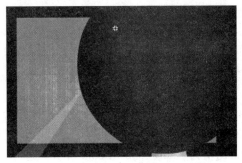

图 6.39　第 117 帧的圆形元件　　　　图 6.40　第 130 帧的圆形元件

Step31 新建"图层 5"，在第 206 帧插入关键帧，将库里的素材"服装 3.png"拖入舞台，锁定其宽高比，设置其宽为"850"，高度会自动调整，设置其位置为 X：–120，Y：–95，在该层第 305 帧插入帧。

Step32 新建"图层 6"，在第 206 帧绘制一个矩形，位置与大小如图 6.41 所示，按【F8】键将其转换为"图形"类型的元件。在第 215 帧插入关键帧，回到第 206 帧，选中矩形元件，按【Ctrl+T】组合键打开"变形"面板将其缩放宽度与缩放高度的值都设置为"1%"。在第 225 帧插入关键帧，将矩形元件用"任意变形工具"放大至完全覆盖住"图层 5"中的位图，如图 6.42 所示。在第 290 帧插入关键帧。将第 206 帧复制到第 305 帧。在第 206～290 帧之间创建传统补间。完成动态设置后把该层设置为"图层 5"的遮罩层。

图 6.41　第 206 帧的矩形元件　　　　图 6.42　第 225 帧的矩形元件

Step33 回到"服装广告动态"元件的编辑模式。在 "服装"图层上新建一个图层并重命名为"文字"。在第 90 帧插入关键帧，把素材"公司 LOGO.png"与"公司文字位图.png"放入舞台，两者位置如图 6.43 所示。选中标志与文字，按【F8】键转换为"类型"为"图形"，"名称"为"文字"的元件。

Step34 选择"文字"元件，再次按【F8】键将其转换为"影片剪辑"类型，"名称"为"汇美国际"的元件。双击进入"汇美国际"元件的编辑模式，在初始图层中用"任意变形工具"把舞台中的"文字"元件中心点移动到左边，设置其 Alpha 值为"0%"。在第 25 帧插入关键帧，把其大小进行缩放并移动至图 6.44 所示位置。创建第 1～25 帧之间的传统补间动画。在第 215 帧插入帧。

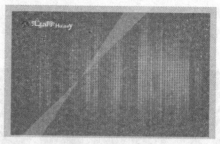

图 6.43　标志与文字　　　　　　　　图 6.44　"文字"元件的位置与大小

Step35　在"汇美国际"元件编辑模式，新建一个"图层 2"，在第 90 帧插入空白关键帧，在舞台中绘制一个 80×80 大小的圆，设置其"笔触颜色"为无，"填充颜色"为"#FFFFCC"，Alpha 的值为"30%"，如图 6.45 所示。选中圆形，按【F8】键将其转换为"类型"为"图形"的元件。选中元件再次按【F8】键，将元件转换成"类型"为"影片剪辑"，"名称"为"光晕 1"的元件。选中"光晕 1"元件，再次按【F8】键将其转换成"类型"为"影片剪辑"，"名称"为"光晕变化"的元件。

Step36　进入"光晕 1"元件的编辑模式。在"图层 1"的第 25 帧插入关键帧，创建第 1～25 帧之间的传统补间动画。右击"图层 1"，在弹出的快捷菜单中选择"添加传统运动引导层"命令，在新创建的引导层上绘制一条曲线如图 6.46 所示。在"图层 1"的第 1 帧将元件中心捕捉到曲线右边的端点，在第 25 帧将元件中心捕捉到曲线左边的端点，元件沿路径运动。在"图层 1"的第 5 帧和第 20 帧插入关键帧，设置第 1 帧和第 25 帧的元件 Alpha 值"0%"。在两个图层的第 35 帧插入帧。

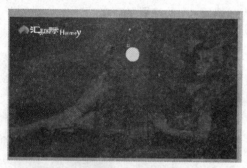

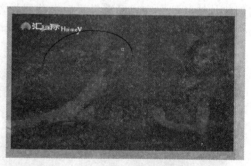

图 6.45　圆形　　　　　　　　　　　图 6.46　绘制曲线

Step37　按【Ctrl+L】组合键打开素材库，右击"光晕 1"元件，在弹出的快捷菜单中选择"直接复制"命令，将复制的元件"光晕 1 副本"重命名为"光晕 2"，同理复制"光晕 3"元件。分别进入"光晕 2"元件和"光晕 3"元件进行修改，在时间轴中加帧或减帧，控制其速度与持续时间与"光晕 1"有所区别，如图 6.47 和图 6.48 所示。

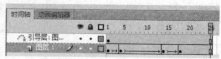

图 6.47　"光晕 2"元件　　　　　　　图 6.48　"光晕 3"元件

Step38 进入"光晕变化"元件的编辑模式。通过对元件"光晕1""光晕2""光晕3"的复制、缩放、旋转等调整，在第1帧将复制修改后的若干个光晕元件集中放置在图6.49所示的位置。光晕的数量在6～8个为宜，光晕的大小与角度最好不要一致。

Step39 回到"汇美国际"元件的编辑模式，新建"图层3"，在第215帧插入空白关键帧，按【F9】键打开"动作"面板，输入"stop();"。

Step40 回到"服装广告动态"元件的编辑模式，在所有图层上方新建一个图层，重命名为"转场"，在第145帧插入关键帧，用"矩形工具"绘制一个矩形覆盖整个舞台，设置矩形的"笔触颜色"为无，"填充颜色"为黑色，按【F8】将其转换成元件，在第162帧、第170帧插入关键帧，在第145帧和第170帧将元件的"色彩效果"样式的Alpha值设置为"0%"。

Step41 新建"脚本"图层，在第200帧插入空白关键帧，按【F9】键打开"动作"面板，输入"stop();"。回到场景，选择"服装广告动态"图层第110帧，按【F9】键打开"动作"面板，输入"stop();"。

Step42 在场景中新建一个图层,重命名为"片头音乐",在第1帧把素材"片头音乐.mp3"拖入舞台。选中音频的任意一帧，在"属性"面板声音效果后单击笔形按钮，在弹出"编辑封套"对话框中设置该音频在第140～160帧之间渐弱至无声，如图6.50所示。

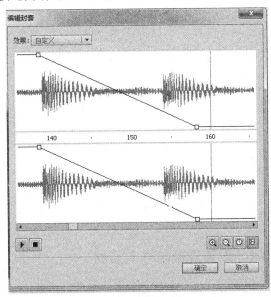

图6.49 "光晕变化"元件中的光晕位置　　　　图6.50 编辑声音封套

Step43 新建一个"影片剪辑"类型的元件，重命名为"过渡音频"。在该元件的编辑模式下，在原始图层第1帧将素材"过场.mp3"拖入元件，在第170帧插入帧。新建一个图层，在第170帧插入空白关键帧，按【F9】键打开"动作"面板，输入"stop();"。回到"场景1"，新建"过场音频"图层，在第140帧插入空白关键帧并将"过渡音频"元件拖入舞台，在第160帧插入帧。

Step44 新建一个"影片剪辑"类型的元件，重命名为"主旋律"。在该元件的编辑模式下，在原始图层第1帧将素材"主旋律.mp3"拖入元件，在第550帧插入帧。回到"场景1"，新建"主旋律"图层，在第160帧插入空白关键帧并将"主旋律"元件拖入舞台。

注意：本实例场景中仅有 160 帧，除前面片头的动画，广告内容全部在"服装广告动态"元件中制作，而该元件中某些图层又使用了其他动态元件，有一些元件甚至是多重嵌套，因此读者在学习本实例时，须仔细看清每一步的操作是在场景中还是在元件下制作的，又是在哪个元件的编辑模式下完成的，如果不仔细分辨，可能会出现制作上的差错，所得效果和本实例就有所差别。完成该实例以后，读者对元件与场景的层级关系，应该会有更深刻的体会。

6.3 实例Ⅲ —— 制作"水墨风格地产"宣传片

根据前面章节讲述的 Flash 基本知识，以项目式的操作方式来完成一个水墨风格的地产宣传片的制作，舞台的画面效果如图 6.51 所示，最终的动画效果可参见光盘中的文件"效果\ch06\6.3 水墨风格地产宣传片.swf"。

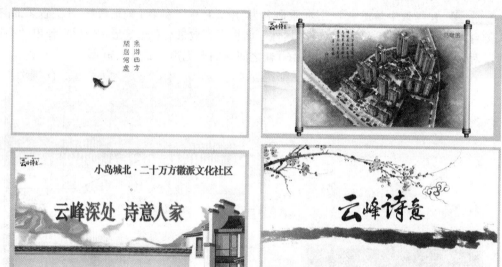

图 6.51　"水墨风格地产"宣传片舞台效果

6.3.1　设置舞台与导入素材

Step 1　将"素材\ch06\6.3 水墨风格地产宣传片\字体"中的所有字体文件复制粘贴到 C 盘 Windows 文件夹下的 Fonts 文件夹中。单击"文件"｜"新建"命令，或者按【Ctrl+N】组合键，在弹出的"新建文档"对话框的"常规"选项卡中选择"ActionScript 3.0"选项，设置其宽和高为 1024 像素×512 像素，其余为默认值，单击"确定"按钮。

Step 2　单击"文件"｜"导入"｜"导入到库"命令，在弹出的"导入到库"对话框中选择光盘中的"素材\ch06\6.3 水墨风格地产宣传片"中的所有素材文件，单击"打开"按钮，"库"面板中就出现了所有的素材。

6.3.2　制作宣传片

Step 1　新建"名称"为"墨色圆形"，"类型"为"图形"的元件，选择"椭圆工具"，设置"笔触颜色"为黑色,"填充颜色"为无,在元件编辑模式中绘制一个圆,设置圆的 X、Y 值均为"0",宽、高均为"200","笔触大小"设置为"16",笔触样式设置为"点刻线",如图 6.52 所示。

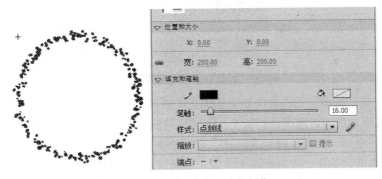

图 6.52 "墨色圆形"元件制作

Step 2 选中圆,单击"修改"|"转换为位图"命令,将圆转换为位图,再选中位图,单击"修改"|"位图"|"转换位图为矢量图"命令,菜单及转换参数如图 6.53 所示。经过两次转换,原来由简单的笔触构成的圆形状就变为由大小不一的点构成。

图 6.53 两次图像类型转换及参数设置

Step 3 选中所有点,然后按【F8】键转换成"名称"为"圆形模糊","类型"为"影片剪辑"的元件。在该元件的属性中,给其添加"模糊"滤镜。设置模糊 X、模糊 Y 均为"15像素",品质为"高",其舞台效果及"模糊"滤镜的参数如图 6.54 所示。

图 6.54 "圆形模糊"元件的舞台效果及"模糊"滤镜的参数

Step 4 新建"名称"为"涟漪","类型"为"影片剪辑"的元件。按【Ctrl+L】组合键打开"库"面板,将"墨色圆形"元件拖入"图层 1"的第 1 帧,并设置"墨色圆形"的位置 X、Y 值均为"0",按【Ctrl+T】组合键打开"变形"面板,缩放宽度的值保持"100%"不变,缩放高度的值设置为"30%"。在第 35 帧插入关键帧,然后回到第 1 帧,选中"墨色圆形",按【Ctrl+T】组合键打开"变形"面板,把缩放宽度和缩放高度的约束比例重新锁上,设置缩放宽度为"5%",如图 6.55 所示。然后在第 1～35 帧之间创建传统补间,这就可以得到一个由小变大的涟漪。

图 6.55 "涟漪"的舞台效果及缩放参数

Step5 在"涟漪"元件时间轴上选中"图层 1"并复制图层,单击时间轴下方的"编辑多个帧"按钮,把编辑范围调到第 1～35 帧,锁定"图层 1",在复制的图层上选中第 1～35 帧,打开"变形"面板,锁定宽高比,在缩放宽度输入"160%",高度会自动调整(注意:一旦输入数值并确定,变形会马上生效,数值显示会立即恢复 100%,切忌不观察元件的变化,而不断地去输入数值),时间轴与"变形"面板的设置如图 6.56 所示。

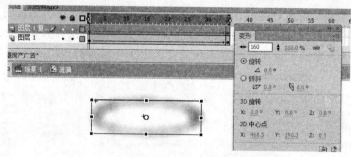

图 6.56 时间轴与"变形"面板的设置

Step6 制作鱼游动画。新建"名称"为"鲤鱼",类型为"图形"的元件,将库里的位图素材"鱼.png"拖入元件中。单击舞台左上角"场景 1"按钮回到场景,将"图层 1"重命名为"鱼游",在该层第 10 帧按【F7】键插入空白关键帧,把图形元件"鲤鱼"拖入舞台,放在舞台中图 6.57 所示位置。用"任意变形工具"选中"鲤鱼",把其中心点(小圆圈的位置)移动到图 6.58 所示位置上,在第 65 帧按【F5】键插入帧,在时间轴第 10～65 帧之间创建补间动画,则这段时间轴变为浅蓝色,表示补间动画已经创建成功,只需要在这段浅蓝色时间轴的任意一帧进行编辑,软件都会自动记录动态。

图 6.57 鲤鱼在舞台中的位置

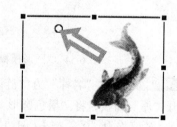

图 6.58 "鲤鱼"元件中心点的位置

Step7 在第 65 帧将舞台中的"鲤鱼"旋转并移动到图 6.59 所示位置,此时会产生一条鲤鱼的运动轨迹，为了让鲤鱼的动态更加丰富和生动，用"选择工具"将运动轨迹调整成弧形，如图 6.60 所示。并在"属性"面板中将补间的"缓动"设置为"80"。为了让鱼的动态更加自然，在第 10 帧、第 65 帧设置鲤鱼的 Alpha（不透明度）值为"0%"，第 20 帧、第 55 帧设置鲤鱼的 Alpha 值为"100%"。观察时间轴上除了第 1 帧本身为关键帧外，自动记录的关键帧有 3 个，如图 6.61 所示。

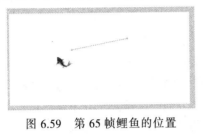 

图 6.59　第 65 帧鲤鱼的位置　　　　图 6.60　跳帧鲤鱼的运动轨迹

图 6.61　补间动画自动记录关键帧

Step8　新建一个图层并重命名为"涟漪"。在第 10 帧按【F7】键插入空白关键帧，把元件"涟漪"拖入该帧，位置在舞台中"鲤鱼"的起始位置上。在第 41 帧插入空白关键帧，则元件"涟漪"的动画可在场景中持续 30 帧。复制"涟漪"图层，在第 10 帧前插入帧，可以让第 10 帧后面的所有帧一起后退，让复制图层的起始帧退到第 50 帧，如图 6.62 所示。在复制图层的第 50 帧的舞台里选中"涟漪"，把其移动到"鲤鱼"消失的位置。按【Ctrl+Enter】组合键测试影片，可以看到鲤鱼出现与消失时都产生涟漪的动态效果。

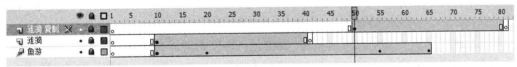

图 6.62　时间轴的设置

Step9　利用遮罩层制作文字凭空升起的效果。新建一个图层并重命名为"鱼游四方"。在第 20 帧插入空白关键帧，用"文本工具"输入文字"鱼游四方"，在文字的"属性"面板设置文本方向为"垂直"，选择合适的字体（可选用本实例提供的字体，但字体标题可能显示为乱码），字体大小设置成"32 点"，字母间距为"2.0"，颜色为"#666666"，如图 6.63 所示。选择文字，按【F8】键把文字整体转换为"名称"为"文字 1"，"类型"为"图形"的元件。然后在第 45 帧插入关键帧，把文字往上移动，第 20 帧与第 45 帧中文字的位置如图 6.64 和图 6.65 所示，在第 20～45 帧之间创建传统补间，在"属性"面板中设置补间"缓动"参数为"100"，则可见文字从快到慢地由下方往上方移动。

 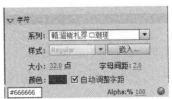

图 6.63　文字的参数

图 6.64　第 20 帧文字在舞台中的位置　　　　图 6.65　第 45 帧文字在舞台中的位置

Step10　新建一个图层并重命名为"闲居何处"。在第 35 帧插入空白关键帧，用"文本工具"在舞台中输入文字"闲居何处"，设置文本方向为"垂直"，字体设置如步骤 9。选择文字，按【F8】键把文字整体转换为"名称"为"文字 2"，"类型"为"图形"的元件。然后在第 55 帧插入关键帧，把文字往上移动，位置如图 6.66 所示，在第 35～55 帧之间创建传统补间，在"属性"面板中设置补间"缓动"参数为"100"。

132

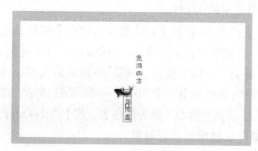

图 6.66　文字的移动（由左图位置到右图位置）

Step11　新建一个图层并重命名为"遮罩 1"。在第 20 帧插入空白关键帧，用"矩形工具"绘制一个矩形，颜色不限，大小应把两行文字最后定格的位置都遮挡住为宜，如图 6.67 所示。绘制完成后，在时间轴该图层的名称上右击，在弹出的快捷菜单中选择"遮罩层"命令。此时位于该图层下方的"闲居何处"图层已经形成被遮罩的效果，而图层"鱼游四方"依然是普通图层状态。只需将"鱼游四方"图层往上拖动到遮罩图层"遮罩 1"与被遮罩图层"闲居何处"之间即可，如图 6.68 所示。

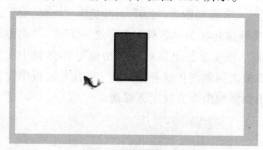

图 6.67　绘制用于遮罩的矩形　　　　图 6.68　调整图层位置

Step12　同时选中"遮罩 1""鱼游四方""闲居何处"3 个图层的第 90 帧，按【F5】键插入帧。3 个图层的显示时间会一直持续到第 90 帧。在时间轴图层名称的下方单击"新建文件夹"按钮 ，新建一个文件夹并重命名为"开场"，把先前创建的所有图层都拖入此文件夹中，以便编辑，如图 6.69 所示。

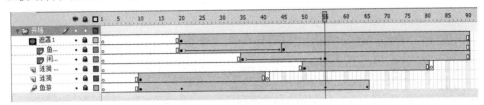

图 6.69　将图层放入文件夹

Step13　在"开场"文件夹上新建图层并重命名为"山水背景"，在该层第 95 帧的位置按【F7】键插入空白关键帧，把库里的素材"开场背景.jpg"拖入舞台，按【Ctrl+K】组合键打开"对齐"面板将位图与舞台适配大小并居中对齐。在舞台上选中"开场背景"，按【F8】键将其转换为"名称"为"山水背景"，"类型"为"图形"的元件，在"属性"面板的"色彩效果"区域设置"样式"为"Alpha"，设置 Alpha 的值为"0%"，如图 6.70 所示。在第 145 帧、第 165 帧插入关键帧，在第 95～145 帧之间与第 145～165 帧之间创建传统补间动画。在第 145 帧的舞台中选中"山水背景"元件，设置其"样式"的 Alpha 值为"50%"，如图 6.71 所示。

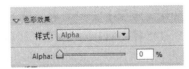

图 6.70　第 95 帧的 Alpha 设置

图 6.71　第 145 帧的 Alpha 设置

Step14　制作墨点湮开动画。新建"墨点"图层，在第 80 帧插入空白关键帧，把库里的素材"墨点.png"拖入舞台中心，按【F8】键将其转换为"图形"类型，"名称"为"墨点"的元件，在第 115 帧插入关键帧，在第 80～115 帧之间创建传统补间，然后回到第 80 帧选中"墨点"元件，按【Ctrl+T】组合键打开"变形"面板，将其缩放高度与缩放宽度的值都调整为"1%"。在第 87 帧再次插入关键帧。在第 80 帧与第 115 帧中，在"墨点"元件"属性"面板中设置"色彩效果"的"样式"为 Alpha，设置 Alpha 的值为"0%"。完成以后可以看见墨点从无到有并逐渐湮开、淡化消失的效果。

Step15　复制两个"墨点"图层，单击时间轴下方的"编辑多个帧"按钮，把编辑范围设置在第 80～115 帧之间，选定其中 1 个复制图层，在选中的图层上选择所有关键帧，统一进行编辑，调整墨点的位置和大小。此时墨点是同时出现、同时消失。选择该图层第 80 帧之前的位置按【F5】键插入帧，将所有关键帧后移。用同样的方法调整另一个复制图层的墨点，让每层起始帧都有 0.5 s（12 帧左右）的时间差，如图 6.72 所示。此时 3 个墨点相继出现也相继消失，效果比较自然。

图 6.72　3 个墨点图层的舞台效果及时间轴的设置

Step16 在时间轴图层编辑栏新建一个文件夹并重命名为"墨点",把所有墨点图层和"山水背景"图层都放入该文件夹中,如图 6.73 所示。这一步骤也是方便以后对图层的编辑和管理。

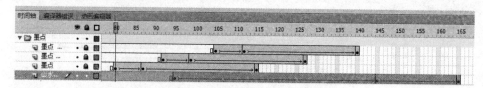

图 6.73 "墨点"文件夹下的图层

Step17 新建一个元件并重命名为"马头墙","类型"为"图形"。然后把库里的素材"马头墙.png""墨痕 1.png""墨痕 2.png"拖入元件中,组成图 6.74 所示效果。单击舞台左上角的"场景 1"按钮回到场景,在文件夹"墨点"上方新建"马头墙"图层,在该图层第 125 帧插入空白关键帧,把制作好的元件"马头墙"放置在舞台外左下方图 6.74 所示的位置上。

Step18 在"马头墙"图层的第 145 帧插入关键帧,用"任意变形工具"移动元件"马头墙"并将其放大至图 6.75 所示效果。注意使用"任意变形工具"时按住【Shift】键,可保证其比例不变。在第 175 帧与第 240 帧插入关键帧,选中第 240 帧中的"马头墙"元件,将其"色彩效果"样式设置为"Alpha",把 Alpha 的值设置为"0%"。在第 125~145 帧、第 145~175 帧以及第 175~240 帧之间创建传统补间动画。设置第 125~145 帧之间补间动画的"缓动"属性为"100"。制作完成后,可见"马头墙"从左下方进入舞台,停留片刻又逐渐消失的动画效果。

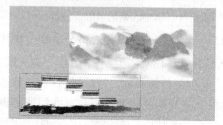

图 6.74 "马头墙"元件效果及
其在第 125 帧时舞台的位置及效果

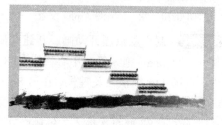

图 6.75 "马头墙"在第 145 帧
的舞台位置及效果

Step19 新建"淡墨"图层,在该层第 130 帧插入空白关键帧,并把库里的素材"淡墨.png"拖到舞台中图 6.76 所示位置,按【F8】键将其转换成"名称"为"淡墨","类型"为"图形"的元件。在第 150 帧插入关键帧,然后回到第 130 帧将该帧上的元件"淡墨"的"色彩效果"样式设置为"Alpha",把 Alpha 的值设置为"0%"。在第 130~150 帧之间创建传统补间,淡墨形成从无到有逐渐显现的效果。

图 6.76 "淡墨"的位置

Step20 制作文字逐个显现的效果。按【Ctrl+F8】组合键新建一个"名称"为"文字 3","类型"为"影片剪辑"的元件。选择"文本工具",设置字符系列(即字体)为"方正粗宋繁体",大小为"45 点",间距为"2.0",字体颜色为"#871205",如图 6.77 所示。然后在元件编辑模式里输入"韶关首席新东方文化社区"。单击舞台左上角的"场景 1"按钮回到场景,新建"宣传语"图层,在该图层第130 帧插入空白关键帧,把"文字 3"元件拖动舞台外右边,具体位置如图 6.78 所示。在第140 帧插入关键帧,把"文字 3"元件移入舞台,位置如图 6.79 所示。在第 130~140 帧之间创建传统补间动画。这一步可以完成文字元件从舞台右边进入舞台的效果。

图 6.77 文字属性的设置

图 6.78 第 130 帧文字所在位置

图 6.79 第 140 帧文字所在位置

Step21 双击"文字 3"元件,进入元件编辑模式,选中文字,按【Ctrl+B】组合键将其分离,让每个文字都有一个单独的文本框,然后框选所有文字并右击,在弹出的快捷菜单中选择"分散到图层"命令,则该元件中的每个文字都分布在单独的一个图层上面,且每个图层都以该图层上的文字命名,如图 6.80 所示。先将所有图层上的关键帧拖动到第 10 帧,然后从"关"图层开始,从下往上逐层将关键帧的位置往后移动 3 帧,如图 6.81 所示。选中所有图层的第 70 帧,按【F5】键插入帧,如图 6.82 所示。单击舞台左上方的"场景 1"按钮回到场景,在"宣传语"图层第 206 帧插入空白关键帧,让"文字 3"持续显示到第 205帧结束。

图 6.80 将文字分散到图层

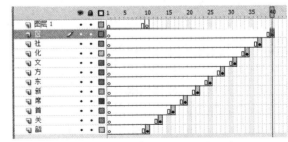

图 6.81 每个文字图层移动 3 帧

Step22 新建文件夹"宣传语",把"宣传语""淡墨""马头墙"3 个图层放入此文件夹中。在"宣传语"文件夹上方新建"云峰背景"图层,在这一层第 190 帧插入空白关键帧,把库里的素材"云峰.png"拖入舞台,打开"对齐"面板将其与舞台匹配大小并居中对齐。按【F8】键将其转换成"名称"为"云峰背景","类型"为"图形"的元件。在第 205 帧插入关键帧,然后回到第 190 帧把该帧上的元件"云峰背景"的"色彩效果"样式设置为"Alpha",把 Alpha 的值设置为"0%"。在第 190~205 帧之间创建传统补间动画。这一步完成后,"云峰背景"和先前的画面就产生一种类似叠化的效果。为了方便后面图层的制作,在第 475 帧插入帧,让"云峰背景"的显示时间一直持续到第 475 帧。

第 6 章 综合应用——Flash 商业广告

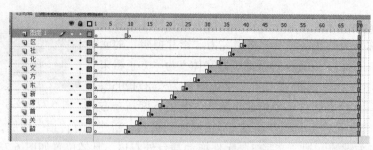

图 6.82　所有文字持续的帧

Step23 新建"前景"图层，在第 205 帧插入空白关键帧，把库里的素材"水墨景.png"拖入舞台，并调整大小，但该位图有白色背景，会影响到画面的效果，如图 6.83 所示。按【Ctrl+B】组合键将位图进行分离，选择工具箱中的"套索工具" ，再单击工具箱下方的"魔术棒" 对白色区域进行选择，按【Del】键删除，可配合"选择工具"对没选中的白色部分进行删除操作。对白色背景区域进行清理后，为避免漏选，可在时间轴中直接选中该帧，对该帧上所有内容进行选择，按【F8】键将其转换成"名称"为"前景"，"类型"为"图形"的元件。将该帧上"前景"元件的"色彩效果"样式设置为"Alpha"，设置 Alpha 值为"60%"。

图 6.83　"水墨景"拖入舞台后的效果

Step24 制作元件"前景"的入场动画。在"前景"图层第 235 帧插入关键帧，把元件"前景"放置在图 6.84 所示位置，回到第 205 帧，把元件"前景"的位置下移，如图 6.85 所示。在第 205～235 帧之间创建传统补间动画，把补间动画的"缓动"属性设置为"100"。"前景"元件的入场动画完成。

图 6.84　第 235 帧"前景"元件的位置

图 6.85　第 205 帧"前景"元件的位置

Step25 制作元件"前景"的出场动画。在"前景"图层第 290 帧和第 310 帧插入关键帧，在第 310 帧把"前景"元件往左移出舞台，位置如图 6.86 所示。在第 290～310 帧之间创建传统补间动画，设置其补间动画"缓动"的属性参数为"–100"。"前景"元件的出场动画完成。

图 6.86　第 310 帧"前景"元件的位置

Step26　新建一个"名称"为"云峰诗意"，"类型"为"图形"的元件。选择"文本工具"，设置字符系列（即字体）为"李旭科毛笔行书"，大小为"96 点"，字母间距为"2.0"，颜色为黑色，在该元件"图层 1"的第 1 帧中输入"云峰诗意"，然后按【Ctrl+B】组合键将文字分离，用"任意变形工具"对每个文字进行缩放处理，调整后文字效果如图 6.87 所示。

图 6.87　文字设置与文本最终效果

Step27　制作文字显现的动态。在"前景"图层上方新建"云峰诗意"图层，在其第 240 帧插入空白关键帧，并把元件"云峰诗意"拖入舞台中心。在该帧上设置"云峰诗意"元件属性，添加一个"模糊"滤镜并设置其模糊 X 的值为"25 像素"，模糊 Y 的值为"115 像素"。品质为"高"。在第 250 帧插入关键帧，设置其"模糊"滤镜的模糊 X 与模糊 Y 的值均为"0 像素"。再次回到第 240 帧，在舞台中选择"云峰诗意"元件，按【Ctrl+T】组合键打开"变形"面板，把缩放宽度和缩放高度的值都设置为"200%"。在第 240～250 帧之间创建传统补间动画，设置补间动画的"缓动"属性为"100"。制作完成后，形成文字从模糊到清晰地出现在舞台中心。参数设置及效果如图 6.88 和图 6.89 所示。

图 6.88　第 240 帧"模糊"滤镜的参数与舞台效果及其缩放参数

图 6.89　第 250 帧"模糊"滤镜的参数与舞台效果

Step28 制作文字消失的动态。在"云峰诗意"图层第 290 帧与第 305 帧分别插入关键帧，在第 305 帧的舞台中选择"云峰诗意"元件，设置其模糊滤镜的模糊 X 的值为"0 像素"，模糊 Y 的值为"145 像素"。然后把元件的"色彩效果"样式设置为"Alpha"，把 Alpha 的值设置为"0%"。在第 290～305 帧之间创建传统补间动画。制作完成后，形成文字在纵向模糊并逐渐消失的效果，如图 6.90 所示。

图 6.90　第 305 帧"模糊"滤镜的参数与舞台效果

Step29 制作祥云元件。新建"祥云"图层，在该层第 245 帧插入空白关键帧，把库里的素材"祥云.png"拖入舞台，按【F8】键将其转换为"名称"为"祥云"，"类型"为"图形"的元件，按【Ctrl+T】组合键打开"变形"面板，将"祥云"元件缩放宽度和缩放高度的值都设置为"15%"。把元件的"色彩效果"样式设置为"高级"，将其红色 × R+的值设置为"160"，蓝色的值设置为"80%"。祥云大小与色彩设置好后，把其放在图 6.91 所示的位置上。

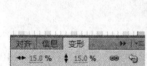  

图 6.91　第 245 帧"祥云"的大小、色彩效果与位置

Step30 制作祥云飘入及消失的动画。在"祥云"图层第 260 帧、第 290 帧、第 300 帧插入关键帧。回到第 260 帧，把"祥云"往舞台右上角移动一定的距离（不要移出舞台范围，如图 6.92 所示），在该帧上把"祥云"元件的"色彩效果"样式调整为"Alpha"，设置 Alpha 的值为"0%"，在第 300 帧将"祥云"元件的"色彩效果"样式

图 6.92　第 260 帧移动"祥云"元件的位置

调整为"Alpha"，设置 Alpha 值为"0%"。在第 245～260 帧之间以及第 290～300 帧之间创建传统补间动画，设置祥云飘入补间动画的"缓动"属性的值为"100"。制作完成后，可见"祥云"飘入及消失的动画效果。

Step31 为了方便图层的管理，新建一个"云峰诗意"文件夹，把"云峰背景""前景""云峰诗意""祥云"这 4 个图层都放入该文件夹中。

Step32 制作卷轴动画。在"云峰诗意"文件夹上方新建"鸟瞰"图层，在第 295 帧插入空白关键帧，在该帧把素材"鸟瞰图.jpg"拖入舞台。按【F8】键将其转换为"名称"为"鸟瞰图"，"类型"为"影片剪辑"的元件。用"任意变形工具"对元件进行缩放，并在该元件的"属性"面板添加"投影"滤镜，设置模糊 X 的值为"60 像素"，模糊 Y 的值为"40 像

素"，强度为"150%"，品质与角度保持默认值不变，距离设置为"0 像素"，颜色选择"#666666"，如图 6.93 所示。在该层第 412 帧插入帧，让"鸟瞰图"的显示时间一直持续到第 412 帧。

图 6.93　"鸟瞰图"元件的"投影"滤镜的设置参数及其舞台效果

Step33　新建"诗"图层，在第 295 帧插入空白关键帧，把库中的素材"唐诗.png"拖入舞台，调整好大小与位置，如图 6.94 所示。在该层第 295 帧用"文本工具"在舞台中输入"鸟瞰图"，设置其字体为"黑体"，大小为"24 点"，字母间距为"2.0"，颜色为"#CC0000"。在文字的"属性"面板里添加"投影"滤镜，设置其颜色为"#FFFFFF"，其余参数保持默认值即可，如图 6.95 所示。

图 6.94　素材"唐诗.png"的位置

图 6.95　文字设置与文字滤镜的设置

Step34　新建"效果图"图层，在第 405 帧插入关键帧，把库里的素材"效果图.jpg"拖入舞台，调整效果图的位置和大小使其与鸟瞰图一致。按【F8】键将其转换为"名称"为"效果图"，"类型"为"影片剪辑"的元件。给该元件添加"投影"滤镜，设置模糊 X 的值为"60 像素"，模糊 Y 的值为"40 像素"，强度为"150%"，品质与角度保持默认值不变，距离设置为"0 像素"，颜色选择"#666666"，如图 6.96 所示。在该层第 413 帧插入关键帧，回到第 405 帧把"效果图"元件的"色彩效果"样式调整为"Alpha"，把 Alpha 的值设置为"0%"。

在第 405~413 帧之间创建传统补间动画。在第 475 帧插入帧，让效果图的显示时间一直持续到第 475 帧。

图 6.96 "效果图"元件的"投影"滤镜的参数设置及其舞台效果

Step35 在"效果图"图层上方新建"文字"图层，复制先前制作的"鸟瞰图"文本框，然后在该层第 410 帧插入空白关键帧，在时间轴上选择该帧，按【Shift+Ctrl+V】组合键把文字粘帖到该帧上，修改文字为"效果图"。在第 475

帧插入帧，让文字的显示时间一直持续到第 475 帧，如图 6.97 所示。

Step36 新建一个"飞鸟"元件，"类型"为"影片剪辑"，在元件编辑模式的第 1 帧里按【Ctrl+R】组合键把素材导入到舞台，打开光盘中的"素材\ch06\飞鸟序列"，选中图片"鸟飞 0001.png"，单击"打开"

图 6.97 复制并修改文本框

按钮则弹出一个对话框，询问是否导入序列中的所有图像，单击"是"按钮，则鸟飞的序列图像都被导入舞台中，如图 6.98 所示。如果之前有把这部分素材导入到库里，则会弹出另一个对话框询问怎样处理库里项目的冲突，可根据情况进行选择。

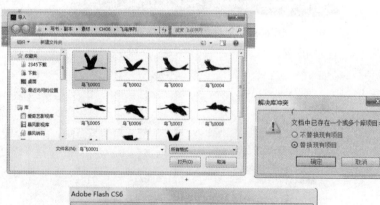
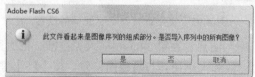

图 6.98 导入鸟飞序列图像

Step37 在"诗"图层下方新建"飞鸟"图层，在第 345 帧插入空白关键帧，"飞鸟"元件拖入舞台图 6.99 所示位置，把"飞鸟"元件的"色彩效果"样式调整为"亮度"，设置亮度的值为"100%"，如图 6.100 所示。按【Ctrl+T】组合键打开"变形"面板，把其缩放宽度和缩放高度的值都设置为"8%"，旋转的值为"−9°"，如图 6.101 所示。在第 440 帧插入关键帧，把"飞鸟"的位置移动到图 6.102 所示位置。在第 345～440 帧之间创建传统补间动画。

Step38 复制"飞鸟"图层，把起始帧设置为第 355 帧，结束帧设置为第 465 帧。调整飞鸟的位置，不要和原始"飞鸟"图层的位置一样即可。

图 6.99 "飞鸟"元件的起始位置

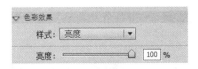

图 6.100 "飞鸟"元件亮度

图 6.101 "飞鸟"的大小

图 6.102 "飞鸟"元件的结束位置

Step39 新建"卷轴 1"图层，在第 295 帧插入空白关键帧，将库里的素材"卷轴.png"拖入舞台并进行缩放，放置在图 6.103 所示位置。再新建"卷轴 2"图层，在第 295 帧插入空白关键帧，将"卷轴 1"图层中的卷轴复制到该帧上，放置在图 6.104 所示位置。在"卷轴 2"图层第 350 帧插入关键帧，把该层上的卷轴移动到"鸟瞰图"左边图 6.105 所示的位置上。在第 295～350 帧之间创建传统补间动画。卷轴动画制作完成。在两个卷轴层的第 475 帧插入帧，让卷轴持续显示到第 475 帧。

图 6.103 第 295 帧"卷轴 1"的位置

图 6.104 第 295 帧"卷轴 1"与"卷轴 2"的位置

Step40 制作遮罩层。在两个卷轴图层下方新建"遮罩"图层，在第 295 帧插入空白关键帧，在该帧的舞台上用"矩形工具"绘制一个矩形，"笔触颜色"为无，"填充颜色"不限。注意矩形的左右两边要刚好在两个卷轴之间，如图 6.106 左图所示。在第 350 帧插入关键帧，用"任意变形工具"把矩形左边拖动放大至刚好覆盖住鸟瞰图，效果如图 6.106 右图所示。在第 295～350 帧之间创建形状补间动画。右击时间轴的"遮罩"图层，在弹出的快捷菜单中选择"遮罩层"命令，然后把"文字""效果图""诗""飞鸟""飞鸟 复制"以及"鸟瞰"这 6 个图层都拖入遮罩层里，注意图层顺序的调整，如图 6.107 所示。遮罩层的显示时间也须持续到第 475 帧。

图 6.105 第 350 帧"卷轴 1"与"卷轴 2"的位置

Step41 新建一个"卷轴"文件夹，把两个卷轴图层和"遮罩"图层及其以下的所有图层都放入其中。

图 6.106 遮罩矩形效果

图 6.107 图层遮罩

Step42 新建"墨洇开"图层，在第 465 帧插入空白关键帧，把库中的素材"墨.jpg"拖入舞台，通过"对齐"面板将位图的大小与舞台匹配，按【F8】键将其转换为"类型"为"影片剪辑"，"名称"为"墨洇开"的元件。在该帧把元件移动到舞台外右边的位置（X：1030，Y：0），给元件添加"模糊"滤镜，设置模糊 X 的值为"200 像素"，模糊 Y 的值为"20 像素"。

Step43 在"墨洇开"图层第 485 帧插入关键帧，把"墨洇开"元件移动到舞台中心位置（X：0，Y：0）。在第 495 帧插入关键帧，把元件"色彩效果"样式改为"Alpha"，设置 Alpha 的值为"40%"，"模糊"滤镜模糊 X 和模糊 Y 的值均设置为"0 像素"。在该层第 465～485 帧之间以及第 485～495 帧之间创建传统补间动画。

Step44 新建"徽派建筑"图层，在第 485 帧插入空白关键帧，在该帧把库里的素材"徽派建筑.png"拖入舞台，放置在图 6.108 所示位置。

Step45 新建"云峰"图层。在该层第 485 帧插入空白关键帧，在舞台中用"文本工具"输入"云峰"。设置其字体为"华文中宋"，字体大小为"70点"，间距为"0"，颜色为"#CC0000"，给文本添加

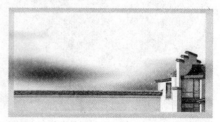

图 6.108 "徽派建筑"在舞台中的效果

"投影"滤镜，设置距离为"3 像素"，其余参数为默认值。选择文本，按【Ctrl+T】组合键将文本的缩放宽度设置为"100%"，缩放高度为"130%"。复制该图层，将复制图层重命名为"诗意"并修改文本为"诗意"，两个图

层的文字位置如图 6.109 左图所示。在"云峰"与"诗意"两个图层的第 495 帧插入关键帧，将文字分别移动至图 6.109 右图所示的位置。分别在两个图层的第 485～495 帧之间创建传统补间动画。

图 6.109　文本"云峰""诗意"的舞台效果

Step46　新建两个图层分别命名为"深处""人家"，在两个图层的第 495 帧均插入空白关键帧，将文本"云峰"分别复制到两个图层，根据图层名称分别将文本修改为"深处""人家"，设置文本颜色为"#666666"。两个图层中的文本位置及效果如图 6.110 所示。

Step47　在"深处""人家"两个图层设置文本逐渐显示效果。分别将两个图层的文本

图 6.110　文本"深处""人家"的舞台效果

转换为"图形"类型元件。在两个图层的第 505 帧插入关键帧，回到第 495 帧分别将两个图层中文本元件的"色彩效果"样式设置为 Alpha，并调整 Alpha 的值为"0%"。分别在两个图层的第 495～505 帧之间创建传统补间动画。

Step48　新建"宣传语 2"图层，在第 485 帧插入关键帧。用"文本工具"输入"小岛城北·二十万方徽派文化社区"，设置文本字体为"华文中宋"，大小为"45 点"，间距为"-4"，颜色为"#333333"。给文本添加"投影"滤镜，设置颜色为"#666666"。文本放置在舞台的右上方。

Step49　新建"LOGO"图层，在第 295 帧插入空白关键帧，把素材"LOGO.png"拖入舞台左上角的位置（X：18，Y：15）。

Step50　统一设置图层的持续时间。选中"墨渲开""徽派建筑""云峰""诗意""深处""人家""宣传语 2""LOGO"图层的第 530 帧，按【F5】键统一插入帧。这 8 个图层中有超出第 530 帧的帧要删除。统一将这 8 个图层放入一个新建文件夹"墨渲开"中以便管理。

Step51　新建"墨痕"图层，在第 531 帧插入空白关键帧，将素材"墨痕 2.png"拖入舞台，将其水平翻转并放大至图 6.111 所示位置。在该图层上方新建"遮罩 1"图层，在第531 帧插入空白关键帧，选择"矩形工具"，把"笔触颜色"设置为无，"填充颜色"设置任意的灰色，在墨痕右边绘制一个矩形，使用"橡皮擦工具"并配合"选择工具"将矩形左边修改成不规则的形状，如图 6.112 所示。

Step52　在"遮罩 1"图层第 555 帧插入关键帧，用"任意变形工具"拖动矩形的左方边线，往左边拉伸直至覆盖住整条墨痕。在第 531～555 帧之间创建形状补间动画。右击"遮罩 1"图层，在弹出的快捷菜单中选择"遮罩层"命令，形成矩形的拉伸动态作为模拟墨痕从右到左画出的遮罩效果。

图 6.111　墨痕的舞台效果　　　　　　　　　图 6.112　墨痕的遮罩形状

Step53　新建"墨梅"图层，在第 555 帧插入空白关键帧，然后把素材"墨梅.png"拖入舞台，将其水平翻转至图 6.113 所示位置。在"墨梅"图层上方新建"遮罩 2"图层，在第 555 帧插入空白关键帧，设置"笔触颜色"为无，"填充颜色"为任意灰色，在墨梅的左边绘制一个矩形。使用"橡皮擦工具"并配合"选择工具"将矩形右边修改成不规则的形状，如图 6.114 所示。

图 6.113　墨梅的舞台效果　　　　　　　　图 6.114　墨梅的遮罩形状

Step54　在"遮罩 2"图层第 585 帧插入关键帧，用"任意变形工具"拖动矩形右方边线，往右边拉伸直至覆盖住整片墨梅。在第 555～585 帧之间创建形状补间动画。同样将"遮罩 2"图层设置成遮罩层，形成矩形的拉伸动态作为模拟墨梅从左到右展现的遮罩效果。

Step55　新建"定版文字"图层，在第 585 帧插入空白关键帧，将"云峰诗意"元件拖入舞台，放在图 6.115 所示位置。在"定版文字"图层上方新建"遮罩 3"图层，在第 585 帧插入空白关键帧，设置"笔触颜色"为无，"填充颜色"为任意灰色，在文字上方绘制一个矩形。使用"橡皮擦工具"并配合"选择工具"将矩形下边修改成不规则的形状，如图 6.116 所示。

图 6.115　"云峰诗意"的舞台效果　　　　图 6.116　"云峰诗意"的遮罩形状

Step56　在"遮罩 3"图层第 605 帧插入关键帧，用"任意变形工具"拖动矩形下方边线，往下边拉伸直至覆盖住文字。在第 585～605 帧之间创建形状补间动画。同样将"遮罩 3"图层设置成遮罩层，形成矩形的拉伸动态作为文字从上到下显现的遮罩效果。

Step57　制作文字扫光效果。在"定版文字"图层第 640 帧插入关键帧，选择该帧舞台里的"云峰诗意"元件，按【F8】键将其转换为"类型"为"影片剪辑"，"名称"为"文字扫光"的元件。双击进入"文字扫光"元件进行编辑，在"图层 1"第 40 帧按【F5】键插入帧。在原始图层上方新建"扫光"图层，在该层第 1 帧的舞台中绘制一个宽高为 60×500 的无边框白色矩形。按【F8】键将其转换为"影片剪辑"类型的元件，给其添加"模糊"滤镜，设置模糊 X 的值为"20 像素"，模糊 Y 的值为"0 像素"。设置元件"显示"属性的混合模式为"强光"。

Step58 打开"变形"面板，调整白色矩形元件的倾斜为"40°"。在该层第 1 帧把白色矩形元件移动到文字的左上方，不要覆盖文字。在该层第 15 帧插入关键帧，把白色矩形元件移动到文字的右下方。在"扫光"图层第 1～15 帧之间创建传统补间动画。

Step59 复制"图层 1"并重命名为"遮罩"，移动到"扫光"图层上方，将文字分离成形状，并将该图层设置成遮罩层。

Step60 回到场景中，在所示图层最上方新建"定版祥云"图层。在第 620 帧插入空白关键帧，把素材"祥云.png"拖入舞台，按【F8】键将其转换为"类型"为"影片剪辑"，"名称"为"祥云 2"的元件，将其"色彩效果"的样式设置为"高级"，设置其红色 × R+为"120"，绿：87%，蓝：80%，并添加"模糊"滤镜，设置模糊 X 的值为"255 像素"，模糊 Y 的值为"140 像素"。在第 635 帧插入关键帧，设置其滤镜模糊 X、Y 的值均为"0 像素"。在第 620～635 帧之间创建传统补间动画，参数设置如图 6.117 所示。

图 6.117　祥云的色彩效果设置及滤镜设置

Step61 统一设置"墨痕""墨梅""定版文字""定版祥云"及 3 个遮罩图层的持续时间到第 735 帧，然后将这 7 个图层一起放入新建文件夹"定版"中以便修改。

Step62 新建"开场音频"图层，在第 1 帧把素材"开场音乐.mp3"拖入舞台，在"属性"面板设置同步声音为"数据流"，在"效果"区域单击"编辑声音封套"按钮弹出"编辑封套"对话框，设置方法如图 6.118 所示。

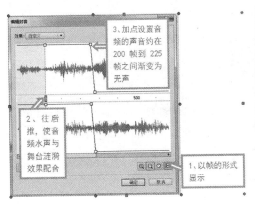 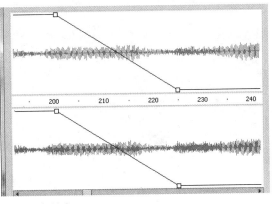

图 6.118　编辑声音封套

Step63 新建"文字音效"图层，在第215 帧插入空白关键帧，在该帧把素材"文字音效.mp3"拖入舞台。

Step64 新建"音乐"图层，再新建一个"类型"为"影片剪辑"的元件并重命名为"音乐"。在"音乐"元件"图层 1"的第1 帧把素材"欢快音乐.mp3"拖入舞台。在"属性"面板设置同步声音为"数据流"，在"效果"区域单击"编辑声音封套"按钮，弹出"编辑封套"对话框，设置方法如图 6.119所示。在"图层 1"第 550 帧插入帧。回到场景，在"音乐"图层第 250 帧插入空白关键帧，把"音乐"元件拖入舞台。

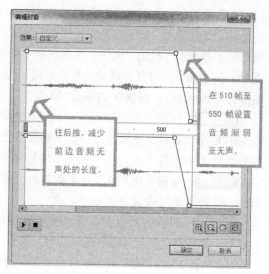

图 6.119 编辑声音封套

Step65 新建一个图层，在第 735 帧插入空白关键帧，选中该帧，按【F9】键打开"动作"面板，输入"stop();"（全英文半角输入）。本实例全部完成，按【Ctrl+Enter】组合键进行测试，如果效果满意保存文件即可。

6.4 实例Ⅳ —— 制作"购物网站"片头广告

根据前面章节讲述的 Flash 基本知识，以项目式的操作方式来完成一个儿童用品购物网站片头动画的制作，舞台的画面效果如图 6.120 所示，最终的动画效果参见光盘中的文件"效果\ch06\6.4 购物网站片头广告.swf"。

图 6.120 购物网站片头广告舞台效果

6.4.1　设置舞台与导入素材

Step1　"素材\ch06\6.4 购物网站片头广告"中的所有字体文件复制粘贴到 C 盘 Windows 文件夹下的 Fonts 文件夹中。单击"文件"|"新建"命令，或按【Ctrl+N】组合键，在弹出的"新建文档"对话框的"常规"选项卡中选择"ActionScript 2.0"选项，设置舞台宽度和高度为 2014 像素×512 像素，帧频设置为 30 fps，背景颜色为"#000099"，单击"确定"按钮。

Step2　单击"文件"|"导入"|"导入到库"命令，在弹出的"导入到库"对话框中选择光盘中的"素材\ch06\6.4 购物网站片头广告"中的所有素材文件，单击"打开"按钮，"库"面板中就出现了所有的素材。

6.4.2　制作片头广告

Step1　将"图层 1"重命名为"背景"，单击该图层的第 1 帧，选择"矩形工具"，在"颜色"面板中设置"笔触颜色"为无，"颜色类型"为"线性渐变"，设置左边的颜色滑块颜色值为"#5A9ED4"，右边颜色滑块设置颜色为"#97E4DE"，在舞台中绘制一个矩形，按【F】键切换为"渐变变形工具"将渐变填充调整为上深下浅的效果。按【Ctrl+K】打开"对齐"面板将矩形与舞台大小匹配并居中对齐，按【F8】键将其转换为图形元件。

Step2　新建 "花 1"图层，选中第 1 帧并选择"多角星形工具"，在"属性"面板的工具设置区域单击"选项"按钮，设置其"样式"为"星形"，"边数"为"5"，顶点大小为"0.4"。设置"笔触颜色"为"#FFFFFF"，"笔触大小"为"12"，"填充颜色"为"#FFCC66"，在场景中绘制一个星形。按【A】键切换到"部分选取工具"，按【C】键切换为"转换锚点工具"，用鼠标配合两种工具，将星形的 5 个角点变为贝塞尔控制点，形成弧形花瓣，完成效果如图 6.121 所示。

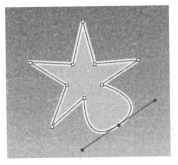

图 6.121　绘制花形

Step3　选中花形，设置其大小为 390×390，按【F8】键将其转换为元件，命名为"花1"，"类型"为"图形"。打开素材库，在库里右击"花 1"元件，在弹出的快捷菜单中选择"直接复制"命令，把复制出来的元件副本命名为"花 2"。进入"花 2"元件将其"填充颜色"设置为"#FF99CC"。回到场景用同样的方法制作"花 3"元件，设置其填充颜色为"#66CCFF"。制作"花 4"元件的填充颜色为"#CDE38A"。

Step4　制作花形往上飞的效果。在场景中"花 1"图层的第 1 帧选中元件"花 1"，把其移动到舞台下方，在第 100 帧插入关键帧并将"花 1"元件移动至舞台上方，如图 6.122

所示。在 1~100 帧之间创建传统补间动画。在"属性"面板的"补间"区域设置"旋转"为"顺时针"，数值为"3"，形成黄色花旋转着往上飞的动态。

图 6.122　花形动态两个关键帧的舞台效果

Step5　新建"花 2"图层，在第 20 帧插入空白关键帧，将元件"花 2"拖入舞台，重复步骤 4 的方法制作"花 2"旋转往上飞的动态。持续时间为第 21~120 帧。注意"花 2"的位置（X 的值可设置为 320）与"花 1"错开。用同样的方法制作元件"花 3"（X 的值为 110）动态持续时间在第 40~140 帧，"花 4"（X 的值为 560）动态持续时间在第 60~160 帧，4 个花图层在时间轴的效果如图 6.123 所示。

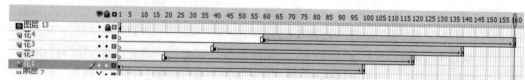

图 6.123　4 个花图层在时间轴的效果

Step6　制作云朵效果。新建"云 1"图层，选择"椭圆工具"，设置"笔触颜色"为无，"填充颜色"为白色，在第 120 帧插入空白关键帧并在舞台左边绘制一朵云，如图 6.124 所示，云的大小为 340×160。按【F8】键将其转换为元件，"名称"为"云 1"，"类型"为"图形"。在第 120~180 帧创建传统补间动画制作云从下往上穿过舞台的效果。

Step7　新建"云 2"图层，在第 150 帧插入空白关键帧，在该帧舞台右侧绘制一朵云，如图 6.125 所示，云的大小为 800×210，按【F8】键将其转换为元件，"名称"为"云 2"，"类型"为"图形"。在第 150~190 帧创建传统补间动画制作云从下往上穿过舞台的效果。

Step8　新建"云 3"图层，在第 175 帧插入空白关键帧，在该帧舞台右边绘制一朵云，如图 6.126 所示，云的大小为 410×160，按【F8】键将其转换为元件，"名称"为"云 3"，"类型"为"图形"。在第 175~220 帧创建传统补间动画制作云从下往上穿过舞台的效果。

图 6.124　云 1　　　　　　　图 6.125　云 2　　　　　　　图 6.126　云 3

Step9　反复利用云的图层制作云朵动态。在"云 1"图层第 200 帧插入关键帧，在该帧将元件"云 1"移动到舞台中部的下方，使用"任意变形工具"将云缩小一些，在第 200~

260 帧之间创建传统补间动画继续制作云从下往上的动态效果。

Step10 在"云 2"图层第 225 帧插入关键帧，在该帧把"云 2"放大，移动至舞台左下方，在第 225～270 帧之间创建传统补间动画继续制作云从下往上的动态效果。

Step11 在图层"云 3"上方新建图层"热气球 1"，在第 160 帧插入空白关键帧，在这帧把素材"热气球 1"拖入舞台，按【F8】键将其转换为"图形"元件，命名为"热气球1"。双击进入该元件，新建"图层 2"，在该层第 1 帧输入文字"购物"，将字体设置为"华文琥珀"，大小为"96 点"，颜色为"#66CCFF"。给文字添加"投影"滤镜，保持默认值即可。将文字挪到热气球上，如图 6.127 所示。

Step12 回到场景，制作红色热气球上升的动态。在"热气球 1"图层的第 160 帧把热气球移动到舞台的左下方，位置为 X：-70，Y：440。在第 240 帧插入关键帧，在该帧上移动热气球的位置移动到舞台上方，位置为 X：240，Y：-910。在第 160～240 帧之间创建传统补间动画，设置完成后形成热气球从下往上飘过舞台的效果。

Step13 新建图层"热气球 2"，在第 195 帧插入空白关键帧，在这帧把素材"热气球2"拖入舞台，按【F8】键将其转换为"图形"元件，命名为"热气球 2"。双击进入该元件，新建"图层 2"，在该层第 1 帧输入文字"休闲"，将字体设置为"华文琥珀"，大小为"96点"，颜色为"#66CCFF"。给文字添加"投影"滤镜，保持默认值即可。将文字挪到热气球上，如图 6.128 所示。

图 6.127　文字效果

图 6.128　文字效果

Step14 回到场景，制作绿色热气球上升的动态。在"热气球 2"图层第 195 帧把热气球移动到舞台右下方，位置为 X：650，Y：550。在第 270 帧插入关键帧，把热气球的位置移动到舞台右上方，位置为 X：550，Y：-380。在第 195～270 帧之间创建传统补间动画。

Step15 新建图层"按钮"，在该层第 260 帧插入空白关键帧。在舞台中输入"aigoubaby.com"，设置字体为"华文琥珀"，大小为"84 点"，颜色为"#FFCC00"。给文字添加"投影"滤镜。按【F8】键将其转换为"类型"为"按钮"的元件。

Step16 双击进入该按钮元件，在元件的第 2 帧（指针停留）插入关键帧，在这一帧上选中文字按【F8】键转换成"名称"为"文字动态"，"类型"为"影片剪辑"的元件。双击进入该元件，在第 1 帧通过"变形"面板设置元件的文字旋转角度为"-6°"，在第 5 帧插入关键帧，将文字的旋转角度设置为"6°"。将第 1 帧复制到第 9 帧，在第 1～5 帧以及第 5～9 帧之间创建传统补间动画。

Step17 回到按钮元件的舞台。把第 1 帧复制到第 3 帧（按下），将文字放大并将颜色设置为"#FFFF99"。在第 4 帧（点击）插入关键帧，将"投影"滤镜的颜色修改为"#00FF00"。

Step18 回到场景中，在第 260 帧选中按钮元件，按【Shift+F3】或单击"窗口"|"行为"命令，打开"行为"面板。单击"+"按钮添加行为，在弹出的下拉菜单中选择"Web"|"转到 Web 页"命令，如图 6.129 所示。在弹出的"转到 URL"对话框中设置转到的网站地址为"http://www.aigoubaby.com.cn"，打开方式为"_self"，则这就是设置了"事件"为释放时，动作为"转到 Web 页"，如图 6.130 所示。在该层第 270 帧按【F5】键插入帧。

Step19 新建一个图层，在第 270 帧插入空白关键帧并按【F9】键，在弹出的"动作"面板中输入"stop();"。至此动画制作已基本完成，回到前面的图层检查帧数设置，背景图层的显示时间须持续到第 270 帧，在第 270 帧插入帧即可。按【Ctrl+Enter】组合键进行测试，可单击最后的按钮。本实例是虚构的网址，因此并不能实现打开网页。

图 6.129　添加行为

图 6.130　转到 URL 的设置

Step20 新建一个影片剪辑元件，命名为"音频"，然后在元件的"图层 1"的第 1 帧把库中的素材"音乐.mp3"拖入舞台，在时间轴上选中第 490 帧，按【F5】键插入帧。

Step21 回到场景中，添加音乐。新建图层并重命名为"音频"，在第 1 帧把"音频"元件拖入舞台，在第 270 帧插入帧。这样可使音乐能在动画定格后仍继续播放。本实例制作完毕，注意保存与命名文件。

课 后 练 习

操作题

使用所学的知识制作一个惊喜礼包片头动画，效果如图 6.131 所示，也可参见光盘中的文件"效果\ch06\课后练习\惊喜礼包片头.swf"。

图 6.131　惊喜礼包片头效果图

第 7 章

➡ 综合应用——交互式网站制作

Flash 软件制作的网站以动漫动画式为主要表达方式，动漫动画的表达效果是其他技术手段很难达到的，并且 Flash 软件生成的文件较小，适合传输。Flash 制作的网站采用强大的 ActionScript 脚本语句，增强了网站交互性。与传统的网站相比，Flash 网站新颖独特，其制作出的动画效果给人有力的视觉冲击让人眼前一亮。正因如此，Flash 网站受到了很多企业级用户的青睐。

	本 章 知 识	了　解	掌　握	重　点	难　点
学习目标	图形的绘制		☆		
	元件的属性		☆		
	逐帧动画		☆	☆	☆
	AS 3.0 脚本语句		☆		
	鼠标事件		☆		

7.1　实例 I —— 制作"美食服务"网站

下面以项目式的操作方式来完成一个"美食服务"网站综合实例的制作，舞台的画面效果如图 7.1 所示，最终的动画效果可参见光盘中的文件"效果\ch07\7.1 美食服务网站.swf"。

图 7.1　"美食服务"网站演示效果

7.1.1　设置舞台与导入素材

Step1 单击"文件"|"新建"命令，或者按【Ctrl+N】组合键，在弹出的"新建文档"

对话框的"常规"选项卡中选择"ActionScript 3.0"选项，设置舞台宽度和高度为 980 像素 × 750 像素，帧频默认为 24 fps，舞台颜色设置为白色，单击"确定"按钮。

Step 2 单击"文件"｜"导入"｜"导入到库"命令，在弹出的"导入到库"对话框中选择光盘中的"素材\ch07\7.1 美食服务网站"中除文件夹以外的所有文件，单击"打开"按钮，"库"面板中就出现了所需要的素材。

7.1.2 制作交互式网站

Step 1 将"图层 1"重命名为"背景 logo"，单击工具箱中的"矩形工具"，在舞台中绘制一个矩形，选中矩形在"颜色"面板中设置"笔触颜色"为无，填充颜色类型选择"线性渐变"，单击左边的颜色滑块，输入颜色数值为"#5BECDE"，单击右边的颜色滑块，输入颜色数值为"#E2E9C9"。保持矩形的选中状态，在"属性"面板中设置选区宽度和高度分别为"980""338"；选区 X 和 Y 的值均为"0"，如图 7.2 所示。

图 7.2 绘制矩形

Step 2 复制矩形，将复制的矩形进行垂直翻转，移动到舞台的最下方，在"属性"面板中设置选区宽度和高度分别为"980""20"；选区 X 和 Y 的值分别为"0""730"。接着再绘制一个矩形，在"属性"面板中设置选区宽度和高度分别为"971.9""338.05"；选区 X 和 Y 的值分别为"8.45""392.05"，填充颜色为"#E2E9C9"，参数设置如图 7.3 所示。

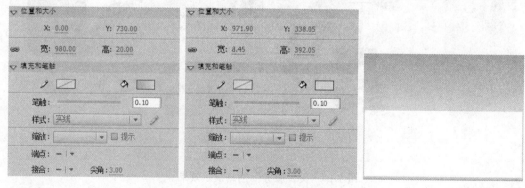

图 7.3 制作背景

Step 3 将"库"面板中的"logo.png"位图拖入舞台。使用工具箱中的"线条工具"绘制一条直线，在"属性"面板中设置宽为"890"，"笔触高度"为"1"，"笔触颜色"为

"#CCCCCC"。使用工具箱中的"文本工具"在舞台输入文字"美食服务网站©版权所有"，在"属性"面板中设置字体系列为"华文宋体"，大小"12点"，字母间距为"4.0"，字体颜色为"#CCCCCC"。参数和位置如图 7.4 所示。

图 7.4　添加 LOGO 以及直线与文字的参数设置和位置

Step4 新建一个影片剪辑元件，命名为"方块动画 1"，单击"文件"|"导入"|"导入到舞台"命令，在弹出的"导入"对话框中选择光盘中的"素材\ch07\7.1 美食服务网站\s-one"中的文件"s-one 1.png"，单击"打开"按钮后在弹出的对话框中单击"是"按钮，将 13 张位图以序列的方式依次导入"图层 1"的前 13 帧中，单击第 13 帧，选择舞台上对应的图片，将其转换成图形元件，命名为"方块 1"，在第 40 帧插入关键帧，选择舞台上的图形元件，在"属性"面板中设置"色彩效果"样式的 Alpha 值为"0%"，右击第 40 帧，在弹出的快捷菜单中选择"动作"命令，在"动作"面板中输入"stop();"，在第 13 帧与第 40 帧之间创建传统补间。

Step5 新建一个影片剪辑元件，命名为"首页动画"，进入"首页动画"影片剪辑编辑界面，将时间轴的"图层 1"重命名为"首页图片"，将"库"面板中的位图"1.png"拖到舞台中，并在"属性"面板中设置 X 与 Y 的值都为"0"，选择该位图，将其转换成影片剪辑元件，命名为"首页图片"，选择该影片剪辑，在"属性"面板中设置"实例名称"为"tu1"，在时间轴"首页图片"图层的第 20 帧和第 40 帧插入关键帧，选择第 20 帧，再单击舞台中的"首页图片"影片剪辑，在"属性"面板的滤镜中添加"调整颜色"滤镜，设置亮度和对比度分别为"30""10"，如图 7.5 所示。在时间轴"首页图片"图层的第 1 帧与第 20 帧之间、第 20 帧与第 40 帧之间创建传统补间。

图 7.5　添加调整颜色滤镜效果

Step6 在时间轴"首页图片"图层上新建"图层 2"并重命名为"首页文字"，在该图层的第 2 帧插入关键帧，将"库"面板中的位图"5.png"和"6.png"拖到舞台中，选择工具箱中的"文本工具"，在"属性"面板中设置字体系列为"华文琥珀"，大小为"27 点"，颜色为白色，单击舞台，输入文字"首页"。调整好位图和文字的位置，如图 7.6 所示。全部选中后将其转换影片剪辑元件，命名为"首页文字"，双击进入该影片剪辑元件的编辑界面，在"图层 1"上新建"图层 2"并重命名为"按钮声音"，将"库"面板中的"按钮声音.wav"文件拖到舞台中。

图 7.6 制作"首页文字"影片剪辑

Step7 返回"首页动画"影片剪辑中，在"首页文字"图层的第 20 帧插入关键帧，在第 2 帧将"首页文字"影片剪辑向右移动，并在"属性"面板中设置 Alpha 值为"10%"，位置如图 7.7 所示，将第 2 帧复制粘贴到第 40 帧，在"属性"面板中设置 Alpha 值为"0%"，在时间轴"首页文字"图层的第 2 帧与第 20 帧之间、第 20 帧与第 40 帧之间创建传统补间。

Step8 在"首页动画"影片剪辑的"首页文字"图层上新建"图层 3"并重命名为"代码"，在该图层的第 1 帧添加动作脚本，在"动作"面板中输入图 7.8 所示的代码。

图 7.7 设置影片剪辑透明度及位置

Step9 继续在"代码"图层的第 20 帧插入关键帧，第 40 帧插入帧。在第 20 帧添加动作脚本，在"动作"面板中输入图 7.9 所示的代码。

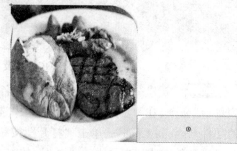

```
//初始化
stop();
//鼠标移到实例名称为tu1的对象时添加事件
tu1.addEventListener(MouseEvent.MOUSE_OVER,OVER);
function OVER(evt:MouseEvent):void
{
//鼠标从实例名称为tu1的对象移开后影片剪辑跳转到2帧后播放
    gotoAndPlay(2);
}
```

图 7.8 鼠标移到事件

```
//初始化
stop();
//给实例名称为tu1的对象添加鼠标移开事件
tu1.addEventListener(MouseEvent.MOUSE_OUT,OUT)
function OUT(evt:MouseEvent):void
{
//鼠标从实例名称为tu1的对象移开后影片剪辑跳转到20帧后播放
    gotoAndPlay(20);
}
```

图 7.9 鼠标移开事件

Step10 新建一个影片剪辑元件，命名为"菜单-首页"，进入"菜单-首页"影片剪辑的编辑界面，将时间轴的"图层 1"重命名为"方块动画 1"，在该图层第 1 帧将"库"面板中的"方块动画 1"影片剪辑元件拖到舞台中，在"属性"面板中设置 X 和 Y 坐标位置都为"0"，接着在第 40 帧插入帧。在时间轴上新建"图层 2"并重命名为"首页动画"，在该图层的第 40 帧插入关键帧，将"库"面板中的"首页动画"影片剪辑元件拖到舞台中，在"属性"面板中设置 X 和 Y 坐标位置都为"0"，在"变形"面板中设置缩放宽度和缩放高度均为"90%"，如图 7.10 所示。

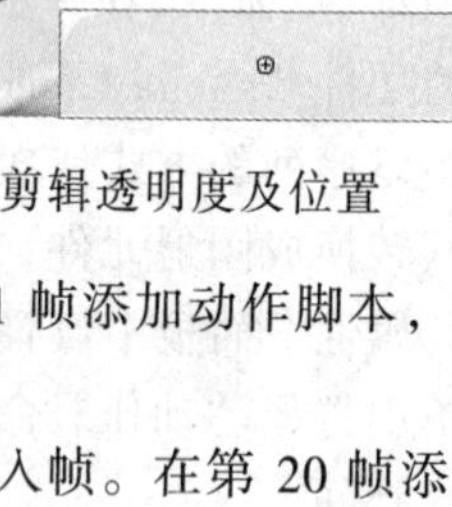

图 7.10 变形命令面板

Step11 在时间轴的"首页动画"图层的第 80 帧插入关键帧，选择第 40 帧，单击舞台上的元件，在"属性"面板中设置"色彩效果"样式的 Alpha 值为"10%"，在第 40 帧和第 80 帧之间创建传统补间。再在"首页动画"图层上方新建"图层 3"并重命名为"代码"，在该图层的第 80 帧插入关键帧并添加动作脚本，在"动作"面板中输入"stop();"。

Step12 新建一个影片剪辑元件，命名为"方块动画 2"，单击"文件"|"导入"|"导入到舞台"命令，在弹出的"导入"对话框中选择光盘中的"素材\ch07\7.1 美食服务网站\s-two"中的文件"s-two 1.png"，单击"打开"按钮后在弹出的对话框中单击"是"按钮，将 13 张位图以序列的方式依次导入"图层 1"的前 13 帧中，单击第 13 帧，选择舞台上对应的图片，将其转换成图形元件，命名为"方块 2"，在第 40 帧插入关键帧，选择舞台上的图形元件，在"属性"面板中设置"色彩效果"样式的 Alpha 值为"0%"，在第 40 帧添加动作脚本，在"动作"面板中输入"stop();"，在第 13 帧与第 40 帧之间创建传统补间。

Step13 新建一个影片剪辑元件，命名为"服务动画"，进入"服务动画"影片剪辑的编辑界面，将时间轴的"图层 1"重命名为"服务图片"，将"库"面板中的位图"2.png"拖到舞台中，并在"属性"面板中设置 X 与 Y 的值都为"0"，选择该位图，将其转换成影片剪辑元件，命名为"服务图片"，选择该影片剪辑，在"属性"面板中设置"实例名称"为"tu2"，在时间轴"服务图片"图层的第 20 帧和第 40 帧插入关键帧，选择第 20 帧，再单击舞台中的"服务图片"影片剪辑，在"属性"面板的滤镜中添加"调整颜色"滤镜，设置亮度和对比度分别为"30""10"。在时间轴"服务图片"图层的第 1 帧与第 20 帧之间、第 20 帧与第 40 帧之间创建传统补间。

Step14 在时间轴"服务图片"图层上新建"图层 2"并重命名为"服务文字"，在该图层的第 2 帧插入关键帧，将"库"面板中的位图"5.png"和"6.png"拖到舞台中，选择工具箱中的"文本工具"，在"属性"面板中设置字体系列为"华文琥珀"，大小为"27 点"，颜色为白色，单击舞台，输入文字"服务"。调整好位图和文字的位置，如图 7.11 所示。全部选中后将其转换影片剪辑元件，命名为"服务文字"，双击进入该影片剪辑元件的编辑界面，在"图层 1"上新建"图层 2"，并重命名为"按钮声音"，将"库"面板中的"按钮声音.wav"文件拖到舞台中。

Step15 返回"服务动画"影片剪辑中，在"服务文字"图层的第 20 帧插入关键帧，在第 2 帧处将"服务文字"影片剪辑向左移动，并在"属性"面板中设置 Alpha 值为"10%"，位置如图 7.12 所示，将第 2 帧复制粘贴到第 40 帧，在"属性"面板中设置 Alpha 值为"0%"，在时间轴"服务文字"图层的第 2 帧与第 20 帧之间、第 20 帧与第 40 帧之间创建传统补间。

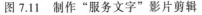

图 7.11 制作"服务文字"影片剪辑

图 7.12 设置影片剪辑透明度及位置

Step16 在"服务动画"影片剪辑的"服务文字"图层上新建"图层 3"，并重命名为"代码"，在该图层的第 1 帧添加动作脚本，在"动作"面板中输入图 7.13 所示的代码。

Step17 继续在"代码"图层的第 20 帧插入关键帧，在第 40 帧插入帧，在第 20 帧添加动作脚本，在"动作"面板中输入图 7.14 所示的代码。

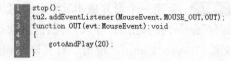

```
1  stop();
2  tu2.addEventListener(MouseEvent.MOUSE_OVER,OVER);
3  function OVER(evt:MouseEvent):void
4  {
5      gotoAndPlay(2);
6  }
```

```
1  stop();
2  tu2.addEventListener(MouseEvent.MOUSE_OUT,OUT);
3  function OUT(evt:MouseEvent):void
4  {
5      gotoAndPlay(20);
6  }
```

图 7.13　鼠标移到事件　　　　　　　　　　图 7.14　鼠标移开事件

Step18　新建一个影片剪辑元件，命名为"菜单-服务"，进入"菜单-服务"影片剪辑的编辑界面，将时间轴的"图层 1"重命名为"方块动画 2"，在该图层第 1 帧将"库"面板中的"方块动画 2"影片剪辑拖到舞台中，在"属性"面板中设置 X 和 Y 坐标位置都为"0"，接着在第 40 帧插入帧。在时间轴上新建"图层 2"，并重命名为"服务动画"，在该图层的第 40 帧插入关键帧，将"库"面板中"服务动画"影片剪辑拖到舞台中，在"属性"面板中设置 X 和 Y 坐标位置都为"0"，在"变形"面板中设置缩放宽度和缩放高度均为"90%"。

Step19　在时间轴的"服务动画"图层的第 80 帧插入关键帧，选择第 40 帧，单击舞台上的元件，在"属性"面板中设置"色彩效果"样式的 Alpha 值为"10%"，在第 40 帧和第 80 帧之间创建传统补间，再在"服务动画"图层上方新建"图层 3"，并重命名为"代码"，在该图层的第 80 帧插入关键帧，并添加动作脚本，在"动作"面板中输入"stop();"。

Step20　新建一个影片剪辑元件，命名为"餐具动画"，进入"餐具动画"影片剪辑的编辑界面，将时间轴的"图层 1"重命名为"餐具图片"，将"库"面板中的位图"3.png"拖到舞台中，并在"属性"面板中设置 X 与 Y 的值都为"0"，选择该位图，将其转换成影片剪辑元件，命名为"餐具图片"，选择该影片剪辑，在"属性"面板中设置"实例名称"为"tu3"，在时间轴"餐具图片"图层的第 20 帧和第 40 帧插入关键帧，选择第 20 帧，再单击舞台中的"餐具图片"影片剪辑，在"属性"面板的滤镜中添加"调整颜色"滤镜，设置亮度和对比度分别为"30""10"。在时间轴"餐具图片"图层的第 1 帧与第 20 帧之间、第 20 帧与第 40 帧之间创建传统补间。

Step21　在时间轴"餐具图片"图层上新建"图层 2"，并重命名为"餐具文字"，在该图层的第 2 帧插入关键帧，将"库"面板中的位图"5.png"和"6.png"拖到舞台中，选择工具箱中的"文本工具"，在"属性"面板中设置字体系列为"华文琥珀"，大小为"27 点"，颜色为白色，单击舞台，输入文字"餐具"。调整好位图和文字的位置，如图 7.15 所示。全部选中后将其转换影片剪辑元件，命名为"餐具文字"，双击进入该影片剪辑元件的编辑界面，在"图层 1"上新建"图层 2"，命名为"按钮声音"，将"库"面板中的"按钮声音.wav"文件拖到舞台中。

Step22　返回"餐具动画"影片剪辑中，在"餐具文字"图层的第 20 帧插入关键帧，在第 2 帧处将"餐具文字"影片剪辑向右移动，并在"属性"面板中设置 Alpha 值为"10%"，位置如图 7.16 所示，将第 2 帧复制粘贴到第 40 帧，在"属性"面板中设置 Alpha 值为"0%"，在时间轴"餐具文字"图层的第 2 帧与第 20 帧之间、第 20 帧与第 40 帧之间创建传统补间。

Step23　在"餐具动画"影片剪辑的"餐具文字"图层上新建"图层 3"，并重命名为"代码"，在该图层的第 1 帧添加动作脚本，在"动作"面板中输入图 7.17 所示的代码。

Step24　继续在"代码"图层的第 20 帧插入关键帧，在第 40 帧插入帧，在第 20 帧添加动作脚本，在"动作"面板中输入图 7.18 所示的代码。

图 7.15 制作"餐具文字"影片剪辑   图 7.16 设置影片剪辑透明度及位置

```
1  stop();
2  tu3.addEventListener(MouseEvent.MOUSE_OVER,OVER);
3  function OVER(evt:MouseEvent):void
4  {
5      gotoAndPlay(2);
6  }
```

```
1  stop();
2  tu3.addEventListener(MouseEvent.MOUSE_OUT,OUT);
3  function OUT(evt:MouseEvent):void
4  {
5      gotoAndPlay(20);
6  }
```

图 7.17 鼠标移到事件   图 7.18 鼠标移开事件

Step25 新建一个影片剪辑元件,命名为"菜单–餐具",进入"菜单–餐具"影片剪辑的编辑界面,将时间轴的"图层 1"重命名为"方块动画 2",在该图层第 1 帧将"库"面板中的"方块动画 2"影片剪辑元件拖到舞台中,在"属性"面板中设置 X 和 Y 坐标位置都为"0",接着在第 40 帧插入帧。在时间轴上新建"图层 2",并重命名为"餐具动画",在该图层的第 40 帧插入关键帧,将"库"面板中的"餐具动画"影片剪辑拖到舞台中,在"属性"面板中设置 X 和 Y 坐标位置都为"0",在"变形"面板中设置缩放宽度和缩放高度均为"90%"。

Step26 在时间轴"餐具动画"图层的第 80 帧插入关键帧,选择第 40 帧,单击舞台中的元件,在"属性"面板中设置"色彩效果"样式的 Alpha 值为"10%",在第 40 帧和第 80 帧之间创建传统补间,再在"餐具动画"图层上方新建"图层3",并重命名为"代码",在该图层的第 80 帧插入关键帧,并添加动作脚本,在"动作"面板中输入"stop();"。

Step27 新建一个影片剪辑元件,命名为"会员动画",进入"会员动画"影片剪辑的编辑界面,将时间轴的"图层 1"重命名为"会员图片",将"库"面板中的位图"4.png"拖到舞台中,并在"属性"面板中设置 X 与 Y 的坐标位置都为"0",选择该位图,将其转换成影片剪辑元件,命名为"会员图片",选择该影片剪辑,在"属性"面板中设置"实例名称"为"tu4",在时间轴"会员图片"图层的第 20 帧和第 40 帧插入关键帧,选择第 20 帧,再单击舞台中的"会员图片"影片剪辑,在"属性"面板的滤镜中添加"调整颜色"滤镜,设置亮度和对比度分别为"30""10"。在时间轴"会员图片"图层的第 1 帧与第 20 帧之间、第 20 帧与第 40 帧之间创建传统补间。

Step28 在时间轴"会员图片"图层上新建"图层 2",并重命名为"会员文字",在该图层的第 2 帧插入关键帧,将"库"面板中的位图"5.png"和"6.png"拖到舞台中,选择工具箱中的"文本工具",在"属性"面板中设置字体系列为"华文琥珀",大小为"27 点",颜色为白色,单击舞台,输入文字"会员"。调整好位图和文字的位置,如图 7.19 所示。全部选中后将其转换影片剪辑元件,命名为"会员文字",双击进入该影片剪辑元件的编辑界面,在"图层 1"上新建"图层 2",并重命名为"按钮声音",将"库"面板中的"按钮声音.wav"文件拖到舞台中。

Step29 返回"会员动画"影片剪辑中,在"会员文字"图层的第 20 帧插入关键帧,在第 2 帧将"会员文字"影片剪辑向左移动,并在"属性"面板中设置 Alpha 值为"10%",位置如图 7.20 所示,将第 2 帧复制粘贴到第 40 帧,在"属性"面板中设置 Alpha 值为"0%",

第 7 章 综合应用——交互式网站制作

在时间轴"会员文字"图层的第 2 帧与第 20 帧之间、第 20 帧与第 40 帧之间创建传统补间。

图 7.19　制作"会员文字"影片剪辑　　　　图 7.20　设置影片剪辑透明度及位置

Step30　在"会员动画"影片剪辑的"会员文字"图层上新建"图层 3"，并重命名为"代码"，在该图层的第 1 帧添加动作脚本，在"动作"面板中输入图 7.21 所示的代码。

Step31　继续在"代码"图层的第 20 帧插入关键帧，在第 40 帧插入帧，在第 20 帧添加动作脚本，在"动作"面板中输入图 7.22 所示的代码。

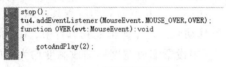

```
stop();
tu4.addEventListener(MouseEvent.MOUSE_OVER,OVER);
function OVER(evt:MouseEvent):void
    {
        gotoAndPlay(2);
    }
```

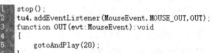

```
stop();
tu4.addEventListener(MouseEvent.MOUSE_OUT,OUT);
function OUT(evt:MouseEvent):void
    {
        gotoAndPlay(20);
    }
```

图 7.21　鼠标移到事件　　　　　　　　　图 7.22　鼠标移开事件

Step32　新建一个影片剪辑元件，命名为"菜单-会员"，进入"菜单-会员"影片剪辑的编辑界面，将时间轴的"图层 1"重命名为"方块动画 1"，在该图层第 1 帧将"库"面板中的"方块动画 1"影片剪辑元件拖到舞台中，在"属性"面板中设置 X 和 Y 坐标位置都为"0"，接着在第 40 帧插入帧。在时间轴上新建"图层 2"，并重命名为"会员动画"，在该图层的第 40 帧插入关键帧，将"库"面板中"会员动画"影片剪辑元件拖到舞台中，在"属性"面板中设置 X 和 Y 坐标位置都为"0"，在"变形"面板中设置缩放宽度和缩放高度均为"90%"。

Step33　在时间轴"会员动画"图层的第 80 帧插入关键帧，选择第 40 帧，单击舞台中的元件，在"属性"面板中设置"色彩效果"样式的 Alpha 值为"10%"，在第 40 帧和第 80 帧之间创建传统补间，再在"会员动画"图层上方新建"图层3"，并重命名为"代码"，在该图层的第 80 帧插入关键帧，并添加动作脚本，在"动作"面板中输入"stop();"。

Step34　新建一个影片剪辑元件，命名为"首页翻转"，进入"首页翻转"影片剪辑的编辑界面，将时间轴的"图层 1"重命名为"首页图片"，在该图层第 1 帧将"库"面板中的"首页图片"影片剪辑元件拖到舞台中，在"属性"面板中设置 X 与 Y 的坐标位置都为"0"，再单击工具箱中的"任意变形工具"，在舞台中将该影片剪辑的中心圆点移动到右下角，如图 7.23 所示。

Step35　继续在"首页图片"图层的第 5 帧插入关键帧，单击工具箱中的"任意变形工具"，在舞台中将该影片剪辑顺时针旋转到图 7.24 左图所示的位置。在该图层的第 10 帧插入关键帧并单击工具箱中的"任意变形工具"，在舞台中将该影片剪辑顺时针旋转到图 7.24 右图所示的位置。接着在第 11 帧插入空白关键帧。在时间轴上新建"图层 2"，并重命名为"翻转声音"，将"库"面板中的"翻转声音.wav"文件拖入舞台即可，在时间轴上新建"图层 3"，命名为"代码"，在该图层的第 11 帧插入关键帧，并添加动作脚本，在"动作"面板中输入"stop();"。

Step36 新建一个影片剪辑元件，命名为"服务翻转"，进入"服务翻转"影片剪辑的编辑界面，将时间轴的"图层 1"重命名为"服务图片"，在该图层第 1 帧将"库"面板中的"服务图片"影片剪辑拖到舞台中。该影片剪辑的剩余制作步骤请参照步骤 27 和步骤 28。

图 7.23　调整中心圆点位置　　　　　　图 7.24　旋转影片剪辑

Step37 新建一个影片剪辑元件，命名为"餐具翻转"，进入"餐具翻转"影片剪辑的编辑界面，将时间轴的"图层 1"重命名为"餐具图片"，在该图层第 1 帧将"库"面板中的"餐具图片"影片剪辑拖到舞台中。该影片剪辑的剩余制作步骤请参照步骤 27 和步骤 28。

Step38 新建一个影片剪辑元件，命名为"会员翻转"，进入"会员翻转"影片剪辑的编辑界面，将时间轴的"图层 1"重命名为"会员图片"，在该图层第 1 帧将"库"面板中的"会员图片"影片剪辑拖到舞台中。该影片剪辑的剩余制作步骤请参照步骤 27 和步骤 28。

Step39 新建一个影片剪辑元件，命名为"首页子菜单"，进入"首页子菜单"影片剪辑的编辑界面，将时间轴的"图层 1"重命名为"首页图片"，在该图层第 1 帧将"库"面板中的"首页图片"影片剪辑拖到舞台中，在"属性"面板中设置 X 与 Y 的坐标位置都为"0"，在该图层第 30 帧插入关键帧。新建"图层 2"并重命名为"首页文字"，在该图层第 10 帧插入关键帧，将"库"面板中"首页文字"影片剪辑拖到舞台中。新建"图层 3"并重命名为"子菜单 1"，将"库"面板中的位图"11.png"拖入舞台，将其转换成影片剪辑元件，命名为"子菜单 1"，双击该影片剪辑元件，进入"子菜单 1"影片剪辑的编辑界面，在时间轴上新建"图层 2"，将"库"面板中的位图"12.png"拖入舞台，调整好位置。返回"首页子菜单"影片剪辑的编辑界面，单击时间轴"子菜单 1"图层的第 10 帧，将该影片剪辑的中心圆点水平移动到最左边，如图 7.25 右图所示，在该图层的第 30 帧插入关键帧，选中第 10 帧，再单击工具箱中的"任意变形工具"，将该影片剪辑向左缩放到最小，同时在"属性"面板中设置 Alpha 值为"0%"，如图 7.25 左图所示。

图 7.25　制作"首页子菜单"

Step40 新建一个影片剪辑元件，命名为"服务子菜单"，进入"服务子菜单"影片剪辑的编辑界面，剩余操作参照步骤 32，效果如图 7.26 所示。

图 7.26　制作"服务子菜单"

Step41 新建一个影片剪辑元件，命名为"餐具子菜单"，进入"餐具子菜单"影片剪辑的编辑界面，剩余操作参照步骤 32，效果如图 7.27 所示。

图 7.27　制作"餐具子菜单"

Step42 新建一个影片剪辑元件，命名为"会员子菜单"，进入"会员子菜单"影片剪辑的编辑界面，剩余操作参照步骤 32，效果如图 7.28 所示。

图 7.28　制作"会员子菜单"

Step43 回到"场景 1"中，新建图层"菜单-首页"，在第 1 帧将"库"面板中的"菜单-首页"影片剪辑拖入舞台，调整好位置，在"属性"面板中输入"实例名称"为"caidan1"。在第 2 帧插入关键帧，将"库"面板中的"菜单子菜单"影片剪辑拖入舞台，调整好位置。在第 3 帧插入关键帧，将"库"面板中的"首页翻转"影片剪辑拖入舞台，调整好位置。在第 4 帧、第 5 帧插入关键帧，位置如图 7.29 所示。

图 7.29 编辑"菜单–首页"图层

Step44 在"场景 1"中新建图层"菜单–服务",在第 1 帧将"库"面板中的"菜单–服务"影片剪辑拖入舞台,调整好位置,在"属性"面板中输入"实例名称"为"caidan2"。在第 3 帧插入关键帧,将"库"面板中的"服务子菜单"影片剪辑拖入舞台,调整好位置。在第 2 帧插入关键帧,将"库"面板中的"服务翻转"影片剪辑拖入舞台,调整好位置。将第 2 帧复制粘贴到第 4 帧、第 5 帧,位置如图 7.30 所示。

图 7.30 编辑"菜单–服务"图层

Step45 在"场景 1"中新建图层"菜单–餐具",在第 1 帧将"库"面板中的"菜单–餐具"影片剪辑拖入舞台,调整好位置,在"属性"面板中输入"实例名称"为"caidan3"。在第 4 帧插入关键帧,将"库"面板中的"餐具子菜单"影片剪辑拖入舞台,调整好位置。在第 2 帧插入关键帧,将"库"面板中的"餐具翻转"影片剪辑拖入舞台,调整好位置。将第 2 帧复制粘贴到第 3 帧、第 5 帧,位置如图 7.31 所示。

图 7.31 编辑"菜单–餐具"图层

Step46 在"场景 1"中新建图层"菜单–会员",在第 1 帧将"库"面板中的"菜单–会员"影片剪辑拖入舞台,调整好位置,在"属性"面板中输入"实例名称"为"caidan4"。在第 5 帧插入关键帧,将"库"面板中的"会员子菜单"影片剪辑拖入舞台,调整好位置。在第 2 帧插入关键帧,将"库"面板中的"会员翻转"影片剪辑拖入舞台,调整好位置。将第 2 帧复制粘贴到第 3 帧、第 4 帧,位置如图 7.32 所示。

图 7.32 编辑"菜单–会员"图层

Step47 在"场景 1"中新建图层"内容",在第 1 帧输入图 7.33 所示的文字,同时将"库"面板中的位图"16.png"拖到舞台中,调整好位置。

Step48 在"内容"图层第 2 帧插入关键帧，同时将"库"面板中的位图"7.png"拖到舞台中，调整好位置，在"变形"面板中将该位图缩放宽度和缩放高度的值修改为"90%"，位置如图 7.34 所示。在"内容"图层第 3 帧插入关键帧，同时将"库"面板中的位图"8.png"拖到舞台中，调整好位置，在"变形"面板中将该位图缩放宽度和缩放高度值修改为"90%"，位置如图 7.34 所示。在"内容"图层第 4 帧插入关键帧，同时将"库"面板中的位图"9.png"拖到舞台中，调整好位置，在"变形"面板中将该位图缩放宽度和缩放高度的值修改为"90%"，位置如图 7.34 所示。在"内容"图层第 5 帧插入关键帧，同时将"库"面板中的位图"10.png"拖到舞台中，调整好位置，在"变形"面板中将该位图缩放宽度和缩放高度的值修改为"90%"，位置如图 7.34 所示。

图 7.33　编辑"内容"图层第 1 帧

图 7.34　位置和大小

Step49 在"场景 1"中新建图层"音乐开"，在第 1 帧绘制图形和输入文字，调整好位置如图 7.35 所示，选择第 1 帧，单击"修改"|"转换为元件"命令，在"转换为元件"对话框中输入"名称"为"音乐开"，"类型"为"按钮"。在"属性"面板中输入"实例名称"为"kai"，最后在该图层的第 5 帧插入帧。

Step50 在"场景 1"中新建图层"音乐关"，在第 1 帧绘制图形和输入文字，调整好位置如图 7.36 所示，选择第 1 帧，单击"修改"|"转换为元件"命令，在"转换为元件"对话框中输入"名称"为"音乐关"，"类型"为"按钮"。在"属性"面板中输入"实例名称"为"guan"，最后在该图层的第 5 帧插入帧。

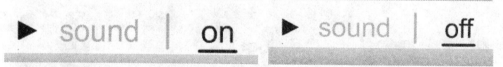

图 7.35　制作"音乐开"按钮　　　　　　图 7.36　制作"音乐开"按钮

Step51 在"场景 1"中新建图层"背景音乐"，单击"插入"|"新建元件"命令，在"创建新元件"对话框中输入"名称"为"背景音乐"，"类型"为"影片剪辑"，双击进入"背景音乐"影片剪辑的编辑界面，将"库"面板中的声音文件"背景音乐.wav"拖入舞台。

Step52 返回"场景 1",选择时间轴"背景音乐"图层的第 1 帧,将库中的"背景音乐"影片编辑文件拖入舞台,在"属性"面板中输入"实例名称"为"yy",接着在第 5 帧插入帧。在时间轴上新建图层"代码",在第 1 帧添加动作脚本,在"动作"面板中输入图 7.37 所示的代码,最后在该图层的第 5 帧插入帧。

```
1    stop();   //初始化
2    caidan1.addEventListener(MouseEvent.CLICK,CLICK1);
3    function CLICK1(e:MouseEvent):void
4    {
5        gotoAndStop(2);//单击caidan1实例,跳转到第2帧
6    }
7    caidan2.addEventListener(MouseEvent.CLICK,CLICK2);
8    function CLICK2(e:MouseEvent):void
9    {
10       gotoAndStop(3);//单击caidan2实例,跳转到第3帧
11   }
12   caidan3.addEventListener(MouseEvent.CLICK,CLICK3);
13   function CLICK3(e:MouseEvent):void
14   {
15       gotoAndStop(4);//单击caidan3实例,跳转到第4帧
16   }
17   caidan4.addEventListener(MouseEvent.CLICK,CLICK4);
18   function CLICK4(e:MouseEvent):void
19   {
20       gotoAndStop(5);//单击caidan4实例,跳转到第5帧
21   }
22
23   guan.visible=true;//guan实例初始化为可见
24   kai.visible=false;//kai实例初始化为不可见
25   guan.addEventListener(MouseEvent.CLICK,tz);
26   function tz(e:MouseEvent):void
27   guan.visible=false;//单击guan实例,guan实例为不可见
28   kai.visible=true;//单击guan实例,kai实例为不可见
29   SoundMixer.stopAll();//单击guan实例,关闭所有声音
30   }
31   kai.addEventListener(MouseEvent.CLICK,bf);
32   function bf(e:MouseEvent):void {
33   guan.visible=true;//单击kai实例,guan实例为可见
34   kai.visible=false;//单击kai实例,kai实例为不可见
35   yy.play();//单击kai实例,yy影片剪辑播放
36   }
```

图 7.37　代码控制帧的跳转和背景音乐的开关

Step53 将文件进行保存,单击"控制"|"测试场景"命令或者按【Ctrl+Enter】组合键对文件进行测试。

7.2　实例II——制作"在线设计"网站

下面以项目式的操作方式来完成一个在线设计网站的制作,舞台的画面效果如图 7.38 所示,最终的动画效果参见光盘中的文件"效果\ch07\7.2 在线设计网站.swf"。

图 7.38　在线设计网站演示效果

7.2.1 设置舞台与导入素材

Step 1 单击"文件"|"新建"命令，或者按【Ctrl+N】组合键，在弹出的"新建文档"对话框的"常规"选项卡中选择"ActionScript 3.0"选项，设置舞台宽度和高度为 980 像素 × 735 像素，帧频默认为 24 fps，舞台颜色设置为黑色，单击"确定"按钮。

Step 2 单击"文件"|"导入"|"导入到库"命令，在弹出的"导入到库"对话框中选择光盘中的"素材\ch07\7.2 在线设计网站"中除文件夹以外的所有文件，单击"打开"按钮，"库"面板中就出现了所需要的素材。

7.2.2 制作交互式网站

Step 1 单击工具箱中的"矩形工具"，在"属性"面板中设置"笔触颜色"为无，"填充颜色"为白色，在舞台正中绘制一个矩形，选择绘制好的矩形，在"属性"面板中设置选区宽度和高度分别为"980"和"5"。单击"修改"|"转换为元件"命令，在弹出的"转换为元件"对话框中选择类型为"图形"，命名为"白线"，再次将其转换成影片剪辑元件，命名为"白线动画"，进入"白线动画"影片剪辑的编辑界面，在"图层 1"的第 35 帧插入关键帧，单击舞台中的"白线"元件，在"属性"面板中设置位置，如图 7.39 左图所示。选择"图层 1"的第 1 帧，再单击舞台中的"白线"元件，在"属性"面板中设置位置和 Alpha 值，如图 7.39 右图所示。

Step 2 返回"场景 1"，在时间轴中将"图层 1"重命名为"白线动画"，将"白线动画"影片剪辑元件放置在舞台正中央，接着在该图层的第 31 帧插入帧。

Step 3 单击"插入"|"新建元件"命令，在弹出的"创建新元件"对话框中选择类型为"影片剪辑"，命名为"首页导航动画"，在"图层 1"的第 1 帧将"库"面板中的"4-1.png"拖到舞台中，选中该位图并将其转换成图形元件，命名为"红色导航"，选择该元件，在"属性"面板中将 X 和 Y 坐标位置的值都设置为"0"。在"图层 1"的第 30 帧插入关键帧，再在"图层 1"的第 10 帧插入关键帧并选择舞台中的元件后，在"属性"面板中设置 Y 的值为"-62"。在第 21 帧插入关键帧，再在"图层 1"的第 15 帧插入关键帧并选择舞台中的元件后，在"属性"面板中设置 Y 的值为"-39"。再在第 16 帧插入关键帧，最后在第 1 帧、第 10 帧、第 15 帧之间创建传统补间动画，在第 16 帧、第 21 帧、第 30 帧之间创建传统补间动画。将"图层 1"重命名为"首页导航背景"。

Step 4 在时间轴上新建"图层 2"，并重命名为"首页导航文字 1"，使用工具箱中的"文本工具"在舞台中输入文字"首　页"，在"属性"面板中设置字符系列为"华文琥珀"，大小为"20 点"，颜色为白色，在"消除锯齿"下拉列表框中选择"可读性消除锯齿"选项，再单击下方的"可选"按钮，如图 7.40 所示。将文字选中，将其转换成影片剪辑元件，命名为"首页导航文字 1"。

图 7.39　图形元件属性值　　　　　　　　　　图 7.40　文字属性设置

Step5 返回"首页导航动画"的编辑界面，选择"首页导航文字 1"图层的第 1 帧后单击舞台中"首页导航文字 1"影片剪辑，在"属性"面板中设置如图 7.41 左图所示的位置，在第 30 帧插入关键帧。在第 15 帧插入关键帧后单击舞台中"首页导航文字 1"影片剪辑，在"属性"面板中设置如图 7.41 右图所示的位置和 Alpha 值。

图 7.41 "首页导航文字 1"影片剪辑属性值

Step6 在"首页导航动画"编辑界面的时间轴上新建"图层 3"，重命名为"首页导航文字 2"。使用工具箱中的"文本工具"在舞台中输入文字"首 页"，在"属性"面板中设置字符系列为"华文琥珀"，大小为"20 点"，颜色为"#FF0000"，在"消除锯齿"下拉列表框中选择"可读性消除锯齿"选项，再单击下方的"可选"按钮。将其转换成影片剪辑元件，命名为"首页导航文字 2"，在第 1 帧调整其的位置如图 7.42 左图所示，将第 1 帧中的影片剪辑元件的 Alpha 值设置为"0%"。在该图层的第 15 帧插入关键帧，调整后位置如图 7.42 左图所示。在第 1 帧和第 15 帧之间创建传统补间动画。

图 7.42 "首页导航文字 2"影片剪辑位置

Step7 在"首页导航动画"影片剪辑编辑界面的时间轴上新建"图层 4"，重命名为"星光"。单击"插入"|"新建元件"命令，在弹出的"创建新元件"对话框中选择类型为"影片剪辑"，命名为"星光"，进入"星光"影片剪辑的编辑界面，单击"文件"|"导入"|"导入到舞台"命令，在弹出的"导入"对话框中选择光盘中的"素材\ch07\7.2 在线设计网站>x-image"中的"x-1.png"文件，单击"打开"按钮后在弹出的对话框中单击"是"按钮后，20 张图片依次放在连续的前 20 帧中。进入"首页导航动画"影片剪辑的编辑界面，在"星光"图层第 5 帧插入关键帧，将"库"面板中的"星光"影片剪辑拖到舞台中，位置如图 7.43 所示，接着在第 25 帧插入帧。

图 7.43 "星光"影片剪辑位置

Step8 在"首页导航动画"影片剪辑编辑界面的时间轴上新建"图层 5"，重命名为"首页按钮"，将"库"面板中的位图"4-2.png"拖到舞台中，单击"修改"|"转换为元件"命令，在弹出的"转换为元件"对话框中选择类型为"按钮"，命名为"首页按钮"，在"属性"面板中设置位置 X 和 Y 的值均为"0"，在"实例名称"文本框中输入"hong"。在该图层的第 30 帧插入帧。

Step9 在"首页导航动画"影片剪辑编辑界面的时间轴上新建"图层 6"，重命名为"导航声音"，将"库"面板中的文件"导航条音乐.wav"拖到舞台中，在该图层的第 30 帧插入帧。

Step10 在"首页导航动画"影片剪辑编辑界面的时间轴上新建"图层 7"，重命名为"代码"，在该图层的第 1 帧添加动作脚本，在"动作"面板中输入图 7.44 所示的代码。

Step11 在"代码"图层的第 15 帧插入关键帧，在该帧添加动作脚本，在"动作"面板中输入图 7.45 所示的代码。接着在"代码"图层的第 30 帧插入帧。

```
1  stop();     //初始化
2  hong.addEventListener(MouseEvent.MOUSE_OVER,OVER);
3  function OVER(evt:MouseEvent):void
4  {
5      gotoAndPlay(1);//鼠标在实例hong上，跳转到第1帧开始播放
6  }
```

图 7.44 代码控制帧的跳转（一）

```
1  stop();     //初始化
2  hong.addEventListener(MouseEvent.MOUSE_OUT,OUT);
3  function OUT(evt:MouseEvent):void
4  {
5      gotoAndPlay(16); //鼠标移开hong实例后跳转到16帧播放
6  }
```

图 7.45 代码控制帧的跳转（二）

Step12 在"库"面板中右击"红色导航"图形元件，在弹出的快捷菜单中选择"直接复制"命令，在弹出的"直接复制元件"对话框中，选择"图形"类型，重命名为"绿色导航"。双击"绿色导航"图形元件，进入该图形元件的编辑界面，选择舞台中的位图，在"属性"面板中单击"交换"按钮，在弹出的"交换位图"对话框中选择"5-1.png"，如图 7.46 所示。用同样的方法创建"蓝色导航"和"橙色导航"图形元件。

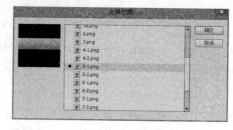

图 7.46 交换位图

Step13 在"库"面板中右击"首页按钮"按钮元件，在弹出的快捷菜单中选择"直接复制"命令，在弹出的"直接复制元件"对话框中，选择"按钮"类型，重命名为"案例按钮"，双击"案例按钮"按钮元件，进入该按钮元件的编辑界面，选择舞台中的位图，在"属性"面板中单击"交换"按钮，在弹出的"交换位图"对话框中选择"5-2.png"。用同样的方法创建"企业按钮"和"招聘按钮"按钮元件。

Step14 在"库"面板中右击"首页导航文字 1"影片剪辑元件，在弹出的快捷菜单中选择"直接复制"命令，在弹出的"直接复制元件"对话框中，选择"影片剪辑"类型，重命名为"案例导航文字 1"，双击"案例导航文字 1"影片剪辑元件，进入该影片剪辑元件的编辑界面，将其中的文字"首 页"修改为"案 例"。用同样的方法创建"企业导航文字 1"和"招聘导航文字 1"影片剪辑元件。

Step15 在"库"面板中右击"首页导航文字 2"影片剪辑元件，在弹出的快捷菜单中选择"直接复制"命令，在弹出的"直接复制元件"对话框中，选择"影片剪辑"类型，重命名为"案例导航文字 2"，双击"案例导航文字 2"影片剪辑元件，进入该影片剪辑元件的编辑界面，将其中的文字"首 页"修改为"案 例"。用同样的方法创建"企业导航文字 2"和"招聘导航文字 2"影片剪辑元件。

Step16 在"库"面板中右击"首页导航动画"影片剪辑元件，在弹出的快捷菜单中选择"直接复制"命令，在弹出的"直接复制元件"对话框中，选择"影片剪辑"类型，重命名为"案例导航动画"，双击"案例导航动画"影片剪辑元件，进入该影片剪辑元件的编辑界面，选择舞台中时间轴上的"首页导航背景"图层，将其重命名为"案例导航背景"，选择该图层上的每一个关键帧，再单击舞台上每一帧对应的"红色导航"图形元件，在"属性"面板中单击"交换"按钮，在弹出的"交换元件"对话框中选择"绿色导航"图形元件，同时在"属性"面板中修改"实例名称"为"lv"。将两个文字图层和"按钮"图层中的每一个关键帧都进行对应的交换，选择"星光"图层，再单击舞台中的"星光"影片剪辑，在"属

性"面板中设置"色彩效果"为"高级"样式，如图 7.47 所示。代码中的实例名称"hong"都修改为"lv"。

Step17 使用相同的方式制作"企业导航动画"。选择"企业按钮"图层，再单击舞台中的"企业按钮"按钮元件，在"属性"面板中修改"实例名称"为"lan"。选择"星光"图层，再单击舞台中的"星光"影片剪辑，在"属性"面板中设置"色彩效果"为"高级"样式，如图 7.48 所示。代码中的实例名称"hong"都修改为"lan"。

Step18 使用相同的方式制作"招聘导航动画"。选择"招聘按钮"图层，再单击舞台中的"招聘按钮"按钮元件，在"属性"面板中修改"实例名称"为"cheng"。选择"星光"图层，再单击舞台中的"星光"影片剪辑，在"属性"面板中设置"色彩效果"为"高级"样式，如图 7.49 所示。代码中的实例名称"hong"都修改为"cheng"。

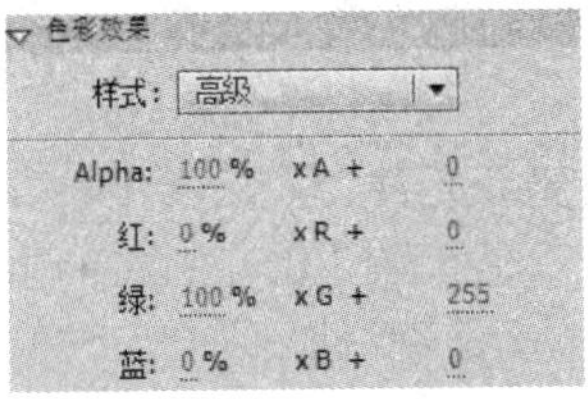

图 7.47 设置高级样式（一） 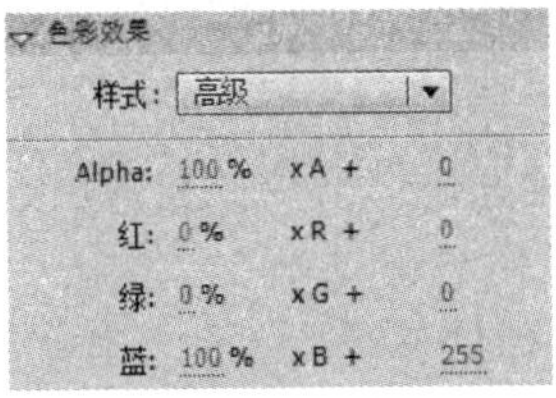　图 7.48 设置高级样式（二）　图 7.49 设置高级样式（三）

Step19 单击"插入"｜"新建元件"命令，在弹出的"创建新元件"对话框中选择"类型"为"影片剪辑"，命名为"页眉导航动画"。将"图层 1"重命名为"首页导航动画"，在该图层的第 5 帧插入关键帧，将"库"面板中的"首页导航动画"影片剪辑拖到舞台中，调整好位置如图 7.50 左图所示。在该图层的第 25 帧插入关键帧，调整好位置如图 7.50 右图所示。

图 7.50 设置位置（一）

Step20 新建"图层 2"并重命名为"案例导航动画"。在该图层的第 1 帧将"库"面板中的"案例导航动画"影片剪辑拖到舞台中，调整好位置如图 7.51 左图所示。在该图层的第 25 帧插入关键帧，调整好位置如图 7.51 右图所示。

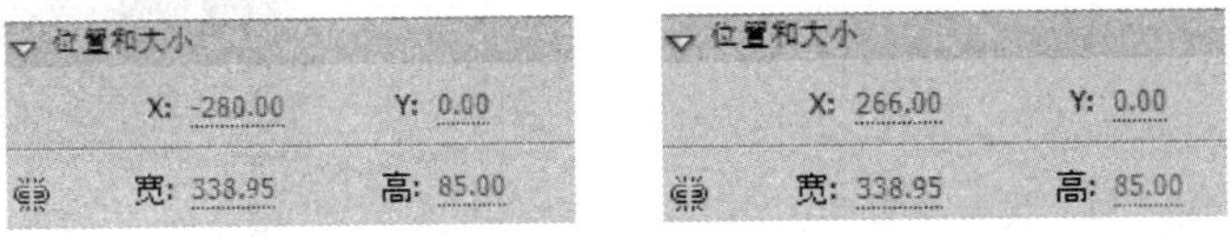

图 7.51 设置位置（二）

Step21 新建"图层 3"并重命名为"企业导航动画"。在该图层的第 1 帧将"库"面板中的"企业导航动画"影片剪辑拖到舞台中，调整好位置如图 7.52 左图所示。在该图层的第 25 帧插入关键帧，调整好位置如图 7.52 右图所示。

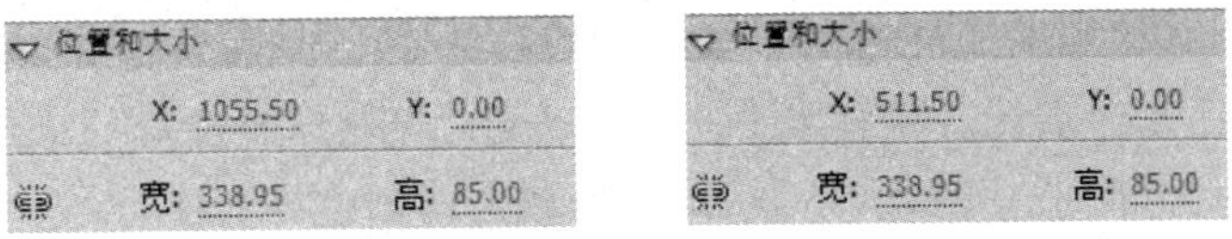

图 7.52 设置位置（三）

Step22 新建"图层 4"并重命名为"招聘导航动画",在该图层的第 5 帧插入关键帧,将"库"面板中的"招聘导航动画"影片剪辑拖到舞台中,调整好位置如图 7.53 左图所示。在该图层的第 25 帧插入关键帧,调整好位置如图 7.53 右图所示。新建"图层 5"并重命名为"代码",在该图层的第 25 帧插入关键帧并在该帧添加动作脚本,在"动作"面板中输入"stop();"。

▽ 位置和大小			▽ 位置和大小		
X: 1303.55	Y: 0.00		X: 757.55	Y: 0.00	
宽: 337.95	高: 85.00		宽: 337.95	高: 85.00	

图 7.53 设置位置(四)

Step23 返回"场景 1"的舞台中,在时间轴上新建"图层 2",并重命名为"页眉导航动画",在第 2 帧插入关键帧,将"库"面板中的"页眉导航动画"影片剪辑元件拖到舞台中,将其调整到舞台正上方。

Step24 单击"插入"|"新建元件"命令,在弹出的"创建新元件"对话框中选择"类型"为"影片剪辑",命名为"左侧导航动画",进入"左侧导航动画"影片剪辑的编辑界面,将"图层 1"重命名为"左侧导航背景",将"库"面板中的位图"1.png"和"2.png"拖到舞台中,调整好位置,选择所有位图,将其转换成影片剪辑元件,命名为"左侧导航背景",将第 1 帧移动到第 15 帧,在"属性"面板中修改位置,参数如图 7.54 左图所示。单击工具箱中的"任意变形工具",将中心圆点拖动到影片剪辑元件的左上角,再在第 34 帧插入关键帧,在第 50 帧插入帧,选择第 34 帧,单击舞台中的影片剪辑元件,在"属性"面板中修改位置和大小,参数图如 7.54 右图所示。在第 15 帧和第 34 帧之间创建传统补间动画。

Step25 在时间轴上新建"图层 2",并重命名为"logo",在第 35 帧插入关键帧,使用工具箱中的"文本工具"在舞台中输入图 7.55 所示的文字,分别设置字体、大小和颜色。在该图层的第 50 帧插入帧。

▽ 位置和大小			▽ 位置和大小		
X: 0.00	Y: 0.00		X: 194.25	Y: 483.35	
宽: 215.00	高: 535.00		宽: 20.75	高: 51.65	

图 7.54 设置位置和大小

图 7.55 文字的位置和大小

Step26 在时间轴上新建"图层 3",并重命名为"左侧导航文字",在第 35 帧插入关键帧,使用工具箱中的"文本工具"在舞台中输入文字,分别设置字体、大小,其颜色为"#878787"。使用"线条工具"在文字下方绘制一条直线,将"库"面板中的位图"8.png"拖到每一行文字左侧,全选该帧中的文字、直线和位图,将其转换成影片剪辑元件,命名为"左侧导航文字",效果如图 7.56 所示。在该图层的第 50 帧插入关键帧,选择第 35 帧,单击"左侧导航文字"影片剪辑,将其水平向左移动到"左侧导航背景"外,在"属性"面板中将 Alpha 值设置为"0%",在第 35 帧和第 50 帧之间创建传统补间。在第 50 帧添加动作脚本,在"动作"面板中输入"stop();"。

Step27 返回"场景 1"中，在时间轴上新建"图层 3"，并重命名为"左侧导航动画"，在第 2 帧插入关键帧，将"库"面板中的"左侧导航动画"影片剪辑元件拖到舞台中，选中该影片剪辑，在"属性"面板中设置位置，如图 7.57 所示。在该图层的第 31 帧插入帧。

Step28 单击"插入"|"新建元件"命令，在弹出的"创建新元件"对话框中选择"类型"为"影片剪辑"，命名为"页脚背景动画"，进入"页脚背景动画"影片剪辑的编辑界面。单击工具箱中的"矩形工具"，在"属性"面板中设置"笔触颜色"为无，"填充颜色"为"#1A1A1A"，在舞台中绘制宽为"936"，高为"53"的矩形，X、Y 坐标位置都为"0"。再使用"文本工具"在图形上方输入图 7.58 所示的文字。全选该帧中的内容，将其转换成图形元件，命名为"页脚背景"。在"页脚背景动画"影片剪辑的时间轴上，将"图层 1"重命名为"页脚背景"，将第 1 帧移动到第 21 帧，在第 30 帧和第 35 帧插入关键帧。选中第 21 帧，将舞台中的图形元件垂直向下移动到舞台外，在第 35 帧将图形元件垂直向下移动一点，接着在第 35 帧添加动作脚本，在"动作"面板中输入"stop();"。

图 7.56　左侧导航效果图

图 7.57　调整位置（一）　　　　　　图 7.58　页脚文字

Step29 返回"场景 1"中，在时间轴上新建"图层 4"，并重命名为"页脚背景动画"，在第 2 帧插入关键帧，将"库"面板中的"页脚背景动画"影片剪辑元件拖到舞台中，选中该影片剪辑，在"属性"面板中设置位置，如图 7.59 所示。在该图层的第 31 帧插入帧。

Step30 在"场景 1"的时间轴上新建"图层 5"，并重命名为"音乐开按钮"，在第 28 帧插入关键帧，将"库"面板中的位图"3.png"拖到舞台右下角，将其转换成图形元件，命名为"音乐乐符"，再将其转换成按钮元件，命名为"音乐开按钮"，在舞台上选择该按钮，在"属性"面板中设置"实例名称"为"kai"。在"场景 1"的时间轴上新建"图层 6"，并重命名为"音乐关按钮"，将其移动到"音乐开按钮"图层下方，在舞台上双击该按钮，进入"音乐关按钮"按钮元件编辑界面，选择舞台中的图形元件，在"属性"面板中修改"色彩效果"的"高级"样式，参数如图 7.60 所示。返回"场景 1"中，单击"音乐关按钮"按钮元件，在"属性"面板中设置"实例名称"为"guan"。

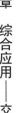

图 7.59　调整位置（二）　　　　　　图 7.60　修改高级样式

Step31 新建一个影片剪辑元件，命名为"背景音乐"，在"背景音乐"影片剪辑的编辑界面，将"库"面板中的文件"场景音乐.wav"拖到舞台中，在时间轴"图层1"的第976帧插入帧。返回"场景1"，在时间轴上新建"图层7"，并重命名为"背景音乐"，将"库"面板中的"背景音乐"影片剪辑拖到舞台中，选择该影片剪辑后在"属性"面板中修改"实例名称"为"yy"。

Step32 在"场景1"时间轴上新建"图层8"，并重命名为"代码"，在该图层的第28帧插入关键帧，并在该帧添加动作脚本，在弹出的"动作"面板中输入图7.61所示的代码。

```
1   stop();
2   guan.visible=true;//guan实例初始化为可见
3   kai.visible=false;//kai实例初始化为不可见
4   guan.addEventListener(MouseEvent.CLICK,tz);
5   function tz(e:MouseEvent):void {
6   guan.visible=false;//单击guan实例,guan实例为不可见
7   kai.visible=true;//单击guan实例,kai实例为不可见
8   SoundMixer.stopAll();//单击guan实例,关闭所有声音
9   }
10  kai.addEventListener(MouseEvent.CLICK,bf);
11  function bf(e:MouseEvent):void {
12  guan.visible=true;//单击kai实例,guan实例为可见
13  kai.visible=false;//单击kai实例,kai实例为不可见
14  yy.play();//单击kai实例,yy实例开始播放
15  }
```

图7.61　代码控制音乐的播放

Step33 单击"文件"|"导入"|"导入到库"命令，在弹出的"导入到库"对话框中选择光盘中的"素材\ch07\7.2 在线设计网站"中的文件夹"f-image"里的所有位图，单击"库"面板中左下方"新建文件夹"按钮，命名为"f-image"，再将刚才导入的位图全部移动到该文件夹中。新建一个影片剪辑元件，命名为"白底翻转1"，在"白底翻转1"影片剪辑的编辑界面，将"库"面板中的"f-image"文件夹展开，将"f-1.png"位图拖到舞台中，在"属性"面板中调整该位图的X、Y坐标的值均为"0"。在第2帧插入空白关键帧，将"f-2.png"位图拖到舞台中，在"属性"面板中调整该位图的X、Y坐标的值均为"0"。在第3帧插入空白关键帧，将"f-3.png"位图拖到舞台中，在"属性"面板中调整该位图的X、Y坐标的值均为"0"。在第4帧插入空白关键帧，将"f-4.png"位图拖到舞台中，在"属性"面板中调整该位图的X、Y坐标的值均为"0"。

Step34 新建"图层2"，在第5帧插入关键帧，将"f-5.png"位图拖到舞台中，在"属性"面板中调整该位图的X、Y坐标的值均为"0"。按照顺序在第6～13帧依次将"f-6.png"～"f-13.png"位图拖入舞台，在"属性"面板中调整每个位图的X、Y坐标的值均为"0"。在"图层1"的第5帧插入空白关键帧，在第14帧插入关键帧，将"f-14.png"位图拖入舞台，在"属性"面板中调整该位图的X、Y坐标的值均为"0"。在第15帧插入关键帧，将"f-15.png"位图拖入舞台，在"属性"面板中调整该位图的X、Y坐标的值均为"0"。在"图层2"的第14帧插入空白关键帧，在第16、17、18帧都插入空白关键帧，依次将"f-16.png"～"f-18.png"位图拖入舞台，在"属性"面板中调整位图的X、Y坐标的值均为"0"。在"图层1"的第16帧插入空白关键帧，在第19～23帧都插入空白关键帧，依次将"f-19.png"～"f-23.png"位图拖入舞台，在"属性"面板中调整位图的X、Y坐标的值均为"0"。新建"图层3"，在第23帧插入关键帧并添加动作脚本，在"动作"面板中输入代码"stop();"，时间轴上的关键帧分布如图7.62所示。

Step35 新建一个影片剪辑元件，命名为"白底翻转2"，在"白底翻转1"影片剪辑的编辑界面，将"库"面板中"f-image"文件夹展开，将"f-23.png"位图拖到舞台中，在"属性"面板中调整该位图的X、Y坐标的值均为"0"。其他帧上放置的位图按名称依次递减，时间轴上的关键帧分布如图7.63所示。

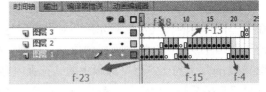

图 7.62 "白底翻转 1"时间轴	图 7.63 "白底翻转 2"时间轴

Step36 新建一个影片剪辑元件，命名为"首页内容动画 1"，在"首页内容动画 1"影片剪辑的编辑界面，将"图层 1"重命名为"白底翻转"，接着单击工具箱中的"矩形工具"，在"属性"面板中设置"笔触颜色"为无，"填充颜色"为白色，在舞台中绘制一个宽为"224"，高为"211"的矩形，X、Y 坐标的值都为"0"。再将该矩形转换成图形元件，命名为"白底"。在"白底翻转"图层的第 2 帧插空白关键帧，将"库"面板中的"白底翻转 1"影片剪辑拖到舞台中，在"属性"面板中设置 X、Y 坐标的值都为"0"。在该图层的第 24 帧插入帧，在第 25 帧、第 26 帧插入空白关键帧，在第 26 帧将"库"面板中的"白底翻转 1"影片剪辑拖到舞台中，在"属性"面板中设置 X、Y 坐标的值都为"0"，在该图层的第 49 帧插入帧。

Step37 新建"图层 2"，并重命名为"白底"，在该图层的第 20 帧插入关键帧，将"库"面板中的"白底"图形元件拖到舞台中，在"属性"面板中设置 X、Y 坐标的值都为"0"。在第 25 帧、第 28 帧插入关键帧，接着为第 20 帧、第 28 帧中对应舞台上的"白底"元件在"属性"面板中设置 Alpha 值为"0%"，在每个关键帧之间创建传统补间动画。在该图层的第 45 帧、第 49 帧、第 50 帧都插入关键帧，为第 49 帧中对应舞台上的"白底"元件在"属性"面板中设置 Alpha 值为"80%"，在第 45 帧与第 49 帧之间创建传统补间动画。再在第 54 帧插入帧。

Step38 新建"图层 3"，并重命名为"图片 1"，将"库"面板中的位图"9.jpg"拖到舞台中，将其转换成图形元件，命名为"图 1"，在"属性"面板中设置 X、Y 坐标的值分别为"8"和"15"。在该图层的第 9 帧插入关键帧，设置舞台中的"图 1"图形元件的 X 坐标的值为"256"，将 Alpha 值设置为"0%"，在第 1 帧和第 9 帧之间创建传统补间。在该图层的第 10 帧插入关键帧，设置舞台中的"图 1"图形元件的 X 坐标的值为"-272"，将 Alpha 值设置为"0%"，将第 1 帧复制粘贴到第 24 帧，在第 10 帧和第 24 帧之间创建传统补间。在第 25 帧插入关键帧，将第 10 帧复制粘贴到第 43 帧，在第 25 帧和第 43 帧之间创建传统补间。在第 44 帧插入关键帧，将第 25 帧复制粘贴到第 54 帧，在第 44 帧和第 54 帧之间创建传统补间。

Step39 新建"图层 4"，并重命名为"文字"，使用"文本工具"在白底下方输入文字"图片"，在第 54 帧插入帧。新建"图层 5"，并重命名为"翻转音乐"，将"库"面板中的"翻转音乐.wav"拖到舞台中。新建"图层 6"，并重命名为"代码"，在第 1 帧添加动作脚本，在"动作"面板中输入图 7.64 所示的代码。在该图层的第 24 帧插入关键帧并添加动作脚本，在"动作"面板中输入"stop();"。

```
1  stop(); //初始化
2  this.addEventListener(MouseEvent.MOUSE_OVER,f1_OVER);
3  function f1_OVER(evt:MouseEvent):void
4  {
5      this.gotoAndPlay(2);//当鼠标移到当前影片剪辑上时，跳转到第2帧
6  }
7  this.addEventListener(MouseEvent.MOUSE_OUT,f1_OUT);
8  function f1_OUT(evt:MouseEvent):void
9  {
10     this.gotoAndPlay(27);//当鼠标移到当前影片剪辑上时，跳转到第27帧
11 }
```

图 7.64 代码控制帧的跳转

Step40 右击"库"面板中的"图1"图形元件，在弹出的快捷菜单中选择"直接复制"命令，在弹出的"直接复制元件"对话框中选择图形类型，重命名为"图 2"，选择舞台中的图形元件，在"属性"面板中单击"交换"按钮，在弹出的"交换位图"对话框中选择位图"10.jpg"。右击"库"面板中的"首页内容动画1"影片剪辑元件，在弹出的快捷菜单中选择"直接复制"命令，在弹出的"直接复制元件"对话框中选择影片剪辑类型，重命名为"首页内容动画2"，双击"首页内容动画2"影片剪辑，进入编辑界面，将时间轴上的"图片1"重命名为"图片2"，选中该图层的每一个关键帧，单击舞台上对应的元件，在"属性"面板中单击"交换"按钮，在弹出的"交换元件"对话框中选择图形元件"图 2"。在"代码"图层的第1帧中将"动作"面板中的"f1"改为"f2"。按照同样的方法，依次制作"首页内容动画 3""首页内容动画 4""首页内容动画 5""首页内容动画 6"，其中对应的位图分别为"11.jpg""12.jpg""13.jpg""14.jpg"，"动作"面板中的"f1"也分别修改为"f3""f4""f5""f6"。

Step41 新建一个影片剪辑元件，命名为"首页多内容动画 1"，在"首页多内容动画1"影片剪辑的编辑界面，在"图层 1"中将"库"面板中的"首页内容动画1"影片剪辑拖入舞台。在"图层 1"上方依次新建图层 2～6，并依次在每一个图层中将"库"面板中的"首页内容动画 2""首页内容动画 3""首页内容动画 4""首页内容动画 5""首页内容动画6"影片剪辑拖入舞台。调整好这6个影片剪辑的位置，如图7.65所示。最后新建"图层7"，右击第1帧，在弹出的快捷菜单中选择"动作"命令，在"动作"面板中输入"stop();"。

图 7.65 影片剪辑位置排列（一）

Step42 在"库"面板中将"首页多内容动画 1"影片剪辑进行复制，并重命名为"首页多内容动画 2"，双击"首页多内容动画2"影片剪辑，进入编辑界面，选择"图层 1"的第1帧，单击舞台上对应的影片剪辑，在"属性"面板中单击"交换"按钮，在弹出的"交换元件"对话框中选择影片剪辑"首页内容动画 2"。选择"图层 2"的第1帧，单击舞台上对应的影片剪辑，在"属性"面板中单击"交换"按钮，在弹出的"交换元件"对话框中选择影片剪辑"首页内容动画 1"，如图7.66所示。

Step43 在"库"面板中将"首页多内容动画 2"影片剪辑进行复制，并重命名为"首页多内容动画 3"，双击"首页多内容动画3"影片剪辑，进入编辑界面，选择"图层 1"的第 1 帧，单击舞台上对应的影片剪辑，在"属性"面板中单击"交换"按钮，在弹出的"交换元件"对话框中选择影片剪辑"首页内容动画 3"。选择"图层 3"的第 1 帧，单击舞台上对应的影片剪辑，在"属性"面板中单击"交换"按钮，在弹出的"交换元件"对话框中选择影片剪辑"首页内容动画 2"，如图 7.67 所示。

图 7.66　影片剪辑位置排列（二）

图 7.67　影片剪辑位置排列（三）

Step44 在"库"面板中将"首页多内容动画 3"影片剪辑进行复制，并重命名为"首页多内容动画 4"，双击"首页多内容动画 4"影片剪辑，进入编辑界面，选择"图层 1"的第 1 帧，单击舞台上对应的影片剪辑，在"属性"面板中单击"交换"按钮，在弹出的"交换元件"对话框中选择影片剪辑"首页内容动画 4"。选择"图层 4"的第 1 帧，单击舞台上对应的影片剪辑，在"属性"面板中单击"交换"按钮，在弹出的"交换元件"对话框中选择影片剪辑"首页内容动画 3"，参看图 7.68 所示。

Step45 新建一个影片剪辑元件，命名为"首页多内容切换动画"，在"图层 1"的第 1 帧将"库"面板中的"首页多内容动画 1"影片剪辑拖到舞台中，调整好位置，位置参数如图 7.69 左图所示，在第 25 帧、第 30 帧插入关键帧，选择第 30 帧，单击舞台上对应的影片剪辑，将其水平向左移动，位置参数如图 7.69 右图所示，同时修改其 Alpha 值为"0%"。最后在第 25 帧添加动作脚本，在"动作"面板中输入"stop();"。

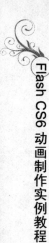

图 7.68　影片剪辑位置排列（四）

Step46　在时间轴上新建"图层 2"，在第 31 帧插入关键帧，将"库"面板中的"首页多内容动画 2"影片剪辑拖到舞台中，调整好位置，位置参数如图 7.70 所示，并将其 Alpha 值修改为"0%"。在第 50 帧插入关键帧，调整好位置，位置参数如图 7.69 左图所示，并将其 Alpha 值修改为"100%"。在第 55 帧插入关键帧，调整好位置，位置参数如图 7.69 右图所示，并将其 Alpha 值修改为"0%"。

位置和大小			位置和大小			位置和大小	
X: 21.00	Y: 8.00		X: -706.00	Y: 8.00		X: 760.00	Y: 8.00
宽: 712.10	高: 450.55		宽: 712.10	高: 450.55		宽: 712.10	高: 450.55

图 7.69　位置参数（一）　　　　　　　　　　　　图 7.70　位置参数（二）

Step47　在时间轴上新建"图层 3"，在第 56 帧插入关键帧，将"库"面板中的"首页多内容动画 3"影片剪辑拖到舞台中，调整好位置，位置参数如图 7.70 所示，并将其 Alpha 值修改为"0%"。在第 75 帧插入关键帧，调整好位置，位置参数如图 7.69 左图所示，并将其 Alpha 值修改为"100%"。在第 80 帧插入关键帧，调整好位置，位置参数如图 7.69 右图所示，并将其 Alpha 值修改为"0%"。

Step48　在时间轴上新建"图层 4"，在第 81 帧插入关键帧，将"库"面板中的"首页多内容动画 4"影片剪辑拖到舞台中，调整好位置，位置参数如图 7.70 所示，并将其 Alpha 值修改为"0%"。在第 100 帧插入关键帧，调整好位置，位置参数如图 7.69 左图所示，并将其 Alpha 值修改为"100%"。在第 105 帧插入关键帧，调整好位置，位置参数如图 7.69 右图所示，并将其 Alpha 值修改为"0%"。

Step49　在时间轴上新建"图层 5"，重命名为"网页设计按钮"，单击工具箱中的"文本工具"，在"属性"面板中设置字符系列为"隶书"，大小为"25 点"，颜色为红色，在舞台上输入"网页设计"。将其转换成按钮元件，命名为"网页设计按钮"，进入该按钮元件的编辑界面，在"图层 1"的第 2 帧插入关键帧，将舞台中对应的文字颜色改为白色，再在第 4 帧插入帧。新建"图层 2"，将"库"面板中的"按钮音乐.wav"拖到舞台中。返回"首页多内容切换动画"影片剪辑中，选择"网页设计按钮"图层的第 1 帧，再单击舞台中的按钮元件，在"属性"面板中修改"实例名称"为"wy"，最后在该图层的第 105 帧插入帧。

Step50　在时间轴上新建"图层 6"，重命名为"广告设计按钮"，单击工具箱中的"文本工具"，在"属性"面板中设置字符系列为"隶书"，大小为"25 点"，颜色为"#A7A7A7"，在舞台上输入"广告设计"。将其转换成按钮元件，命名为"广告设计按钮"，进入该按钮元件的编辑界面，在"图层1"的第2帧插入关键帧，将舞台中对应的文字颜色改为白色，再在第4帧插入帧。新建"图层2"，将"库"面板中的"按钮音乐.wav"拖到舞台中。返回"首页多内容切换动画"影片剪辑中，选择"广告设计按钮"图层的第1帧，再单击舞台中的按钮元件，在"属性"面板中修改"实例名称"为"gg"，最后在该图层的第105帧插入帧。

Step51 在时间轴上新建"图层7"，重命名为"特效设计按钮"，单击工具箱中的"文本工具"，在"属性"面板中设置字符系列为"隶书"，大小为"25点"，颜色为"#A7A7A7"，在舞台上输入"特效设计"。将其转换成按钮元件，命名为"特效设计按钮"，进入该按钮元件的编辑界面，在"图层1"的第2帧插入关键帧，将舞台中对应的文字颜色改为白色，再在第4帧插入帧。新建"图层2"，将"库"面板中的"按钮音乐.wav"拖到舞台中。返回"首页多内容切换动画"影片剪辑中，选择"特效设计按钮"图层的第1帧，再单击舞台中的按钮元件，在"属性"面板中修改"实例名称"为"tx"，最后在该图层的第105帧插入帧。

Step52 在时间轴上新建"图层8"，重命名为"海报设计按钮"，单击工具箱中的"文本工具"，在"属性"面板中设置字符系列为"隶书"，大小为"25点"，颜色为"#A7A7A7"，在舞台上输入"海报设计"。将其转换成按钮元件，命名为"海报设计按钮"，进入该按钮元件的编辑界面，在"图层1"的第2帧插入关键帧，将舞台中对应的文字颜色改为白色，再在第4帧插入帧。新建"图层2"，将"库"面板中的"按钮音乐.wav"拖到舞台中。返回"首页多内容切换动画"影片剪辑中，选择"海报设计按钮"图层的第1帧，再单击舞台中的按钮元件，在"属性"面板中修改"实例名称"为"hb"，最后在该图层的第105帧插入帧。

Step53 在时间轴上新建"图层9"，重命名为"代码"，在第1帧添加动作脚本，在"动作"面板中输入图7.71所示的代码。最后在该图层的第105帧插入帧。

```
stop();
wy.addEventListener(MouseEvent.CLICK,CLICK1);
function CLICK1(e:MouseEvent):void
{
    gotoAndPlay(1);//单击wy实例，跳转到第1帧
}
gg.addEventListener(MouseEvent.CLICK,CLICK2);
function CLICK2(e:MouseEvent):void
{
    gotoAndPlay(26);//单击gg实例，跳转到第26帧
}
tx.addEventListener(MouseEvent.CLICK,CLICK3);
function CLICK3(e:MouseEvent):void
{
    gotoAndPlay(51);//单击gg实例，跳转到第51帧
}
hb.addEventListener(MouseEvent.CLICK,CLICK4);
function CLICK4(e:MouseEvent):void
{
    gotoAndPlay(76);//单击gg实例，跳转到第76帧
}
```

图 7.71 代码控制帧的跳转

Step54 返回"场景1"中，在"背景音乐"图层上方新建图层"网站内容"，在该图层的第28帧插入关键帧，将"库"面板中的"首页多内容切换动画"影片剪辑拖到舞台中，调整好位置，位置参数如图7.72所示。

Step55 在第29帧插入空白关键帧，使用工具箱中的"文本工具"，在"属性"面板中设置字符系列为"华文行楷"，大小为"22点"，颜色为红色，在舞台中输入"跳过>>"，将其转换成按钮元件，命名为"移除按钮"，单击舞台中的按钮元件，在"属性"面板中修改"实例名称"为"yichu"。请注意将光盘中的"素材\ch07\7.2在线设计网站"中的"1.swf"文件复制到该实例源文件的同一路径中。在第29帧添加动作脚本，在"动作"面板中输入图7.73所示的代码。

Step56 在第30帧插入空白关键帧，将"库"面板中的位图"15.png"拖入舞台，在"属性"面板中设置X、Y的坐标值分别为"255""120"。在第31帧插入空白关键帧，将"库"面板中的位图"16.png"拖入舞台，在"属性"面板中设置X、Y的坐标值分别为"255""120"。

```
1  import flash.net.URLRequest;
2  stop(); //初始化
3  var loader:Loader = new Loader; //定义一个路径变量loader
4  loader.load(new URLRequest("1.swf")); //路径链接文件为1.swf
5  addChild(loader); //将1.swf加载到舞台
6  loader.x=260; //设置加载后文件的X轴坐标
7  loader.y=160; //设置加载后文件的Y轴坐标
8  yichu.addEventListener(MouseEvent.CLICK, yichu_click);
9  function yichu_click(e:MouseEvent):void {
10     MovieClip(root).removeChild(loader); //单击yichu实例后移除加载的文件
11     SoundMixer.stopAll(); //关闭所有的声音
12 }
```

位置和大小
△
X: 263.55   Y: 164.95
宽: 712.10   高: 509.10

图 7.72　位置参数（三）　　　　图 7.73　代码控制外部文件的加载与移除

Step57　将文件进行保存，单击"控制"｜"测试场景"命令或者按【Ctrl+Enter】组合键对文件进行测试。

7.3　实例Ⅲ——制作"家居装饰"网站

下面以项目式的操作方式来完成一个"家居装饰"网站的制作，舞台的画面效果如图 7.74 所示，最终的动画效果可参见光盘中的文件"效果\ch07\7.3 家居装饰网站.swf"。

图 7.74　家居装饰网站演示效果

7.3.1　设置舞台与导入素材

Step1　单击"文件"｜"新建"命令，或者按【Ctrl+N】组合键，在弹出的"新建文档"对话框的"常规"选项卡中选择"ActionScript 3.0"选项，设置舞台宽度和高度为 980 像素 × 800 像素，帧频设置为 35 fps，舞台颜色设置为黑色，单击"确定"按钮。

Step2　单击"文件"｜"导入"｜"导入到库"命令，在弹出的"导入到库"对话框中选择光盘中的"素材\ch07\7.3 家居装饰网站"中除文件夹以外的所有文件，单击"打开"按钮，"库"面板中就出现了所需要的素材。

7.3.2　制作交互式网站

Step1　在"场景 1"的时间轴上将"图层 1"重命名为"背景图片"，单击工具箱中的"矩形工具"，在"颜色"面板中设置"笔触颜色"为无，"填充颜色"为"线性渐变"，在第 1 个滑块设置颜色为"#B32615"，第 2 个滑块设置颜色为"#611209"，第 3 个滑块设置颜色为"#EC412C"，接着在舞台中绘制一个宽为"980"，高为"800"的矩形，X、Y 的坐标值都为"0"。再单击工具箱中的"渐变变形工具"，将水平方向的渐变变成垂直方向的

渐变，如图 7.75 所示。单击"修改"|"转换为元件"命令，在弹出的"转换为元件"对话框中选择类型为"图形"，命名为"背景图片"，在"背景图片"图层的第 35 帧插入关键帧，单击第 1 帧，将舞台中的"背景图片"图形元件垂直向上移动到舞台外，在第 1 帧和第 35 帧之间创建传统补间，在第 62 帧插入关键帧，将第 1 帧复制粘贴到第 85 帧，在第 62 帧和第 85 帧之间创建传统补间，在第 89 帧插入帧。

图 7.75　线性渐变

Step2　在"场景 1"的时间轴上新建"图层 2"，并重命名为"图 1 动画"，在第 64 帧插入关键帧，将"库"面板中的位图"1_1.jpg"拖入舞台，单击"修改"|"转换为元件"命令，在弹出的"转换为元件"对话框中选择类型为图形，命名为"大图 1"，再次将图形元件转换成影片剪辑元件，命名为"大图 1 动画"。双击"大图 1 动画"影片剪辑，进入影片剪辑的编辑界面，选中舞台中的图形元件，在"属性"面板中设置 X、Y 的坐标值均为"0"，在"图层 1"的第 20 帧插入关键帧，选择第 1 帧，单击舞台上的元件，在"属性"面板中设置 Alpha 值为"0%"，在第 1 帧和第 20 帧之间创建传统补间。回到"场景 1"中，在"图 1 动画"图层的第 89 帧插入帧。

Step3　在"场景 1"的时间轴上新建"图层 3"，并重命名为"小图入场动画"，在第 32 帧插入关键帧，将"库"面板中的位图"9.png"拖入舞台，单击"修改"|"转换为元件"命令，在弹出的"转换为元件"对话框中选择类型为"图形"，命名为"小图片背景"，再次将图形元件转换成影片剪辑元件，命名为"小图入场动画"。双击"小图入场动画"影片剪辑，进入影片剪辑的编辑界面，在"图层 1"的第 5 帧插入关键帧，将该帧对应舞台上的图形元件的 X、Y 坐标值都设置为"0"，选择第 1 帧，单击舞台上的元件，在"属性"面板中设置 Alpha 值为"0%"，并将该帧对应舞台上的图形元件水平向左移动到舞台外，最后在第 1 帧和第 5 帧之间创建传统补间。

Step4　在时间轴上新建"图层 2"，在该图层的第 5 帧插入关键帧，将"库"面板中的位图"1-2.png"拖入舞台，单击"修改"|"转换为元件"命令，在弹出的"转换为元件"对话框中选择类型为"按钮"，命名为"按钮 1"，再次将按钮元件转换成影片剪辑，命名为"小图 1 按钮"。双击"小图 1 按钮"影片剪辑元件，进入影片剪辑的编辑界面，将时间轴上的"图层 1"命名为"按钮 1"，选择"按钮 1"图层的第 1 帧，再单击舞台中的按钮元件，在"属性"面板中设置"实例名称"为"an1"，接着在该图层的第 20 帧插入帧。新建"图层 2"，命名为"边框"，使用"矩形工具"制作图 7.76 所示的圆角矩形框，填充颜色为"#FF6600"，将该圆角矩形框转换成图形元件，命名为"边框 1"。

Step5　在"边框"图层的第 5 帧插入关键帧，使用"矩形工具"制作图 7.77 左图所示的圆角矩形框，填充颜色为"#FF6600"，Alpha 值为"90%"，将该圆角矩形框转换成图形元件，命名为"边框 2"。在"边框"图层的第 10 帧插入关键帧，使用"矩形工具"制作图 7.77 右图所示的圆角矩形框，填充颜色为"#FF6600"，Alpha 值为"70%"，将该圆角矩形框转换成图形元件，命名为"边框 3"，将"边框"图层的第 5 帧复制粘贴到第 15 帧，在"边框"图层的第 1 帧复制粘贴到第 20 帧。

图 7.76　绘制圆角矩形框（一）　　　　图 7.77　绘制圆角矩形框（二）

Step6 新建"图层 3"，重命名为"代码"，在第 1 帧添加动作脚本，在"动作"面板中输入图 7.78 所示的代码。再在该图层的第 10 帧添加动作脚本，在"动作"面板中输入"stop();"。

Step7 回到"小图入场动画"影片剪辑，进入影片剪辑的编辑界面，单击"图层 2"的第 5 帧，选择舞台上对应的元件，在"属性"面板中设置位置，如图 7.79 所示。接着在"图层 2"的第 10 帧插入关键帧，在第 5 帧将舞台上对应元件的 Alpha 值设置为"0%"。在第 5 帧和第 10 帧之间创建传统补间。

```
1  stop();   //初始化
2  an1.addEventListener(MouseEvent.MOUSE_OVER,OVER);
3  function OVER(evt:MouseEvent):void
4  {
5      gotoAndPlay(2);//鼠标在an1实例上时跳转到第2帧
6  }
7  an1.addEventListener(MouseEvent.CLICK,CLICK1);
8  function CLICK1(e:MouseEvent):void
9  {
10     gotoAndStop(20);//单击an1实例，跳转到第20帧
11 }
12 an1.addEventListener(MouseEvent.MOUSE_OUT,OUT);
13 function OUT(evt:MouseEvent):void
14 {
15     gotoAndPlay(11);//鼠标离开an1实例时跳转到第2帧
16 }
```

图 7.78　代码实现帧跳转　　　　　图 7.79　设置位置（一）

Step8 在"库"面板中将"按钮 1"按钮元件直接复制，并重命名为"按钮 2"按钮元件，将其中的位图"1-2.png"交换为"2-2.png"。在"库"面板中将"小图 1 按钮"影片剪辑元件直接复制，并重命名为"小图 2 按钮"，将其中的"按钮 1"图层重命名为"按钮 2"，同时将舞台中对应的按钮元件"按钮 1"交换为"按钮 2"，将"边框"图层的第 1 帧移动到第 2 帧。回到"小图入场动画"影片剪辑，在时间轴上新建"图层 3"，在第 10 帧插入关键帧。将"库"面板中的"小图 2 按钮"影片剪辑拖入舞台中，在"属性"面板中设置位置和大小，如图 7.80 所示。接着在该图层的第 15 帧插入关键帧，在第 10 帧将舞台上对应元件的 Alpha 值设置为"0%"。在第 10 帧和第 15 帧之间创建传统补间。

Step9 在"库"面板中将"按钮 2"按钮元件直接复制，并重命名为"按钮 3"按钮元件，将其中的位图"2-2.png"交换为"3-2.png"。在"库"面板中将"小图 2 按钮"影片剪辑元件直接复制，并重命名为"小图 3 按钮"，将其中的"按钮 2"图层重命名为"按钮 3"，同时将舞台中对应的按钮元件"按钮 2"交换为"按钮 3"。回到"小图入场动画"影片剪辑，

在时间轴上新建"图层 4"，在第 15 帧插入关键帧。将"库"面板中的"小图 3 按钮"影片剪辑拖入舞台中，在"属性"面板中设置位置和大小，如图 7.81 所示。接着在该图层的第 20 帧插入关键帧，在第 15 帧将舞台上对应元件的 Alpha 值设置为"0%"。在第 15 帧和第 20 帧之间创建传统补间。

Step10 在"库"面板中将"按钮 3"按钮元件直接复制，并重命名为"按钮 4"按钮元件，将其中的位图"3-2.png"交换为"4-2.png"。在"库"面板中将"小图 3 按钮"影片剪辑元件直接复制，并重命名为"小图 4 按钮"，将其中的"按钮 3"图层重命名为"按钮 4"，同时将舞台中对应的按钮元件"按钮 3"交换为"按钮 4"。回到"小图入场动画"影片剪辑，在时间轴上新建"图层 5"，在第 20 帧插入关键帧。将"库"面板中"小图 4 按钮"影片剪辑拖入舞台中，在"属性"面板中设置位置和大小，如图 7.82 所示。接着在该图层的第 25 帧插入关键帧，在第 20 帧将舞台上对应元件的 Alpha 值设置为"0%"。在第 20 帧和第 25 帧之间创建传统补间。

图 7.80 设置位置（二） 　　图 7.81 设置位置（三） 　　图 7.82 设置位置（四）

Step11 在"库"面板中将"按钮 4"按钮元件直接复制，并重命名为"按钮 5"按钮元件，将其中的位图"4-2.png"交换为"5-2.png"。在"库"面板中将"小图 4 按钮"影片剪辑元件直接复制，并重命名为"小图 5 按钮"，将其中的"按钮 4"图层重命名为"按钮 5"，同时将舞台中对应的按钮元件"按钮 4"交换为"按钮 5"。回到"小图入场动画"影片剪辑，在时间轴上新建"图层 6"，在第 25 帧插入关键帧。将"库"面板中的"小图 5 按钮"影片剪辑拖入舞台中，在"属性"面板中设置位置和大小，如图 7.83 所示。接着在该图层的第 30 帧插入关键帧，在第 25 帧将舞台上对应元件的 Alpha 值设置为"0%"。在第 25 帧和第 30 帧之间创建传统补间。

Step12 在"库"面板中将"按钮 5"按钮元件直接复制，并重命名为"按钮 6"按钮元件，将其中的位图"5-2.png"交换为"6-2.png"。在"库"面板中将"小图 5 按钮"影片剪辑元件直接复制，并重命名为"小图 6 按钮"，将其中的"按钮 5"图层重命名为"按钮 6"，同时将舞台中对应的按钮元件"按钮 5"交换为"按钮 6"。回到"小图入场动画"影片剪辑，在时间轴上新建"图层 7"，在第 30 帧插入关键帧。将"库"面板中的"小图 6 按钮"影片剪辑拖入舞台中，在"属性"面板中设置位置和大小，如图 7.84 所示。接着在该图层的第 35 帧插入关键帧，在第 30 帧将舞台上对应元件的 Alpha 值设置为"0%"。在第 30 帧和第 35 帧之间创建传统补间，并在第 35 帧添加动作脚本，在"动作"面板中输入"stop();"。

Step13 回到"场景 1"中，在时间轴上"小图入场动画"图层的第 89 帧插入帧。新建影片剪辑元件，命名为"背景动画 1"，进入影片剪辑的编辑界面，将"图层 1"重命名为"背景图片"，将"库"面板中的"背景图片"图形元件拖入舞台中，在"属性"面板中将 X、Y 的坐标值都设置为"0"，在该图层的第 10 帧插入关键帧，在第 1 帧将舞台中的元件垂直向上移动到 Y 的坐标值为"-810"，在第 1 帧和第 10 帧之间创建传统补间。在第 15 帧插入关键帧，再将第 1 帧复制粘贴到第 25 帧，在第 15 帧和第 25 帧之间创建传统补间。在时间轴上新建"图层 2"，重命名为"大图动画"，在第 11 帧插入关键帧，将"库"面板中的"大

图 1 动画"影片剪辑元件拖入舞台，在"属性"面板中设置位置的值如图 7.85 所示，在该图层的第 25 帧插入帧。

图 7.83　设置位置（五）　　　图 7.84　设置位置（六）　　　图 7.85　设置位置（七）

Step14　将"库"面板中的"大图 1"图形元件直接复制为"大图 2"图形元件，双击"大图 2"图形元件，将舞台中对应的位图交换为"2-1.jpg"。将"库"面板中的"大图 1 动画"影片剪辑元件直接复制为"大图 2 动画"影片剪辑元件。双击"大图 2 动画"影片剪辑元件，进入该影片剪辑的编辑界面，分别选择"图层 1"的第 1 帧和第 20 帧，将舞台中对应的"大图 1"图形元件都交换为"大图 2"图形元件。将"库"面板中的"背景动画 1"影片剪辑元件直接复制为"背景动画 2"影片剪辑元件，双击"背景动画 2"影片剪辑元件，进入该影片剪辑的编辑界面，在"大图动画"图层将对应的"大图 1 动画"影片剪辑元件交换为"大图 2 动画"影片剪辑元件。

Step15　将"库"面板中的"大图 2"图形元件直接复制为"大图 3"图形元件，双击"大图 3"图形元件，将舞台中对应的位图交换为"3-1.jpg"。将"库"面板中的"大图 2 动画"影片剪辑元件直接复制为"大图 3 动画"影片剪辑元件。双击"大图 3 动画"影片剪辑元件，进入该影片剪辑的编辑界面，分别选择"图层 1"的第 1 帧和第 20 帧，将舞台中对应的"大图 2"图形元件都交换为"大图 3"图形元件。将"库"面板中的"背景动画 2"影片剪辑元件直接复制为"背景动画 3"影片剪辑元件，双击"背景动画 3"影片剪辑元件，进入该影片剪辑的编辑界面，在"大图动画"图层将对应的"大图 2 动画"影片剪辑的交换为"大图 3 动画"影片剪辑元件。

Step16　将"库"面板中的"大图 3"图形元件直接复制为"大图 4"图形元件，双击"大图 4"图形元件，将舞台中对应的位图交换为"4-1.jpg"。将"库"面板中的"大图 3 动画"影片剪辑的直接复制为"大图 4 动画"影片剪辑元件，双击"大图 4 动画"影片剪辑元件，进入该影片剪辑的编辑界面，分别选择"图层 1"的第 1 帧和第 20 帧，将舞台中对应的"大图 3"图形元件都交换为"大图 4"图形元件。将"库"面板中的"背景动画 3"影片剪辑元件直接复制为"背景动画 4"影片剪辑元件，双击"背景动画 4"影片剪辑，进入该影片剪辑的编辑界面，在"大图动画"图层将对应的"大图 3 动画"影片剪辑元件交换为"大图 4 动画"影片剪辑元件。

Step17　将"库"面板中的"大图 4"图形元件直接复制为"大图 5"图形元件，双击"大图 5"图形元件，将舞台中对应的位图交换为"5-1.jpg"。将"库"面板中的"大图 4 动画"影片剪辑的直接复制为"大图 5 动画"影片剪辑元件。双击"大图 5 动画"影片剪辑元件，进入该影片剪辑的编辑界面，分别选择"图层 1"的第 1 帧和第 20 帧，将舞台中对应的"大图 4"图形元件都交换为"大图 5"图形元件。将"库"面板中的"背景动画 4"影片剪辑元件直接复制为"背景动画 5"影片剪辑元件，双击"背景动画 5"影片剪辑元件，进入该影片剪辑的编辑界面，在"大图动画"图层将对应的"大图 4 动画"影片剪辑元件交换为"大图 5 动画"影片剪辑元件。

Step18 将"库"面板中的"大图 5"图形元件直接复制为"大图 6"图形元件，双击"大图 6"图形元件，将舞台中对应的位图交换为"6-1.jpg"。将"库"面板中的"大图 5 动画"影片剪辑元件直接复制为"大图 6 动画"影片剪辑元件。双击"大图 6 动画"影片剪辑元件，进入该影片剪辑元件编辑界面，分别选择"图层 1"的第 1 帧和第 20 帧，将舞台中对应的"大图 5"图形元件都交换为"大图 6"图形元件。将"库"面板中的"背景动画 5"影片剪辑的直接复制为"背景动画 6"影片剪辑元件，双击"背景动画 6"影片剪辑元件，进入该影片剪辑的编辑界面，在"大图动画"图层将对应的"大图 5 动画"影片剪辑元件交换为"大图 6 动画"影片剪辑元件。

Step19 新建影片剪辑元件，命名为"图片切换动画"，进入影片剪辑的编辑界面，将"图层 1"重命名为"背景"，在第 1 帧将"库"面板中的"大图 1"图形元件拖入舞台正中，在第 2 帧插入空白关键帧，将"库"面板中的"背景动画 1"影片剪辑元件拖入舞台中，在"属性"面板中设置坐标位置，如图 7.86 所示。在第 3 帧插入空白关键帧，将"库"面板中的"背景动画 2"影片剪辑元件拖入舞台中，在"属性"面板中设置坐标位置，如图 7.86 所示。在第 4 帧插入空白关键帧，将"库"面板中的"背景动画 3"影片剪辑元件拖入舞台中，在"属性"面板中设置坐标位置，如图 7.86 所示。在第 5 帧插入空白关键帧，将"库"面板中的"背景动画 4"影片剪辑元件拖入舞台中，在"属性"面板中设置坐标位置，如图 7.86 所示。在第 6 帧插入空白关键帧，将"库"面板中的"背景动画 5"影片剪辑元件拖入舞台中，在"属性"面板中设置坐标位置，如图 7.86 所示。在第 7 帧插入空白关键帧，将"库"面板中的"背景动画 6"影片剪辑元件拖入舞台中，在"属性"面板中设置坐标位置，如图 7.86 所示。

Step20 在时间轴上新建"图层 2"，重命名为"小图按钮"，将"库"面板中的位图"9.png"拖入舞台，X、Y 坐标的值都设置为"0"。分别将"库"面板中的"小图 1 按钮"影片剪辑、"小图 2 按钮"影片剪辑、"小图 3 按钮"影片剪辑、"小图 4 按钮"影片剪辑、"小图 5 按钮"影片剪辑、"小图 6 按钮"影片剪辑分别拖到舞台中，位置分别如图 7.79～图 7.84 所示，同时在"属性"面板中分别输入"实例名称"为"xiaotu1""xiaotu2""xiaotu3""xiaotu4""xiaotu5""xiaotu6"。在时间轴上新建"图层 3"，重命名为"代码"，在该图层的第 1 帧添加动作脚本，在"动作"面板中输入图 7.87 所示的代码。

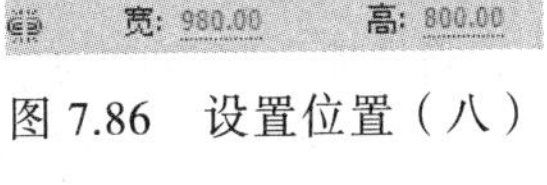

```
1  stop();
2  xiaotu1.addEventListener(MouseEvent.CLICK,xt1);
3  function xt1(e:MouseEvent):void {
4    gotoAndStop(2);
5  }
6  xiaotu2.addEventListener(MouseEvent.CLICK,xt2);
7  function xt2(e:MouseEvent):void {
8    gotoAndStop(3);
9  }
10 xiaotu3.addEventListener(MouseEvent.CLICK,xt3);
11 function xt3(e:MouseEvent):void {
12   gotoAndStop(4);
13 }
14 xiaotu4.addEventListener(MouseEvent.CLICK,xt4);
15 function xt4(e:MouseEvent):void {
16   gotoAndStop(5);
17 }
18 xiaotu5.addEventListener(MouseEvent.CLICK,xt5);
19 function xt5(e:MouseEvent):void {
20   gotoAndStop(6);
21 }
22 xiaotu6.addEventListener(MouseEvent.CLICK,xt6);
23 function xt6(e:MouseEvent):void {
24   gotoAndStop(7);
25 }
```

▽ 位置和大小
X: -8.00   Y: -110.00
宽: 980.00   高: 800.00

图 7.86　设置位置（八）　　　　图 7.87　代码控制帧的跳转

Step21 回到"场景 1"中，继续在上方新建"图片切换动画"图层，在该图层的第 90 帧插入关键帧，将"库"面板中的"图片切换动画"影片剪辑拖入舞台正中，在第 150 帧插入帧。

Step22 新建影片剪辑元件，命名为"圆环动画 1"，使用"椭圆工具"，在"属性"面板中设置"笔触颜色"为白色，"填充颜色"为无，"笔触高度"为"15"。在舞台中绘制一个如图 7.88 所示的圆环，宽和高均为"77.55"，将该形状转换为图形元件，命名为"圆环"，该"圆环"图形元件在舞台中 X、Y 的坐标值都为"0"，第 1 帧对应舞台上的图形元件设置缩放宽度和缩放高度都为"32%"。在"圆环动画 1"影片剪辑"图层 1"的第 50

图 7.88 绘制圆环图形

帧插入关键帧，在"变形"面板中将该帧对应舞台上的图形元件设置缩放宽度和缩放高度都为"120%"，同时将图形元件的 Alpha 值设置为"0%"。在第 1 帧和第 50 帧之间创建传统补间。

Step23 新建影片剪辑元件，命名为"圆环动画 2"，在"圆环动画 2"影片剪辑"图层 1"的第 17 帧插入关键帧，将"库"面板中的"圆环"图形元件拖入舞台中，该"圆环"图形元件在舞台中 X、Y 的坐标值都为"0"，在"变形"面板中将该帧对应舞台上的图形元件设置缩放宽度和缩放高度都为"64%"。在第 76 帧插入关键帧，在"变形"面板中将该帧对应舞台上的图形元件设置缩放宽度和缩放高度都为"214.4%"，同时将图形元件的 Alpha 值设置为"0%"。在第 17 帧和第 76 帧之间创建传统补间。

Step24 新建按钮元件，命名为"导航菜单按钮 1"，将"图层 1"重命名为"圆环动画 1"，在第 2 帧插入关键帧，将"库"面板中的"圆环动画 1"影片剪辑元件拖到舞台中，该影片剪辑元件在舞台中 X、Y 的坐标值都为"0"。新建"图层 2"，并重命名为"圆"，在该图层中绘制一个宽和高都为"62.05"，颜色为"#FF0099"的圆，圆的位置须在"圆环动画 1"影片剪辑的正中间。在该图层的第 2 帧插入关键帧，选择舞台中的圆，在舞台中将宽和高都修改为"77.55"。在该图层的第 3 帧插入关键帧，选择舞台中的圆，在"颜色"面板中将其颜色修改为白色，接着在第 4 帧插入关键帧。新建"图层 3"，命名为"10"，在"库"面板中将位图"10.png"拖入舞台，放置在圆正中间，在该图层的第 2 帧插入关键帧，在"变形"面板中将该帧对应舞台中的位图设置缩放宽度和缩放高度均为"140%"，在该图层的第 4 帧插入帧。

Step25 在"库"面板中将"导航菜单按钮 1"按钮元件直接复制，并重命名为"导航菜单按钮 2"，双击"导航菜单按钮 2"按钮元件，将含位图图层中的第 1 帧到第 4 帧中的位图交换为位图"11.png"。在"库"面板中将"导航菜单按钮 2"按钮元件直接复制，并重命名为"导航菜单按钮 3"，双击"导航菜单按钮 3"按钮元件，将含位图图层中的第 1 帧到第 4 帧中的位图交换为位图"12.png"。在"库"面板中将"导航菜单按钮 3"按钮元件直接复制，并重命名为"导航菜单按钮 4"，双击"导航菜单按钮 4"按钮元件，将含位图图层中的第 1 帧到第 4 帧中的位图交换为位图"13.png"。在"库"面板中将"导航菜单按钮 4"按钮元件直接复制，并重命名为"导航菜单按钮 5"，双击"导航菜单按钮 5"按钮元件，将含位图图层中的第 1 帧到第 4 帧中的位图交换为位图"14.png"。

Step26 新建影片剪辑元件，命名为"导航入场动画"，将"库"面板中的位图"7.png"拖入舞台，设置 X、Y 的坐标值都为"0"，将其转换成图形元件，命名为"导航背景"，单

击工具箱中的"任意变形工具"，将中心圆点水平方向拖动到该图形元件的最左边，如图7.89
左图所示。将时间轴上的"图层1"重命名为"导航背景"，在该图层的第20帧插入关键帧，
选择第1帧，使用"任意变形工具"将舞台上对应的元件缩小，并设置Alpha值为"0%"，
如图7.89右图所示。在第1帧和第20帧之间创建传统补间，在该图层的第40帧插入帧。

图7.89　缩放图形元件

Step27　在时间轴上新建"图层2"，并重命名为"导航菜单按钮1"，在第15帧插入
关键帧，将"库"面板中的"导航菜单按钮1"影片剪辑拖入舞台，在该图层的第20帧插入
关键帧，选择第15帧，并设置Alpha值为"0%"，在第15帧和第20帧之间创建传统补间，
在该图层的第40帧插入帧。在时间轴上新建"图层3"，并重命名为"导航菜单按钮2"，
在第20帧插入关键帧，将"库"面板中的"导航菜单按钮2"影片剪辑拖入舞台，在该图层
的第25帧插入关键帧，选择第20帧，并设置Alpha值为"0%"，在第20帧和第25帧之间
创建传统补间，在该图层的第40帧插入帧。在时间轴上新建"图层4"，并重命名为"导航
菜单按钮3"，在第25帧插入关键帧，将"库"面板中的"导航菜单按钮3"影片剪辑拖入
舞台，在该图层的第30帧插入关键帧，选择第25帧，并设置Alpha值为"0%"，在第25
帧和第30帧之间创建传统补间，在该图层的第40帧插入帧。在时间轴上新建"图层5"，
并重命名为"导航菜单按钮4"，在第30帧插入关键帧，将"库"面板中的"导航菜单按钮
4"影片剪辑拖入舞台，在该图层的第35帧插入关键帧，选择第30帧，并设置Alpha值为"0%"，
在第30帧和第35帧之间创建传统补间，在该图层的第40帧插入帧。在时间轴上新建"图层
6"，并重命名为"导航菜单按钮5"，在第35帧插入关键帧，将"库"面板中的"导航菜
单按钮5"影片剪辑拖入舞台，在该图层的第40帧插入关键帧，选择第35帧，并设置Alpha
值为"0%"，在第35帧和第40帧之间创建传统补间。在该图层的第40帧添加动作脚本，
在"动作"面板中输入"stop();"。调整好位置，第40帧的效果如图7.90所示。

Step28　回到"场景1"中，新建"图层5"，并重命名为"导航入场动画"，在该图
层的第24帧插入关键帧，将"库"面板中的"导航入场动画"影片剪辑拖入舞台中，设置位
置和大小的参数如图7.91所示。再在第89帧插入帧。

图7.90　导航入场动画

图7.91　位置和大小（一）

Step29　在"导航入场动画"图层的第90帧插入空白关键帧，将"库"面板中的"导
航背景"图形元件、"导航菜单按钮1"按钮元件、"导航菜单按钮2"按钮元件、"导航菜
单按钮3"按钮元件、"导航菜单按钮4"按钮元件、"导航菜单按钮5"按钮元件拖入舞台
中，并分别在"属性"面板中将这5个按钮元件的"实例名称"修改为"shouye""zixun"
"goumai""shouhou""women"。在该图层的第150帧插入帧。调整好位置，与图7.90的
坐标位置一致。

Step30 新建影片剪辑元件，命名为"logo 特效"，将"库"面板中的位图"8.png"拖入舞台，设置 X、Y 的坐标值都为"0"，将其转换成图形元件，命名为"logo"。在"logo 特效"影片剪辑"图层 1"的第 10 帧插入关键帧，并在第 10 帧添加动作脚本，在"动作"面板中输入"stop();"。选择第 1 帧，将舞台中对应的图形元件的 Alpha 值设置为"0%"，在第 1 帧和第 10 帧之间创建传统补间。新建"图层 2"，将"库"面板中的位图"15.png"拖入舞台，放在"logo"图形元件的正中间。

Step31 回到"场景 1"中，新建"图层 6"，重命名为"logo"，在该图层的第 16 帧插入关键帧，将"库"面板中的"logo 特效"影片剪辑拖入舞台中，设置位置和大小的参数如图 7.92 所示。

Step32 回到"场景 1"中，新建"图层 7"，重命名为"页脚"，在该图层的第 63 帧插入关键帧，将"库"面板中的位图"22.png"拖入舞台中，设置位置和大小的参数如图 7.93 所示。

Step33 新建影片剪辑元件，命名为"雪花旋转动画"，在舞台中使用"矩形工具"，绘制图 7.94 所示的形状，"填充颜色"为白色。将该形状转换成图形元件，命名为"雪花"，在"图层 1"的第 60 帧插入关键帧，单击"修改"|"变形"|"缩放与旋转"命令，在弹出的"缩放和旋转"对话框中设置旋转的值为"900"。在第 1 帧和第 60 帧创建传统补间。

图 7.92　位置和大小（二）　　图 7.93　位置和大小（三）　　　　图 7.94　绘制图形

Step34 新建影片剪辑元件，命名为"右侧导航图标 1"，将时间轴的"图层 1"重命名为"圆环动画 2"，将"库"面板中的"圆环动画 2"影片剪辑元件拖入舞台中，设置 X、Y 的坐标值都为"0"。新建"图层 2"，使用"椭圆工具"绘制一个圆，"笔触颜色"为无，"填充颜色"为"#FF3399"，Alpha 值为"30%"。新建"图层 3"，使用"文本工具"输入"首页"，设置字符系列为"华文琥珀"，大小为"28 点"，将"库"面板中的"雪花旋转动画"影片剪辑拖入舞台中。新建"图层 4"，将"库"面板中的位图"10.png"拖入舞台中，在"变形"面板中设置缩放高度和缩放宽度均为"200%"。调整好每个图层中元件的位置，如图 7.95 所示。

图 7.95　制作影片剪辑

Step35 在"库"面板中将"右侧导航图标 1"影片剪辑元件直接复制，并重命名为"右侧导航图标 2"影片剪辑，双击"右侧导航图标 2"影片剪辑，将其中的文字改为"资讯"，将其中的位图交换为"11.png"。在"库"面板中将"右侧导航图标 2"影片剪辑元件直接复制，并重命名为"右侧导航图标 3"影片剪辑，双击"右侧导航图标 3"影片剪辑，将其中的文字改为"购买"，将其中的位图交换为"12.png"。在"库"面板中将"右侧导航图标3"影片剪辑元件直接复制，并重命名为"右侧导航图标4"影片剪辑，双击"右侧导航图标4"影片剪辑，将其中的文字改为"售后"，将其中的位图交换为"13.png"。在"库"面板中将"右侧导航图标4"影片剪辑元件直接复制，并重命名为"右侧导航图标5"影片剪辑，双击"右侧导航图标5"影片剪辑，将其中的文字改为"我们"，将其中的位图交换为"14.png"。

Step36 新建图形元件，命名为"过渡效果"，单击"文件"|"导入"|"导入到舞台"命令，在弹出的"导入"对话框中选择光盘中的"素材\ch07\7.3 家居装饰网站\z-image"文件夹中的位图"z-1.png"，将其中的位图以序列的方式导入舞台，接着在"图层1"的第50帧插入帧。

Step37 新建影片剪辑元件，命名为"资讯内容"，在"图层1"的第1帧将"库"面板中的"过渡效果"图形元件拖入舞台中，设置X、Y的坐标值都为"0"，设置"色彩效果"的高级样式参数如图7.96所示，在该图层的第50帧插入帧。新建"图层2"，在"图层2"的第50帧插入关键帧，将"库"面板中的位图"23.png"拖入舞台，放置在"过渡效果"图形元件的正中位置。新建"图层3"，在"图层3"的第50帧插入关键帧，并添加动作脚本，在"动作"面板中输入"stop();"。

Step38 在"库"面板中将"资讯内容"影片剪辑元件直接复制，并重命名为"售后内容"影片剪辑，双击"售后内容"影片剪辑，将其中"图层1"中对应的舞台元件修改"色彩效果"的高级样式，参数如图7.97左图所示，将其中"图层2"的第50帧的位图交换为"24.png"。在"库"面板中将"售后内容"影片剪辑元件直接复制，并重命名为"我们内容"影片剪辑，双击"我们内容"影片剪辑，将其中"图层1"中对应的舞台元件修改"色彩效果"的高级样式，参数如图7.97右图所示，将其中"图层2"的第50帧的位图交换为"25.png"。

 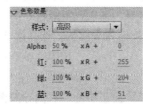 

图 7.96　高级样式（一）　　　　图 7.97　高级样式（二）

Step39 在"库"面板中将"我们内容"影片剪辑元件直接复制，并重命名为"购买内容"影片剪辑，双击"购买内容"影片剪辑，将其中"图层1"中对应的舞台元件修改"色彩效果"的高级样式，参数如图7.98左图所示，将其中"图层2"中的第50帧清除，将"库"面板中的位图"18.png""19.png""20.png""21.png"拖入舞台，按照顺序从上到下依次排列，并分别转换成图形元件，依次命名为"沙发1""沙发2""沙发3""沙发4"，将这4个图形元件全部选中，再次转换成影片剪辑元件，命名为"沙发组合"，再将"沙发组合"转换成影片剪辑元件，命名为"滚动效果"，效果如图7.98右图所示。

Step40 进入"滚动效果"影片剪辑的编辑界面，在时间轴上选择"图层1"的第1帧，单击舞台中对应的元件，在"属性"面板中修改"实例名称"为"neirong"。新建"图层2"，将"库"面板中的位图"16.png""17.png"拖入舞台，分别转换成影片剪辑元件，并命名为"滚动圆"和"滚动线条"，选中"滚动圆"，在"属性"面板中修改"实例名称"为"bar"。新建"图层3"，在第1帧添加动作脚本，在"动作"面板中输入图7.99所示的代码。

```
1   var bili:Number;//比例值
2   var bar_x:Number=bar.x;
3   var bar_y:Number=bar.y;
4   var neirong_h:Number=neirong.height;//获取内容的高度
5   var bar_h:Number=bar.height;//获取滚动条的高度
6   var zhezhao_h:Number=545;//这个是遮罩矩形的高
7   var rect:Rectangle;//用来动态变换的
8   var zhezhao:Rectangle=new Rectangle(0,0,neirong.width,zhezhao_h);//遮罩矩形
9   neirong.scrollRect=zhezhao;//遮罩内容了
10  bar.addEventListener(MouseEvent.MOUSE_DOWN,down);
11  stage.addEventListener(MouseEvent.MOUSE_UP,up);          //指向的是舞台
12  stage.addEventListener(MouseEvent.MOUSE_MOVE,yidong);    //如上
13  function down(evt:MouseEvent):void {
14    bar.startDrag(false,new Rectangle(bar_x,bar_y,0,zhezhao_h-bar_h));
15  }
16  function up(evt:MouseEvent):void {
17    bar.stopDrag();
18  }
19  function yidong(evt:MouseEvent):void {
20    bili=(bar.y-neirong.y)/(zhezhao_h-bar_h);               //得到比例
21  /*****************实现遮罩滚动**********************
22    rect=neirong.scrollRect;
23    rect.y=bili*(neirong_h-zhezhao_h);
24    neirong.scrollRect=rect;
25  **************************************************/
26  }
27  stop();
```

图 7.98 制作滚动效果   图 7.99 代码实现滚动效果

Step41 返回"购买内容"影片剪辑的编辑界面,在"图层 2"的第 45 帧插入关键帧,单击对应舞台中的元件,在"属性"面板中设置 Alpha 值为"0%"。回到"场景 1",新建"图层 8",在第 90 帧插入关键帧,将"库"面板中的"右侧导航图标 1"影片剪辑拖入舞台中,将该影片剪辑再次转换成影片剪辑元件,命名为"右侧导航动画",调整好位置,如图 7.100 所示。

图 7.100 调整位置

Step42 进入"右侧导航动画"影片剪辑编辑界面,将"图层 1"命名为"右侧导航图标 1"。在该图层的第 2 帧和第 10 帧插入关键帧,选择第 2 帧,将舞台中对应的元件水平向右移动到舞台外,同时设置 Alpha 值为"0%",在第 2 帧和第 10 帧之间创建传统补间。分别在第 1 帧和第 10 帧添加动作脚本,在"动作"面板中均输入"stop();"。新建"图层 2",在该图层的第 11 帧插入关键帧,将"库"面板中的"右侧导航图标 2"影片剪辑拖入舞台中,与"图层 1"中第 1 帧的"右侧导航图标 1"影片剪辑元件位置一致,在该图层的第 20 帧插入关键帧,选择第 11 帧,将舞台中对应的元件水平向右移动到舞台外,同时设置 Alpha 值为"0%",在第 11 帧和第 20 帧之间创建传统补间。在第 20 帧添加动作脚本,在"动作"面板中输入"stop();"。

Step43 新建"图层 3",在该图层的第 20 帧插入关键帧,将"库"面板中的"资讯内容"影片剪辑拖入舞台中,位置如图 7.101 所示。新建"图层 4",在该图层的第 21 帧插入关键帧,将"库"面板中的"右侧导航图标 3"影片剪辑拖入舞台中,与"图层 1"中第 1 帧的"右侧导航图标 1"影片剪辑元件位置一致,在该图层的第 30 帧插入关键帧,选择第 21 帧,将舞台中对应的元件水平向右移动到舞台外,同时设置 Alpha 值为"0%",在第 21 帧和第 30 帧之间创建传统补间。在第 30 帧添加动作脚本,在"动作"面板中输入"stop();"。

Step44 新建"图层 5",在该图层的第 30 帧插入关键帧,将"库"面板中的"购买内容"影片剪辑拖入舞台中,位置如图 7.101 所示。新建"图层 6",在该图层的第 31 帧插入关键帧,将"库"面板中的"右侧导航图标 4"影片剪辑拖入舞台中,与"图层 1"中第 1 帧的"右侧导航图标 1"影片剪辑元件位置一致,在该图层的第 40 帧插入关键帧,选择第 31

帧，将舞台中对应的元件水平向右移动到舞台外，同时设置 Alpha 值为"0%"，在第 31 帧和第 40 帧之间创建传统补间。在第 40 帧添加动作脚本，在"动作"面板中输入"stop();"。

Step45 新建"图层 7"，在该图层的第 40 帧处插入关键帧，将"库"面板中的"售后内容"影片剪辑拖入舞台中，位置如图 7.101 所示。新建"图层 8"，在该图层的第 41 帧插入关键帧，将"库"面板中的"右侧导航图标 5"影片剪辑拖入舞台中，与"图层 1"中第 1 帧的"右侧导航图标 1"影片剪辑元件位置一致，在该图层的第 50 帧插入关键帧，选择第 41 帧，将舞台中对应的元件水平向右移动到舞台外，同时设置 Alpha 值为"0%"，在第 41 帧和第 50 帧之间创建传统补间。在第 50 帧添加动作脚本，在"动作"面板中输入"stop();"。新建"图层 9"，在该图层的第 50 帧插入关键帧，将"库"面板中的"我们内容"影片剪辑拖入舞台中，位置如图 7.101 所示。

Step46 回到"场景 1"中，选择"图层 8"，单击舞台中对应的元件，在"属性"面板中修改"实例名称"为"menu"。新建"图层 9"，将第 2 帧到第 150 帧删除，选择第 1 帧，将"库"面板中的"背景音乐.wav"拖入舞台。新建"图层 10"，在第 90 帧插入关键帧，并在该帧添加动作脚本，在"动作"面板中输入图 7.102 所示的代码。

```
1  stop();
2  shouye.addEventListener(MouseEvent.CLICK,sy);
3  function sy(e:MouseEvent):void {
4    menu.gotoAndPlay(2);
5  }
6  zixun.addEventListener(MouseEvent.CLICK,zx);
7  function zx(e:MouseEvent):void {
8    menu.gotoAndPlay(11);
9  }
10 goumai.addEventListener(MouseEvent.CLICK,gm);
11 function gm(e:MouseEvent):void {
12   menu.gotoAndPlay(21);
13 }
14 shouhou.addEventListener(MouseEvent.CLICK,sh);
15 function sh(e:MouseEvent):void {
16   menu.gotoAndPlay(31);
17 }
18 women.addEventListener(MouseEvent.CLICK,wm);
19 function wm(e:MouseEvent):void {
20   menu.gotoAndPlay(41);
21 }
```

图 7.101　位置和大小（四）　　　图 7.102　鼠标单击实现帧跳转

Step47 将文件进行保存，单击"控制"|"测试场景"命令或者按【Ctrl+Enter】组合键对文件进行测试。

7.4　实例Ⅳ —— 制作"智能科技"网站

下面以项目式的操作方式来完成一个"智能科技"网站的制作，舞台的画面效果如图 7.103 所示，最终的动画效果可参见光盘中的文件"效果\ch07\7.4 智能科技网站.swf"。

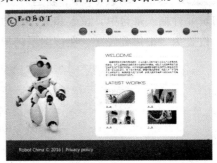

图 7.103　智能科技网站演示效果

7.4.1　设置舞台与导入素材

Step 1　单击"文件"|"新建"命令，或者按【Ctrl+N】组合键，在弹出的"新建文档"对话框的"常规"选项卡中选择"ActionScript 3.0"选项，设置舞台宽度和高度为 980 像素 × 700 像素，帧频设置为 40 fps，舞台颜色设置为"#CCCCCC"，单击"确定"按钮。

Step 2　单击"文件"|"导入"|"导入到库"命令，在弹出的"导入到库"对话框中选择光盘中的"素材\ch07\7.4 智能科技网站"中除文件夹以外的所有文件，单击"打开"按钮，"库"面板中就出现了所需要的素材。

7.4.2　制作交互式网站

Step 1　在"场景 1"的时间轴上将"图层 1"重命名为"logo"，将"库"面板中的位图"logo.png"拖到舞台中，位置参数如图 7.104 所示。在该图层的第 124 帧插入帧。

Step 2　在"场景 1"的时间轴上新建"图层 2"，重命名为"椭圆"，在"颜色"面板中设置"笔触颜色"为无，颜色类型为"径向渐变"，左侧颜色滑块的颜色为"#FFFFFF"，Alpha 值为"100%"，右侧颜色滑块的颜色为"#FFFFFF"，Alpha 值为"0%"，如图 7.105 左图所示。使用"椭圆工具"在舞台中绘制一个椭圆，位置和大小如图 7.105 右图所示。在该图层的第 124 帧插入帧。

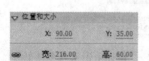

图 7.104　位置和大小（一）　　　　图 7.105　绘制椭圆

Step 3　新建一个影片剪辑元件，命名为"跳"，进入该影片剪辑的编辑界面，单击"文件"|"导入"|"导入到舞台"命令，在弹出的"导入"对话框中选择光盘中的"素材\ch07\7.4 智能科技网站\a-image"文件夹中的位图"a-1.png"，将其中的位图以序列的方式导入舞台，接着在"图层 1"的第 37 帧添加动作脚本，在"动作"面板中输入"stop();"。再新建"图层 2"，将"库"面板中的"跳音乐.wav"音乐拖入舞台中。

Step 4　返回"场景 1"中，新建"图层 3"，重命名为"跳"，将"库"面板中的"跳"影片剪辑元件拖入舞台中，位置和大小参数如图 7.106 左图所示，将"显示"区域的"混合模式"设置为"正片叠底"。在该图层的第 38 帧插入帧。

图 7.106　混合模式

Step 5　新建一个按钮元件，命名为"入场按钮"，进入该按钮的编辑界面，在"图层1"中使用"椭圆工具"绘制一个直径为"104"的圆，在"颜色"面板中设置"笔触颜色"

188

为无，"颜色类型"为"线性渐变"，左边颜色滑块对应的颜色值为"#45474B"，右边颜色滑块对应的颜色值为"#4E5054"，Alpha 值为"0%"，如图 7.107 左图所示。在"图层 1"的第 2 帧插入关键帧，在"颜色"面板中修改左边颜色滑块对应的 Alpha 值为"30%"。在该图层的第 4 帧插入帧。

图 7.107　线性渐变

Step6　新建"图层 2"，将"库"面板中的位图"bai_logo.png""an1.png""按钮音乐.wav"拖入舞台，使用工具箱中的"文本工具"在舞台中输入"Click to Enter"，调整好位置，如图 7.108 所示。在该图层的第 4 帧插入帧，

Step7　返回"场景 1"中，新建"图层 4"，命名为"入场按钮"，将"库"面板中的"入场按钮"按钮元件拖入舞台中，位置和大小参数如图 7.109 左图所示。在该图层的第 37 帧插入帧。继续在该图层的第 38 帧插入关键帧，选择第 38 帧，单击场景中对应的按钮元件，在"属性"面板中修改"实例名称"为"ruchang"，并在该帧添加动作脚本，在"动作"面板中输入如图 7.109 右图所示的代码。在该图层的第 124 帧处插入帧。

图 7.108　入场按钮效果

```
stop();
ruchang.addEventListener(MouseEvent.CLICK,rc);
function rc(e:MouseEvent):void {
    gotoAndPlay(39);
}
```

图 7.109　入场按钮效果

Step8　新建一个影片剪辑元件，命名为"按"，进入该影片剪辑的编辑界面，单击"文件"｜"导入"｜"导入到舞台"命令，在弹出的"导入"对话框中选择光盘中的"素材\ch07\7.4 智能科技网站\b-image"文件夹中的位图"b-1.png"，将其中的位图以序列的方式导入舞台，在"图层 1"的第 45 帧插入帧，再将第 40 帧复制到第 46 帧，第 39 帧复制到第 47 帧……依此类推，最后将第 1 帧复制到第 85 帧。在第 85 帧添加动作脚本，在"动作"面板中输入"stop();"。再新建"图层 2"，在第 40 帧插入关键帧，将"库"面板中的"按音乐.wav"拖入舞台中。

Step9　返回"场景 1"中，新建"图层 5"，命名为"按"，在该图层的第 39 帧插入关键帧，将"库"面板中的"按"影片剪辑元件拖入舞台中，位置、大小、混合模式的参数设置如图 7.110 所示。在该图层的第 124 帧处插入帧。

Step10　单击"插入"｜"场景"命令，新建"场景 2"，在"场景 2"的时间轴上将"图层 1"重命名为"背景"，将"库"面板中的位图"bg.png"拖入舞台正中，在该图层的第 285 帧插入帧。新建"图层 2"，命名为"logo"，将"库"面板中的位图"logo.png"拖入舞台，在"属性"面板中设置位置，参数如图 7.111 左图所示，在该图层的第 285 帧插入帧。

新建"图层 3"，命名为"页脚"，使用"文本工具"在舞台中输入"Robot China © 2016 | Privacy policy"，放置在舞台左下角，在该图层的第 285 帧插入帧。新建"图层 4"，命名为"椭圆"，在该图层的第 5 帧插入关键帧，将"场景 1"中的"椭圆"形状复制粘贴到"场景 2"中，位置参数如图 7.111 右图所示。

图 7.110 属性设置（一）

图 7.111 位置和大小（二）

Step11 新建一个影片剪辑元件，命名为"翻"，进入该影片剪辑的编辑界面，单击"文件"|"导入"|"导入到舞台"命令，在弹出的"导入"对话框中选择光盘中的"素材\ch07\7.4 智能科技网站\c-image"文件夹中的位图"c-1.png"，将其中的位图以序列的方式导入舞台，右击第 56 帧，在弹出的快捷菜单中选择"动作"命令，在"动作"面板中输入"stop();"。

Step12 回到"场景 2"中，在时间轴上新建"图层 5"，命名为"翻"，在该图层的第 5 帧插入关键帧，将"库"面板中的"翻"影片剪辑拖入舞台，在"属性"面板中设置位置和混合模式，参数如图 7.112 所示。在该图层的第 60 帧处插入帧。

Step13 新建影片剪辑元件，命名为"导航 1"，将时间轴上的"图层 1"重命名为"导航边框"，在第 2 帧插入关键帧，在舞台中使用"椭圆工具"绘制一个椭圆宽和高分别为"40""37.85"，在"颜色"面板中选择颜色类型为"线性渐变"，左边的滑块对应的颜色为黑色，Alpha 值为"100%"，右边的滑块对应的颜色为"#4E5054"，Alpha 值为"0%"。接着将该形状转换成影片剪辑元件，命名为"导航边框"，选择该影片剪辑，在"属性"面板滤镜区域单击"添加滤镜"按钮，在弹出的快捷菜单中选择"发光"命令，设置模糊 X、Y 都为"20 像素"，强度为"100%"，品质为"高"，颜色为白色，参数设置如图 7.113 所示。在"导航 1"影片剪辑"导航边框"图层的第 15 帧插入关键帧，选择第 2 帧，单击舞台中对应的元件，在"属性"面板中设置"色彩效果"的样式的 Alpha 值为"0%"，将第 2 帧复制粘贴到第 30 帧，在第 2 帧和第 15 帧之间、第 15 帧和第 30 帧之间创建传统补间。

图 7.112 属性设置（二）   图 7.113 "发光"滤镜

Step14 在"导航 1"影片剪辑时间轴上新建"图层 2"，重命名为"黑色"，将"库"面板中的"黑色按钮.png"拖入舞台中，X、Y 的坐标值都为"0"，在第 30 帧插入帧。新建"图层 3"，重命名为"蓝色"，在该图层的第 2 帧插入关键帧，将"库"面板中的"an1.png"

拖入舞台中，X、Y 的坐标值都为"0"，将该位图转换成影片剪辑元件，命名为"蓝色按钮"，在该图层的第 15 帧插入关键帧，选择第 2 帧，单击舞台中对应的元件，在"属性"面板中设置"色彩效果"的样式的 Alpha 值为"0%"，将第 2 帧复制粘贴到第 30 帧，在第 2 帧和第 15 帧之间、第 15 帧和第 30 帧之间创建传统补间。

Step15 在"导航 1"影片剪辑时间轴上新建"图层 4"，重命名为"文字"，使用"文本工具"在舞台中输入"首页"，设置字符系列为"华文琥珀"，大小为"8 点"，颜色为白色。将"首页"文字转换成图形元件，命名为"导航文字"，进入"导航文字"图形元件编辑界面，在"图层 1"的第 2 帧插入关键帧，将该帧舞台中对应文字修改为"行业分类"，在"图层 1"的第 3 帧插入关键帧，将该帧舞台中对应文字修改为"用途分类"，在"图层 1"的第 4 帧插入关键帧，将该帧舞台中对应文字修改为"相关配件"，在"图层 1"的第 5 帧插入关键帧，将该帧舞台中对应文字修改为"产业园区"。再新建"图层 2"，在第 1 帧添加动作脚本，在"动作"面板中输入"stop();"。

Step16 返回到"导航 1"影片剪辑编辑界面，选择时间轴上"文字"图层的第 1 帧，单击舞台中对应的"导航文字"图形元件，在"属性"面板中设置"色彩效果"为色调样式，设置着色为"#878787"，色调值为"100%"，红、绿、蓝的数值都为"135"。在"属性"面板的"循环"区域设置图形选项为"单帧"，在"第一帧"文本框中输入"1"，这就代表着该图形元件在舞台中只显示第 1 帧的内容，参数如图 7.114 所示。

Step17 调整好位置后，第 1 帧舞台上显示效果如图 7.115 左图所示，在时间轴上"文字"图层的第 15 帧插入关键帧，单击舞台中对应的"导航文字"图形元件，在"属性"面板中设置"色彩效果"为色调样式，设置着色为"#0099FF"，色调值为"100%"，红、绿、蓝的数值分别为"0""153""255"，在"属性"面板的"循环"区域设置图形选项为"单帧"，在第一帧文本框中输入"1"。移动好位置，"导航文字"图形元件在第 15 帧舞台上显示效果如图 7.115 右图所示，

Step18 将时间轴上"文字"图层的第 1 帧复制到第 30 帧，在第 1 帧和第 15 帧之间、第 15 帧和第 30 帧之间创建传统补间。在时间轴上新建"图层 5"，命名为"区域"，使用"矩形工具"绘制一个矩形，大小能覆盖图 7.115 中所示的图形和文字，将该矩形转换成影片剪辑元件，命名为"区域"，单击该影片剪辑元件，在"属性"面板中修改"实例名称"为"quyu"，Alpha 值为"0%"，在第 30 帧插入帧。

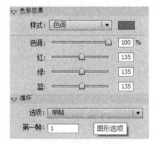

图 7.114　色调样式与循环

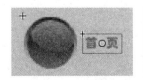 

图 7.115　舞台效果

Step19 在时间轴上新建"图层 6"，重命名为"代码"，在第 1 帧添加动作脚本，在"动作"面板中输入图 7.116 所示的代码。在第 15 帧插入关键帧，并在该帧添加动作脚本，在"动作"面板中输入图 7.117 所示的代码。在第 30 帧插入关键帧，并在该帧添加动作脚本，

在"动作"面板中输入"stop();"。

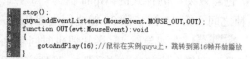

```
stop();
quyu.addEventListener(MouseEvent.MOUSE_OVER,OVER);
function OVER(evt:MouseEvent):void
{
    gotoAndPlay(2);//鼠标在实例quyu上，跳转到第2帧开始播放
}
quyu.addEventListener(MouseEvent.CLICK,qy);
function qy(e:MouseEvent):void {
    gotoAndStop(15);
}
```

```
stop();
quyu.addEventListener(MouseEvent.MOUSE_OUT,OUT);
function OUT(evt:MouseEvent):void
{
    gotoAndPlay(16);//鼠标在实例quyu上，跳转到第16帧开始播放
}
```

图 7.116　代码控制帧的跳转　　　　　　图 7.117　代码控制帧的跳转

Step20 在"库"面板中右击"导航 1"影片剪辑元件，在弹出的快捷菜单中选择"直接复制"命令，并重命名为"导航 2"影片剪辑，双击"库"面板中的"导航 2"影片剪辑，进入该影片剪辑的编辑界面，在"文字"图层的每一个关键帧上选择舞台中对应的"导航文字"图形元件，在"属性"面板的"循环"区域设置第一帧为"2"，如图 7.118 所示。

图 7.118　图形元件循环设置

Step21 在"库"面板中右击"导航 2"影片剪辑元件，在弹出的快捷菜单中选择"直接复制"命令，并重命名为"导航 3"影片剪辑，双击"库"面板中的"导航 3"影片剪辑元件，进入该影片剪辑的编辑界面，在"文字"图层的每一个关键帧上选择舞台中对应的"导航文字"图形元件，在"属性"面板的"循环"区域设置第一帧为"3"。在"库"面板中右击"导航 3"影片剪辑元件，在弹出的快捷菜单中选择"直接复制"命令，并重命名为"导航 4"影片剪辑，双击"库"面板中的"导航 4"影片剪辑，进入该影片剪辑的编辑界面，在"文字"图层的每一个关键帧上选择舞台中对应的"导航文字"图形元件，在"属性"面板的"循环"区域设置第一帧为"4"。在"库"面板中右击"导航 4"影片剪辑元件，在弹出的快捷菜单中选择"直接复制"命令，并重命名为"导航 5"影片剪辑，双击"库"面板中的"导航 5"影片剪辑，进入该影片剪辑的编辑界面，在"文字"图层的每一个关键帧上选择舞台中对应的"导航文字"图形元件，在"属性"面板的"循环"区域设置第一帧为"5"。

Step22 新建影片剪辑元件，命名为"导航动画"，将时间轴上的"图层 1"重命名为"导航 1"，将"库"面板中的"导航 1"影片剪辑元件拖入舞台中，在"属性"面板中修改"实例名称"为"d1"，设置好位置，并添加"模糊"滤镜效果，参数设置如图 7.119 所示。在时间轴"导航 1"图层上的第 10 帧插入关键帧，选择舞台中的"导航 1"影片剪辑元件，在"属性"面板中设置好位置，并修改"模糊"滤镜的数值为"0 像素"，参数设置如图 7.120 所示。在时间轴"导航 1"图层上的第 35 帧插入关键帧，选择舞台中的"导航 1"影片剪辑元件，在"属性"面板中设置好位置，参数设置如图 7.121 所示。在第 55 帧插入帧。

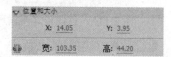

图 7.119　第 1 帧位置与　　图 7.120　第 10 帧位置与"模　　图 7.121　第 35 帧位置
　　"模糊"滤镜　　　　　　　　糊"滤镜

Step23 在时间轴"导航 1"图层上新建"图层 2",重命名为"导航 2",在该图层的第 5 帧插入关键帧,将"库"面板中的"导航 2"影片剪辑元件拖入舞台中,在"属性"面板中修改"实例名称"为"d2",设置好位置,并添加"模糊"滤镜效果,参数设置如图 7.122 所示。在时间轴"导航 2"图层上的第 15 帧插入关键帧,选择舞台中的"导航 2"影片剪辑元件,在"属性"面板中设置好位置,并修改"模糊"滤镜的数值为"0 像素",参数设置如图 7.123 所示。在时间轴"导航 2"图层上的第 40 帧插入关键帧,选择舞台中的"导航 2"影片剪辑元件,在"属性"面板中设置好位置,参数设置如图 7.124 所示。在第 55 帧插入帧。

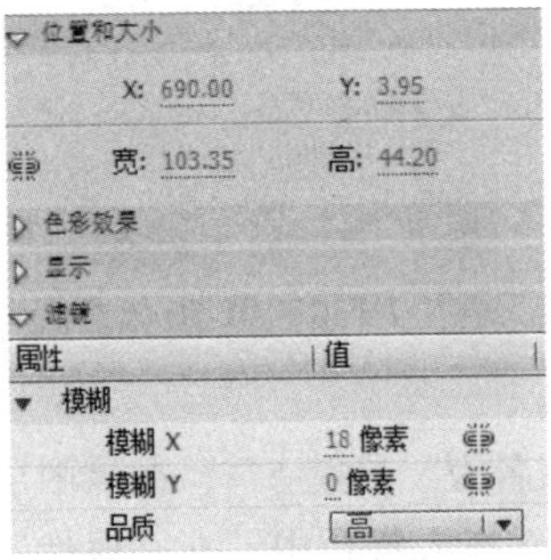

图 7.122　第 5 帧位置 与"模糊"滤镜

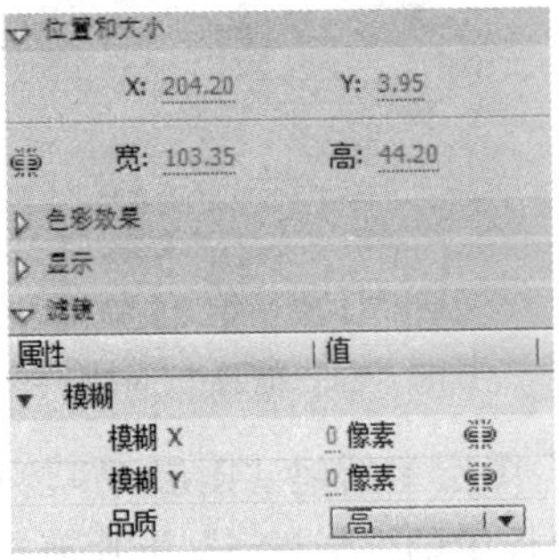

图 7.123　第 15 帧位置 与"模糊"滤镜

图 7.124　第 40 帧位置

Step24 在时间轴"导航 2"图层上新建"图层 3",重命名为"导航 3",在该图层的第 10 帧插入关键帧,将"库"面板中的"导航 3"影片剪辑元件拖入舞台中,在"属性"面板中修改"实例名称"为"d3",设置好位置,并添加"模糊"滤镜效果,参数设置如图 7.125 所示。在时间轴"导航 3"图层上的第 20 帧插入关键帧,选择舞台中的"导航 3"影片剪辑元件,在"属性"面板中设置好位置,并修改"模糊"滤镜的数值为"0 像素",参数设置如图 7.126 所示。在时间轴"导航 3"图层上的第 45 帧插入关键帧,选择舞台中的"导航 3"影片剪辑元件,在"属性"面板中设置好位置,参数设置如图 7.127 所示。在第 55 帧插入帧。

图 7.125　第 10 帧位置 与"模糊"滤镜

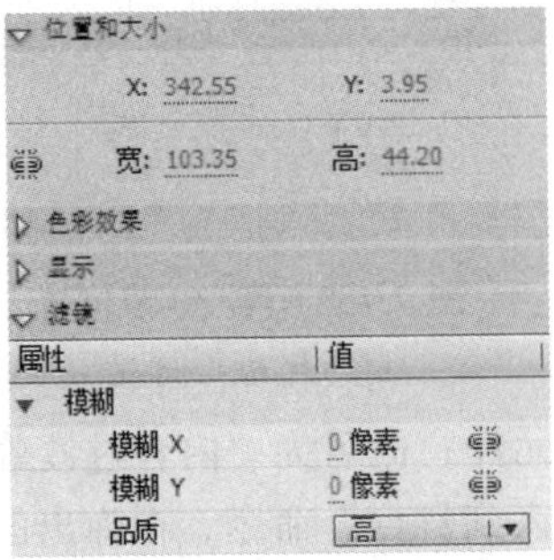

图 7.126　第 20 帧位置 与"模糊"滤镜

图 7.127　第 45 帧位置

Step25 在时间轴"导航 3"图层上新建"图层 4",重命名为"导航 4",在该图层的第 15 帧插入关键帧,将"库"面板中的"导航 4"影片剪辑元件拖入舞台中,在"属性"面板中修改"实例名称"为"d4",设置好位置,并添加"模糊"滤镜效果,参数设置如图 7.128 所示。在时间轴"导航 4"图层上的第 25 帧插入关键帧,选择舞台中的"导航 4"

影片剪辑元件，在"属性"面板中设置好位置，并修改"模糊"滤镜的数值为"0 像素"，参数设置如图 7.129 所示。在时间轴"导航 4"图层上的第 50 帧插入关键帧，选择舞台中的"导航 4"影片剪辑元件，在"属性"面板中设置好位置，参数设置如图 7.130 所示。在第 55 帧插入帧。

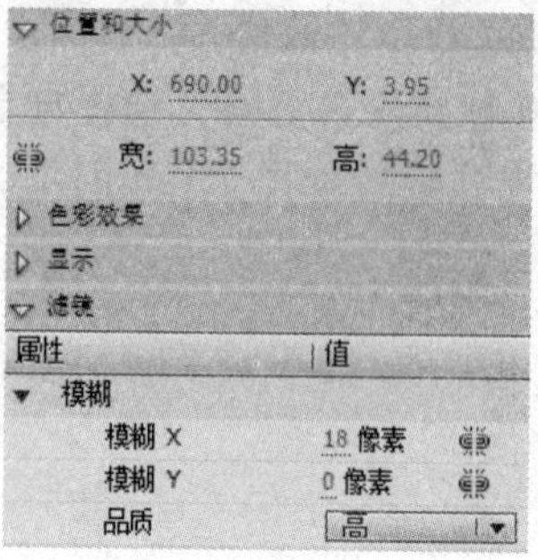

图 7.128　第 15 帧位置
与"模糊"滤镜

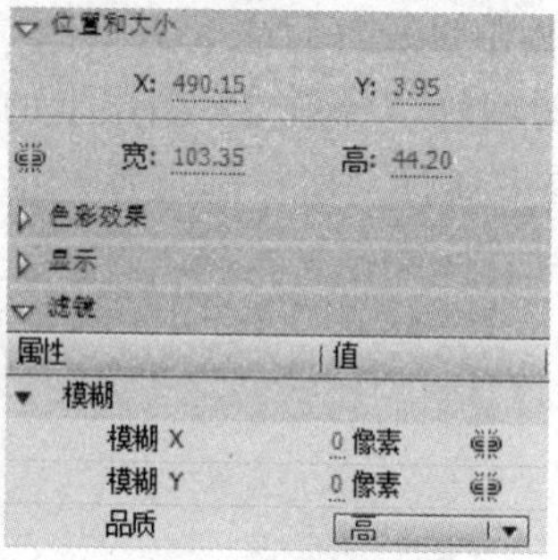

图 7.129　第 25 帧位置
与"模糊"滤镜

图 7.130　第 50 帧位置

Step26　在时间轴"导航 4"图层上新建"图层 5"，重命名为"导航 5"，在该图层的第 20 帧插入关键帧，将"库"面板中的"导航 5"影片剪辑元件拖入舞台中，在"属性"面板中修改"实例名称"为"d5"，设置好位置，并添加"模糊"滤镜效果，参数设置如图 7.131 所示。在时间轴"导航 5"图层上的第 30 帧插入关键帧，选择舞台中的"导航 5"影片剪辑元件，在"属性"面板中设置好位置，并修改"模糊"滤镜的数值为"0 像素"，参数设置如图 7.132 所示。在时间轴"导航 5"图层上的第 55 帧插入关键帧，选择舞台中的"导航 5"影片剪辑元件，在"属性"面板中设置好位置，参数设置如图 7.133 所示。

图 7.131　第 20 帧位置
与"模糊"滤镜

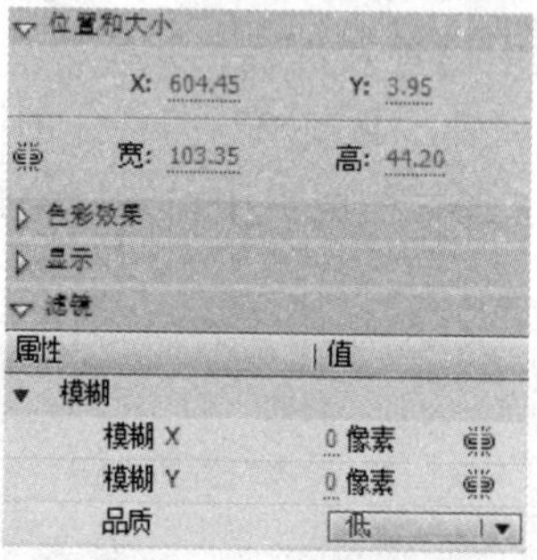

图 7.132　第 30 帧位置
与"模糊"滤镜

图 7.133　第 55 帧位置

Step27　新建一个影片剪辑元件，命名为"内容过渡效果"，进入该影片剪辑的编辑界面，单击"文件"|"导入"|"导入到舞台"命令，在弹出的"导入"对话框中选择光盘中的"素材\ch07\7.4 智能科技网站\d-image"文件夹中的位图"d-1.png"，将其中的位图以序列的方式导入舞台，接着在"图层 1"的第 41 帧添加动作脚本，在"动作"面板中输入"stop();"。

Step28　新建一个影片剪辑元件，命名为"内容 1 初始"，进入该影片剪辑编辑界面，将库面板中的"内容过渡效果"影片剪辑元件拖入舞台中，在"属性"面板中设置位置参数如图 7.134 所示。在"图层 1"的第 43 帧插入帧。在时间轴上新建"图层 2"，在第 43 帧插入关键帧，将"库"面板中的位图"内容 1.png"拖入舞台中，X、Y 的坐标值都设置为"0"。

在时间轴上新建"图层 3"，在第 43 帧插入关键帧并在该帧添加动作脚本，在"动作"面板中输入"stop();"。

Step29 在"库"面板中右击"内容 1 初始"影片剪辑元件，在弹出的快捷菜单中选择"直接复制"命令，重命名为"内容 1"影片剪辑，双击"库"面板中的"内容 1"影片剪辑，进入该影片剪辑的编辑界面，将"图层 1"和"图层 3"中的所有帧选中，水平向右移动到第 18 帧。在"图层 1"下方新建一个"图层 4"，将"库"面板中的"翻"影片剪辑元件拖入舞台中，在"属性"面板中设置好位置，参数如图 7.135 所示。在"图层 4"的第 60帧插入帧。

图 7.134 位置和大小（一）    图 7.135 位置和大小（二）

Step30 在"库"面板中右击"内容 1"影片剪辑元件，在弹出的快捷菜单中选择"直接复制"命令，重命名为"内容 2"影片剪辑，双击"库"面板中的"内容 2"影片剪辑元件，进入该影片剪辑的编辑界面，选择"图层 2"中的第 60 帧，单击舞台上的位图，在"属性"面板中将该位图交换为"内容 2.png"。

Step31 在"库"面板中右击"内容 2"影片剪辑元件，在弹出的快捷菜单中选择"直接复制"命令，重命名为"内容 3"影片剪辑，双击"库"面板中的"内容 3"影片剪辑元件，进入该影片剪辑的编辑界面，选择"图层 2"中的第 60 帧，单击舞台上的位图，在"属性"面板中将该位图交换为"内容 3.png"。

Step32 在"库"面板中右击"内容 3"影片剪辑元件，在弹出的快捷菜单中选择"直接复制"命令，重命名为"内容 4"影片剪辑，双击"库"面板中的"内容 4"影片剪辑元件，进入该影片剪辑的编辑界面，选择"图层 2"中的第 60 帧，单击舞台上的位图，在"属性"面板中将该位图交换为"内容 4.png"。

Step33 在"库"面板中右击"内容 4"影片剪辑元件，在弹出的快捷菜单中选择"直接复制"命令，重命名为"内容 5"影片剪辑，双击"库"面板中的"内容 5"影片剪辑元件，进入该影片剪辑的编辑界面，选择"图层 2"中的第 60 帧，单击舞台上的位图，在"属性"面板中将该位图交换为"内容 5.png"。

Step34 回到"场景 2"中，在时间轴上新建"图层 6"，并重命名为"内容"，在该图层的第 50 帧插入关键帧，将"库"面板中的"内容 1 初始"影片剪辑元件拖入舞台，在"属性"面板中设置位置参数，如图 7.136 所示。在该图层的第 60 帧插入帧。

Step35 在"内容"图层的第 61 帧插入空白关键帧，将"库"面板中的"内容 1"影片剪辑元件拖入舞台，在"属性"面板中设置位置参数，如图 7.137 所示。在该图层的第 116帧插入帧。

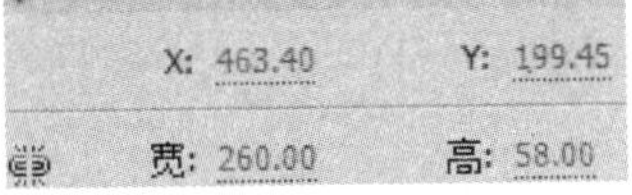

图 7.136 位置和大小（三）    图 7.137 位置和大小（四）

Step36 在"内容"图层的第 117 帧插入空白关键帧，将"库"面板中的"内容 2"影片剪辑元件拖入舞台，在"属性"面板中设置位置参数，如图 7.137 所示，在该图层的第 172 帧插入帧。在"内容"图层的第 173 帧插入空白关键帧，将"库"面板中的"内容 3"影片剪辑元件拖入舞台，在"属性"面板中设置位置参数，如图 7.137 所示，在该图层的第 228 帧插入帧。在"内容"图层的第 229 帧插入空白关键帧，将"库"面板中的"内容 4"影片剪辑元件拖入舞台，在"属性"面板中设置位置参数，如图 7.137 所示，在该图层的第 284 帧插入帧。在"内容"图层的第 285 帧插入空白关键帧，将"库"面板中的"内容 5"影片剪辑元件拖入舞台，在"属性"面板中设置位置参数，如图 7.137 所示。

Step37 新建"图层 7"，并重命名为"导航动画"，将"库"面板中的"导航动画"影片剪辑元件拖入舞台中，在"属性"面板中设置位置参数，如图 7.138 所示。在该图层的第 285 帧插入帧。

图 7.138 位置和大小（五）

Step38 选择"导航动画"图层第 1 帧，双击舞台上对应的"导航动画"影片剪辑元件，进入该影片剪辑的编辑界面，在时间轴最上方新建"代码"图层，在该图层的第 55 帧插入关键帧并在该帧添加动作脚本，在"动作"面板中输入图 7.139 所示的代码。

Step39 在"场景 2"时间轴上新建"音乐"图层，将"库"面板中的"背景音乐.wav"拖入舞台中。在"场景 2"时间轴上新建"代码"图层，在该图层的第 60 帧插入关键帧并在该帧添加动作脚本，在"动作"面板中输入"stop();"，将第 60 帧分别复制粘贴到第 61 帧、第 117 帧、第 173 帧、第 229 帧、第 285 帧。

```
1   stop();
2   d1.addEventListener(MouseEvent.CLICK,CLICK1);
3   function CLICK1(e:MouseEvent):void {
4     MovieClip(root).gotoAndPlay(61);//单击d1实例，跳转到场景2的第61帧处播放
5   }
6   d2.addEventListener(MouseEvent.CLICK,CLICK2);
7   function CLICK2(e:MouseEvent):void {
8     MovieClip(root).gotoAndPlay(117);
9   }
10  d3.addEventListener(MouseEvent.CLICK,CLICK3);
11  function CLICK3(e:MouseEvent):void {
12    MovieClip(root).gotoAndPlay(173);
13  }
14  d4.addEventListener(MouseEvent.CLICK,CLICK4);
15  function CLICK4(e:MouseEvent):void {
16    MovieClip(root).gotoAndPlay(229);
17  }
18  d5.addEventListener(MouseEvent.CLICK,CLICK5);
19  function CLICK5(e:MouseEvent):void {
20    MovieClip(root).gotoAndPlay(285);
21  }
```

图 7.139 代码控制帧的跳转

Step40 将文件进行保存，单击"控制"|"测试场景"命令或者按【Ctrl+Enter】组合键对文件进行测试。

课 后 练 习

操作题

使用本章中所学的知识制作一个家具商城网站。效果如图 7.140 所示，也可参见光盘中

的文件"效果\ch07\课后练习\家具商城网站.swf"。

图 7.140　家具商场网站效果图

第8章

➡ 综合应用——Flash 教学课件

随着现代教育技术的发展，多媒体教学正走入课堂，Flash 课件正日益起着巨大的作用。Flash 课件能够以交互方式将文本（text）、图像（image）、图形（graphics）、音频（audio）、动画（animation）、视频（video）等多种信息经单独或合成的形态表现出来，向观看课件的观众传达多层次的信息，能激发学生的学习兴趣，从而更好地提高教学效果。

学习目标	本 章 知 识	了 解	掌 握	重 点	难 点
	图形的绘制		☆		
	元件的属性		☆		
	动态文本		☆		
	AS 3.0 脚本语句		☆	☆	☆
	鼠标事件		☆		

8.1 实例 I —— 制作"物理实验原理演示"课件

以项目式的操作方式来完成一个"物理实验原理演示"课件的制作，舞台的画面效果如图 8.1 所示，最终的动画效果可参见光盘中的文件"效果\ch08\8.1 物理实验原理演示.swf"。

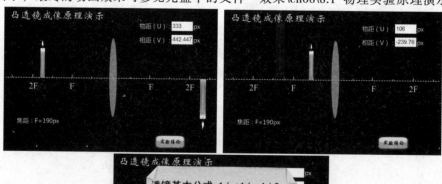

图 8.1 物理实验原理演示效果

8.1.1 设置舞台与导入素材

Step 1 单击"文件"|"新建"命令，或者按【Ctrl+N】组合键，在弹出的"新建文档"对话框的"常规"选项卡中选择"ActionScript 3.0"选项，设置舞台宽度和高度为 800 像素 × 600 像素，帧频默认为 24 fps，舞台颜色设置为"#000000"，单击"确定"按钮。

Step 2 单击"文件"|"导入"|"导入到库"命令，在弹出的"导入到库"对话框中选择光盘中的"素材\ch08\8.1 物理实验原理演示"中的所有文件，单击"打开"按钮，"库"面板中就出现了所有的素材。

8.1.2 制作教学课件

Step 1 在时间轴中将"图层 1"重命名为"标题"，单击工具箱中的"文本工具"，在舞台左上角输入"凸透镜成像原理演示"，选择文字，在"属性"面板中设置字符系列为"华文新魏"，大小为"50 点"，颜色为"#FFFF00"。

Step 2 新建"图层 2"并重命名为"X 轴"，单击工具箱中的"线条工具"，在"属性"面板中设置"笔触颜色"为"#FFFF00"，笔触高度为"3"，样式选择"虚线"，在舞台中绘制一条 X 轴坐标，在坐标下方添加焦距（F）文字，如图 8.2 所示。在舞台中全选该图形，将其转换成图形元件，命名为"X 轴"。

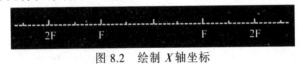

图 8.2 绘制 X 轴坐标

Step 3 新建"图层 3"并重命名为"凸透镜"，单击工具箱中的"椭圆工具"，在"属性"面板中设置"填充颜色"为"#2AF7F7"，Alpha 值为"90%"，在舞台中绘制一个椭圆，如图 8.3 所示，并将其转换成影片剪辑元件，命名为"凸透镜"，在"属性"面板中设置"实例名称"为"ttj"。

Step 4 新建"图层 4"并重命名为"蜡烛动画"，在舞台中使用"钢笔工具"绘制一个图形，在"颜色"面板中选择颜色类型为"线性渐变"，从左到右 4 个颜色滑块的十六进制颜色值分别为"#FFFF99""#FFCC66""#CC3333""#FF0000"，接着使用工具箱中的"颜料桶工具"将设置好的线性渐变颜色倒在绘制好的图形上，将该图形转换成影片剪辑元件，命名为"蜡烛"，如图 8.4 所示。

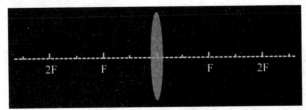

图 8.3 绘制凸透镜

Step 5 双击"蜡烛"影片剪辑元件，进入元件编辑界面，在时间轴的"图层 1"上新建"图层 2"，将"属性"面板上的"笔触颜色"设置为无，"填充颜色"设成白色，使用"钢笔工具"继续在舞台上绘制图 8.5 所示的图形，将该图形转换成影片剪辑元件，命名为"高光"，选择"高光"元件，在"属性"面板中给"高光"元件添加"模糊"滤镜效果，设置模糊 X、模糊 Y 的值都为 "5 像素"，品质选择 "中"。

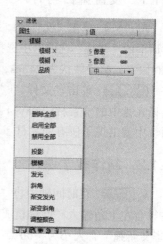

图 8.4 绘制蜡烛　　　　　　　　　　图 8.5　制作高光效果

Step6 回到 "场景 1" 的舞台中，将 "蜡烛" 影片剪辑元件再次转换成影片剪辑元件，并命名为 "红蜡烛"，选中 "红蜡烛"，在 "属性" 面板中选择 "色彩效果" 的样式为 "高级"，分别设置红、绿、蓝的偏移值为 "106" "76" "35"。再添加 "投影" 滤镜效果，参数如图 8.6 所示。

图 8.6 添加色彩和投影效果

Step7 选择 "蜡烛动画" 图层，使用 "钢笔工具" 绘制图形，将其转换成影片剪辑元件，命名为 "蜡烛芯"，双击 "蜡烛芯" 影片剪辑元件，进入影片剪辑的编辑界面，在时间轴上新建 "图层 2"，将 "图层 2" 移到 "图层 1" 下方，选择 "图层 2"，使用 "椭圆工具" 绘制圆形，将其转换成影片剪辑元件，命名为 "火星"，在 "属性" 面板中添加滤镜中的 "发光" 效果，设置模糊 X 和模糊 Y 的值都为 "2 像素"，强度为 "190%"，品质为 "高"，颜色设置为 "#F76510"，勾选 "内发光" 复选框，如图 8.7 所示。

图 8.7　制作蜡烛芯

Step8 选择 "蜡烛动画" 图层，使用 "钢笔工具" 绘制图形，在 "颜色" 面板中设置颜色类型为 "径向渐变"，从左到右 6 个颜色滑块的十六进制颜色值分别为 "#FFFFFF"

"#FFFFFF""#E89F46""#76555D""#042B75"
"#042B75"，如图8.8所示。将其转换成影
片剪辑元件，命名为"火焰"。

Step9 双击"火焰"影片剪辑元件，进
入"火焰"影片剪辑的编辑界面，在"图层1"
的第5帧插入关键帧，单击"修改"|"变形"
|"封套命令"，拖动图形四周的句柄，调整火
焰的形状，如图8.9所示。在第1帧和第5帧
之间创建补间形状动画，依次在第10、15、20、
25、30、35帧插入关键帧并修改火焰的形状，

图8.8 绘制火焰

将第1帧复制粘贴到第40帧，在每帧之间创建补间形状动画。

Step10 回到"场景1"，在"蜡烛动画"图层中选中全部的3个影片剪辑元件，将其
转换成"蜡烛动画"影片剪辑，调整好位置和大小，并使用工具箱中的"任意变形工具"，
将正中间的中心圆向下拖动到蜡烛的底端，如图8.10所示。

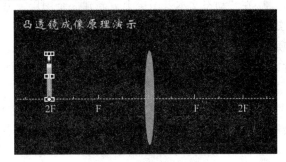

图8.9 制作火焰动画　　　　图8.10 制作蜡烛动画

Step11 在舞台中选择"蜡烛动画"影片剪辑元件，在"属性"面板中设置"实例名称"
为"lz"，在"蜡烛动画"图层下方新建一个图层，命名为"蜡烛成像"，选择该图层的第
一帧，将"蜡烛动画"影片剪辑拖动到舞台外，单击"修改"|"变形"|"垂直翻转"命令，
如图8.11所示。

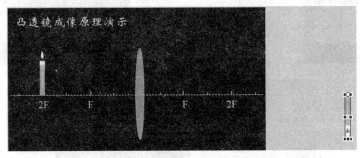

图8.11 制作蜡烛成像

Step12 在"蜡烛动画"图层上方新建一个图层，命名为"静态文字"，在舞台上输入
"焦距：F=190px""物距（U）：px""相距（V）：px"等文字，设置字体大小和颜色。在
"静态文字"图层上方新建一个图层，命名为"动态文本"，将"组件"面板中的"TextArea"

组件拖到文字"物距（U）："与"px"之间，选择该"TextArea"，在"属性"面板中输入实例名称"wj"，用同样的方法创建另一个"TextArea"组件，在"属性"面板中输入"实例名称"为"xj"，移动好位置，如图 8.12 所示。

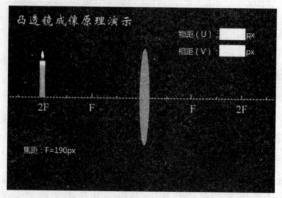

图 8.12　制作静态文字和动态文本

202

Step13　在"动态文本"图层上方新建一个图层，命名为"实验结论按钮"，单击工具箱中的"矩形工具"，在"属性"面板中设置"笔触颜色"为无，"填充颜色"为"#FFCDB8"，"矩形选项"中的"矩形边角半径"为"25"，在舞台上绘制一个圆角矩形，将其转换成影片剪辑元件，命名为"圆角矩形"，再将其转换成按钮元件，命名为"实验结论按钮"，选择该按钮，在"属性"面板中设置"色彩效果"为"高级"样式，并添加"模糊"滤镜，参数如图 8.13 所示。在"实验结论按钮"按钮元件的"图层 1"上新建"图层 2"，使用"钢笔工具"绘制图 8.13 所示的图形，在"颜色"面板中设置其对应的属性值，再在"图层 2"上方新建"图层 3"，使用"文本工具"输入"实验结论"文字。

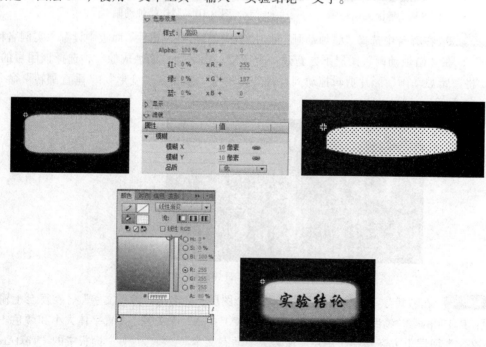

图 8.13　制作"实验结论"按钮

Step14 选中该按钮，在"属性"面板中输入"实例名称"为"jl"，移动好位置，在"实验结论按钮"图层上方新建一个图层，命名为"弹窗"，在该图层的第 2 帧插入关键帧，其他图层在第 2 帧插入帧。在"弹窗"图层上方新建一个图层，命名为"代码"，在"代码"图层的第 1 帧添加动作脚本，输入图 8.14 所示的代码。

```
1   stop();//初始状态
2   jl.addEventListener(MouseEvent.CLICK, tanchuang);
3   function tanchuang(e:MouseEvent):void
4   {
5       gotoAndStop(2);
6   }//当单击实验结论按钮时，跳转到第2帧
7   var _format:TextFormat=new TextFormat();
8   _format.size = 26;
9   _format.color = 0xff0000;
10  wj.setStyle("textFormat",_format);
11  xj.setStyle("textFormat",_format);
12  //设置一个文本模式，文本字体大小为26，颜色为红色，实例名称为wj与xj的对象使用该模式
13  lz.addEventListener(MouseEvent.MOUSE_DOWN, onMouseDownHandler);
14  lz.addEventListener(MouseEvent.MOUSE_UP, onMouseUpHandler);
15  var rect:Rectangle = new Rectangle(0,166,500,0);//定义一个矩形范围变量
16  function onMouseDownHandler(evt:MouseEvent):void
17  {
18      lz.startDrag(false,rect);    //当鼠标单击蜡烛时可以开始拖拽蜡烛
19      //stargDrag的第一个参数一定要设置为false，否则容易出现问题，
20      //指定可拖动影片剪辑时锁定到鼠标位置中央（true），锁定到用户首次点击该影片剪辑的位置上（false）
21      //第2个参数为蜡烛随鼠标可拖拽的矩形范围，调用前面定义好的变量rect。
22      var u,v,m:int;              //定义物距、像距、缩放率为整型数据
23      u = ttj.x - lz.x;          //物距为凸透镜的X轴坐标值减去蜡烛的X轴坐标值
24      v = (u * 190) / (u - 190);  //像距的公式（u*f）/（u-f），f为焦距固定值190px
25      m = v / u;                  //缩放率的公式
26      if (u>190)                 //当物距大于1倍焦距时，成倒立的实像
27      {
28          cx.alpha = 1;           //成像的透明度为100%
29          cx.x = v + ttj.x + ttj.width / 2;    //成像的X轴坐标值
30          cx.width = m * lz.width;    //成像的宽度
31          cx.height = m * lz.height;  //成像的高度
32          cx.y = 340 + cx.height;     //成像的Y轴坐标值，340为黄色虚线的Y轴坐标值
33          wj.text =u;            //物距的文本区域中显示的文本值u
34          xj.text = v;
35      }
36      else if (u==190)           //当物距等于1倍焦距时，不会成像
37      {
38          wj.text = "190";
39          xj.text = "不成像";
40      }
41      else if (0<u<190)          //当物距小于1倍焦距时，成正立的虚像
42      {
43          cx.alpha = 0.2;        //成虚像，所有成像蜡烛的透明度设置为20%
44          cx.x = v + ttj.x + ttj.width / 2;
45          cx.width=(-m)*lz.width;
46          cx.height=(-m)*lz.height;
47          cx.y = 340 - cx.height;
48          cx.scaleY = cx.scaleY *(-1);    //将成像蜡烛垂直翻转
49          wj.text = u;
50          xj.text = v;
51      }
52  }
53  function onMouseUpHandler(evt:MouseEvent):void
54  {
55      lz.stopDrag();             //当鼠标单击并释放是停止拖拽蜡烛
56  }
```

图 8.14 输入代码

Step15 单击"弹窗"图层的第 2 帧，将"库"面板中的窗框位图拖到舞台正中央，选中窗框位图将其转换成图形元件，再将其转换成影片剪辑元件，命名为"弹窗"双击该影片剪辑，进入影片剪辑的编辑界面，在时间轴上将"图层 1"重命名为"窗框"，在第 10 帧插入关键帧，单击第 1 帧，在"属性"面板中将该图形元件的"色彩效果"的 Alpha 值设置为"0%"。再在上面新建一个图层，命名为"返回按钮"，在该图层的第 10 帧插入关键帧。在"库"面板中右击"实验结论按钮"按钮元件，在弹出的快捷菜单中选择"直接复制"命令，在弹出的"直接复制元件"对话框中重命名为"返回按钮"。将"返回按钮"按钮元件拖到

窗框的右下角，在"属性"面板中输入"实例名称"为"fh"，双击该按钮元件，进入按钮的编辑界面，选择"图层 1"中的第 1 帧，并单击舞台上的圆角矩形，在"属性"面板中将"色彩效果"的"高级"样式的参数进行修改，在"图层 3"中将文字修改为"返回"。参数和效果如图 8.15 所示。

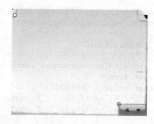

图 8.15　制作"返回"按钮

Step16　在"返回按钮"图层上方新建一个图层，命名为"代码"，在该图层的第 10 帧插入关键帧，并添加动作脚本，在弹出的"动作"面板中输入图 8.16 所示的代码。

```
1  stop();//初始化
2  fh.addEventListener(MouseEvent.CLICK, fanhui);
3  function fanhui(e:MouseEvent):void{
4      MovieClip(root).gotoAndPlay(1);//返回到上一级，跳转并播放第1帧
5  }
```

图 8.16　"返回"代码

Step17　在"代码"图层下方新建一个图层，命名为"凸透镜知识"，在该图层的第 10 帧插入关键帧，单击工具箱中的"文本工具"，在窗框中间位置输入图 8.17 所示的文字内容。选择文本将其转换成影片剪辑元件，命名为"凸透镜知识"，双击该影片剪辑元件，进入影片剪辑的编辑界面，将"图层 1"重命名为"文字"。

Step18　在"文字"图层上方新建一个图层，命名为"遮罩"，使用工具箱中的"矩形工具"绘制一个能将文字全部覆盖的无边框矩形，如图 8.18 所示。在"遮罩"图层的第 10 帧插入关键帧，单击第 1 帧，使用工具箱中的"变形工具"将矩形从垂直方向向上拉成接近一条直线，在第 1 帧和第 10 帧之间创建形状补间。在"遮罩"图层上新建一个图层，命名为"代码"，在该图层的第 10 帧右击，在弹出的快捷菜单中选择"动作"命令，在"动作"面板中输入"stop();"，最后在"遮罩"图层上右击，在弹出的快捷菜单中选择"遮罩层"命令。

Step19　返回到"场景 1"，将文件进行保存，单击"控制"|"测试场景"命令或者按【Ctrl+Enter】组合键对文件进行测试。

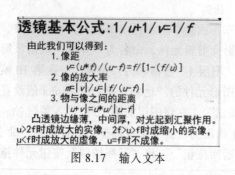

图 8.17　输入文本

图 8.18　制作遮罩

8.2 实例Ⅱ——制作"化学实验装置组装"课件

以项目式的操作方式来完成一个"化学实验装置组装"课件的制作，舞台的画面效果如图 8.19 所示，最终的动画效果可参见光盘中的文件"效果\ch08\8.2 化学实验装置组装.swf"。

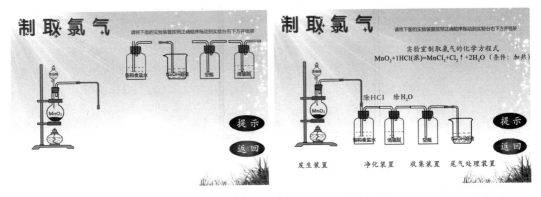

图 8.19 "化学实验装置组装"课件舞台效果

8.2.1 设置舞台与导入素材

Step 1 单击"文件"|"新建"命令，或者按【Ctrl+N】组合键，在弹出的"新建文档"对话框的"常规"选项卡中选择"ActionScript 3.0"选项，设置舞台宽度和高度为 900 像素 × 600 像素，帧频默认为 24 fps，舞台颜色设置为白色，单击"确定"按钮。

Step 2 单击"文件"|"导入"|"导入到库"命令，在弹出的"导入到库"对话框中选择光盘中的"素材\ch08\8.2 化学实验装置组装"中的图片素材文件，单击"打开"按钮，"库"面板中就出现了所需要的素材。将"素材\ch08\8.2 化学实验装置组装"文件中的 TTF 字体文件复制粘贴到"C:\Windows\Fonts"文件夹中。

8.2.2 制作教学课件

Step 1 在时间轴中将"图层 1"重命名为"背景"，将"库"面板中的"背景.png"拖到舞台中央，调整好位置。在"背景"图层上方新建"图层 2"，命名为"标题"。单击工具箱中的"文本工具"，在舞台正上方输入标题文字"制取氯气"，选择文字，在"属性"面板中设置字符系列为"STHeiti TC"，字体大小为"65 点"，字母间距为"30.0"，颜色为"#003399"，并添加"投影"滤镜，投影颜色为"#FF0033"，其他参数设置如图 8.20 所示。

图 8.20 投影参数

Step 2 创建一个影片剪辑元件，命名为"实验台"，进入"实验台"影片剪辑的编辑界面，在工具箱中选择"钢笔工具"，在"属性"面板中设置"笔触颜色"为黑色，"填充颜色"为无，"笔触高度"为"2"，在舞台中绘制一个铁架台，再单击工具箱中的"填充颜色"，选择颜色为"#999999"，使用"颜料桶工具"

将该颜色填充到铁架台中的白色区域。框选整个铁架台，单击"修改"|"组合"命令将其成组，如图 8.21 所示。

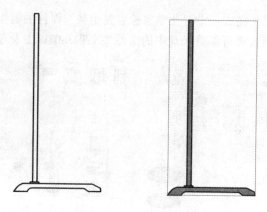

图 8.21　绘制铁架台

Step3 继续在"实验台"影片剪辑编辑界面中绘制图 8.22 所示的图形。图形中"笔触颜色"为黑色，"笔触高度"为"2"，左边的填充颜色为"#999999"，右边的填充颜色为"#666666"，单击"修改"|"组合"命令将其成组。将该组合图形进行复制，双击复制后的图形，进入组编辑界面，再使用"铅笔工具"在上方绘制一条波浪线，也将其整个进行组合。

图 8.22　绘制支架

Step4 继续在"实验台"影片剪辑的编辑界面中绘制图 8.23 所示的左右两个图形。图形中"笔触颜色"为黑色，"笔触高度"为"2"，里面的"填充颜色"为"#333333"，单击 "修改"|"组合"命令将左右两个图形分别成组。

Step5 继续在"实验台"影片剪辑的编辑界面中绘制图 8.24 所示的左右两个图形。图形中"笔触颜色"为黑色，"笔触高度"为"2"，里面的填充颜色为"#CCCCCC"，单击"修改"|"组合"命令将左右两个图形分别成组。

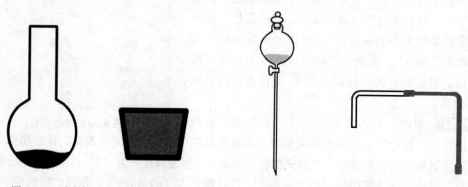

图 8.23　绘制圆底烧瓶和双孔塞　　　　图 8.24　绘制分液漏斗和导气管

图 8.25　绘制酒精灯

Step6　继续在"实验台"影片剪辑的编辑界面中绘制图 8.25 所示的酒精灯，图形中"笔触颜色"为黑色，"笔触高度"为"2"，里面的"填充颜色"为"#999999"，选中整个酒精灯，单击"修改"|"组合"命令将图形成组。

Step7　继续在"实验台"影片剪辑的编辑界面中，将步骤 2~6 中绘制好的实验装置移动组装成一个完整的实验台，使用"文本工具"分别输入文本"浓盐酸""MnO_2"，调整好位置和大小，如图 8.26 所示。

Step8　创建一个影片剪辑元件，命名为"饱和食盐水瓶"，进入"饱和食盐水瓶"影片剪辑的编辑界面，在工具箱中选择"钢笔工具"，在"属性"面板中设置"笔触颜色"为黑色，"填充颜色"为无，"笔触高度"为"2"，在舞台中绘制一个瓶，单击"修改"|"组合"命令将其成组。再在舞台中绘制一个瓶塞，单击工具箱中的"颜料桶工具"，选择颜色为"#666666"，将该颜色填充到瓶塞中的白色区域，单击"修改"|"组合"命令将其成组，如图 8.27 所示。

Step9　继续在"饱和食盐水瓶"影片剪辑的编辑界面中，在工具箱中选择"钢笔工具"，在"属性"面板中设置"笔触颜色"为黑色，"填充颜色"为无，"笔触高度"为"2"，在舞台中分别绘制图 8.28 所示的左右两个导气管，单击"修改"|"组合"命令分别将两个导气管成组。

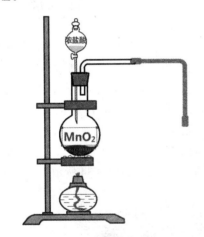

图 8.26　组装实验台

图 8.27　绘制瓶子和瓶塞

Step10　继续在"饱和食盐水瓶"影片剪辑编辑界面中，在工具箱中选择"线条工具"，在"属性"面板中设置"笔触颜色"为黑色，"填充颜色"为无，"笔触高度"为"1"，在舞台中分别绘制图 8.29 所示的液体，单击"修改"|"组合"命令将其成组。

Step11　继续在"饱和食盐水瓶"影片剪辑的编辑界面中，将步骤 8~10 中绘制好的实验装置和液体移动组装成一个完整的"饱和食盐水瓶"，使用"文本工具"输入文本"饱和食盐水"，调整好位置和大小，如图 8.30 所示。

Step12　创建一个影片剪辑元件，命名为"空瓶"，进入"空瓶"影片剪辑的编辑界面，使用与制作"饱和食盐水瓶"同样的方法制作"空瓶"影片剪辑，绘制步骤不再赘述，效果如图 8.31 所示。

第 8 章　综合应用——Flash 教学课件

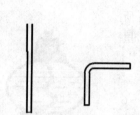  

图 8.28　绘制瓶子导气管　　　图 8.29　绘制饱和食盐水　　图 8.30　组装"饱和食盐水瓶"

Step13　创建一个影片剪辑元件，命名为"浓硫酸瓶"，进入"浓硫酸瓶"影片剪辑的编辑界面，使用与制作"饱和食盐水瓶"同样的方法制作"浓硫酸瓶"影片剪辑，绘制步骤不再赘述，效果如图 8.32 所示。

Step14　创建一个影片剪辑元件，命名为"NaOH 溶液瓶"，进入"NaOH 溶液瓶"影片剪辑的编辑界面，使用与制作"饱和食盐水瓶"同样的方法制作"NaOH 溶液瓶"影片剪辑，绘制步骤不再赘述，效果如图 8.33 所示。

图 8.31　绘制空瓶　　　　　图 8.32　绘制浓硫酸瓶　　　图 8.33　绘制 NaOH 溶液瓶

Step15　在"标题"图层上方新建"图层 3"，命名为"实验台"，将"库"面板中的"实验台"影片剪辑元件拖动到"场景 1"舞台的左边。在"实验台"图层下方新建"图层 4"，命名为"初始位置"，分别将"库"面板中的"饱和食盐水瓶""NaOH 溶液瓶""空瓶""浓硫酸瓶"这 4 个影片剪辑依次按顺序拖动到舞台右上方，在"属性"面板中分别将影片剪辑命名为"c1""c4""c3""c2"，接着使用工具箱中的"文本工具"输入文本"请将下面的实验装置按照正确顺序拖动到实验台右下方并组装"，效果如图 8.34 所示。

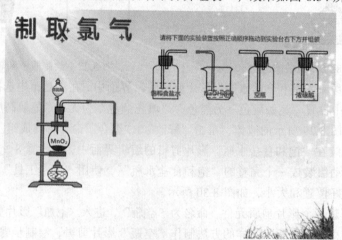

图 8.34　实验装置初始位置

Step16 在"初始位置"图层上方新建"图层 5"，命名为"正确位置"，单击工具箱中的"矩形工具"，在"属性"面板中设置"笔触颜色"为无，颜色不限，在舞台上绘制一个矩形，大小与"空瓶"影片剪辑元件大致相同即可。将绘制好的矩形转换成影片剪辑元件，命名为"检测"。选择"检测"影片剪辑在"属性"面板中命名为"z1"，在舞台上将其向右复制 3 个影片剪辑，在"属性"面板中分别命名为"z2""z3""z4"，同时将这 4 个影片剪辑的 Alpha 值都调整为"0%"，效果如图 8.35 所示。

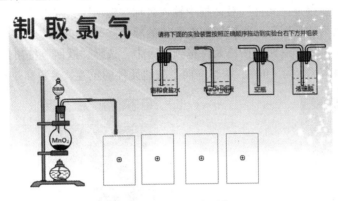

图 8.35 实验装置检测位置

Step17 在"正确位置"图层上方新建"图层 6"，命名为"代码"，右击该图层第 1 帧，在弹出的快捷菜单中选择"动作"命令，在"动作"面板中输入图 8.36 所示的代码，图片中仅列出了实例名称为"c1"和"c2"的影片剪辑元件的代码，"c3"和"c4"对应的代码不再赘述。

```
1   var cs1_x = c1.x;    //定义c1影片剪辑的初始坐标
2   var cs1_y = c1.y;
3   c1.addEventListener(MouseEvent.MOUSE_DOWN, down1);    //给c1添加鼠标事件
4   c1.addEventListener(MouseEvent.MOUSE_UP, up1);
5   function down1(evt:MouseEvent):void
6   {
7       //当在c1上按下鼠标时，开始拖动c1
8           c1.startDrag();
9   }
10  function up1(evt:MouseEvent):void
11  {
12      //当在c1实例上移开鼠标时，停止拖动c1
13          c1.stopDrag();
14          if(c1.hitTestObject(z1))    //如果c1拖动后的位置触碰到z1
15          {
16              c1.x = z1.x;            //将z1的坐标轴赋值给c1
17              c1.y = z1.y;
18          }
19          else                       //如果c1拖动后的位置没有触碰到z1
20          {
21              c1.x = cs1_x;          //将c1返回到初始坐标
22              c1.y = cs1_y;
23          }
24  }
25  var cs2_x = c2.x;    //定义c2影片剪辑的初始坐标
26  var cs2_y = c2.y;
27  c2.addEventListener(MouseEvent.MOUSE_DOWN, down2);    //给c2添加鼠标事件
28  c2.addEventListener(MouseEvent.MOUSE_UP, up2);
29  function down2(evt:MouseEvent):void
30  {
31      //当在c2上按下鼠标时，开始拖动c2
32          c2.startDrag();
33  }
34  function up2(evt:MouseEvent):void
35  {
36      //当在c2实例上移开鼠标时，停止拖动c2
37          c2.stopDrag();
38          if(c2.hitTestObject(z2))    //如果c2拖动后的位置触碰到z2
39          {
40              c2.x = z2.x;            //将z2的坐标轴赋值给c2
41              c2.y = z2.y;
42          }
43          else                       //如果c2拖动后的位置没有触碰到z2
44          {
45              c2.x = cs2_x;          //将c2返回到初始坐标
46              c2.y = cs2_y;
47          }
48  }
49
```

图 8.36 代码实现装置的正确组装

Step18 在"代码"图层下方新建"图层 7",命名为"按钮"。使用工具箱中的"椭圆工具"在舞台中绘制一个椭圆,"笔触颜色"为无,"颜色类型"使用"径向渐变","颜色"面板中左滑块的颜色为"#FF0000",右滑块的颜色为黑色,使用"文本工具"在椭圆上方输入"提示",选中椭圆和文字,将其转换成按钮元件,命名为"提示",再在"属性"面板中设置"实例名称"为"ts",参数和效果如图 8.37 所示。

Step19 在"库"面板中右击"提示"按钮元件,在弹出的快捷菜单中选择"直接复制"命令,在弹出的"直接复制元件"对话框中输入名称"返回",双击"返回"按钮元件,将元件中的文字修改为"返回",将椭圆的左滑块的颜色修改为"#00FF00",回到"场景 1"中,将"库"面板中的"返回"按钮元件拖到舞台中,选择"返回"按钮元件,在"属性"面板中设置"实例名称"为"fh",调整好两个按钮元件的位置,参数和效果如图 8.38 所示。

图 8.37　制作"提示"按钮

图 8.38　制作"返回"按钮

Step20 在"按钮"图层上方新建"图层 8",命名为"提示文字"。在该图层的第 2 帧插入关键帧,使用工具箱中的"文本工具"在舞台中输入文本"实验室制取氯气的化学方程式 $MnO_2+4HCl(浓)=MnCl_2+Cl_2\uparrow+2H_2O$(条件:加热)""除 HCl""除 H_2O""发生装置""净化装置""收集装置""尾气处理装置",调整好位置后如图 8.39 所示。

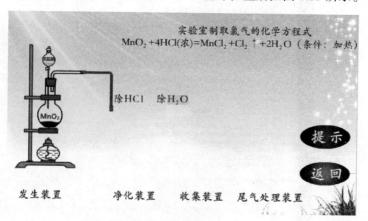

图 8.39　制作提示文字

Step21 在时间轴"按钮"图层及其以下 5 个图层的第 2 帧插入帧,并在"代码"图层的第 1 帧添加动作脚本,在"动作"面板中继续在下方输入图 8.40 所示的代码。

```
100  stop();
101  ts.addEventListener(MouseEvent.CLICK, tishi);
102  fh.addEventListener(MouseEvent.CLICK, fanhui);
103  function tishi(e:MouseEvent):void
104  {
105      c1.x = z1.x;              //将z4的坐标轴赋值给c4
106      c1.y = z1.y;
107      c2.x = z2.x;              //将z4的坐标轴赋值给c4
108      c2.y = z2.y;
109      c3.x = z3.x;              //将z4的坐标轴赋值给c4
110      c3.y = z3.y;
111      c4.x = z4.x;              //将z4的坐标轴赋值给c4
112      c4.y = z4.y;
113      gotoAndStop(2);
114  }
115  function fanhui(e:MouseEvent):void
116  {
117
118      c1.x = cs1_x;            //将c4返回到初始坐标
119      c1.y = cs1_y;
120      c2.x = cs2_x;            //将c4返回到初始坐标
121      c2.y = cs2_y;
122      c3.x = cs3_x;            //将c4返回到初始坐标
123      c3.y = cs3_y;
124      c4.x = cs4_x;            //将c4返回到初始坐标
125      c4.y = cs4_y;
126      gotoAndPlay(1);
127  }
```

图 8.40　代码实现按钮元件的跳转功能

Step22　将文件进行保存，单击"控制"|"测试场景"命令或者按【Ctrl+Enter】组合键对文件进行测试。

8.3　实例Ⅲ——制作"单项选择题测试"课件

以项目式的操作方式来完成一个"单项选择题测试"课件的制作，舞台的画面效果如图 8.41 所示，最终的动画效果可参见光盘中的文件"效果\ch08\8.3 单项选择题课件.swf"。

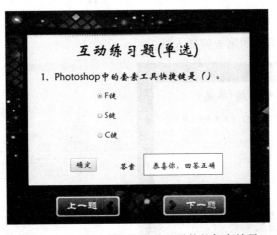

图 8.41　"单项选择题测试"课件的舞台效果

8.3.1　设置舞台与导入素材

Step1　单击"文件"|"新建"命令，或者按【Ctrl+N】组合键，在弹出的"新建文档"

对话框的"常规"选项卡中选择"ActionScript 3.0"选项，设置舞台宽度和高度为 820 像素 × 650 像素，帧频默认为 24 fps，舞台颜色设置为"#D4F7FD"，单击"确定"按钮。

Step2 单击"文件"|"导入"|"导入到库"命令，在弹出的"导入到库"对话框中选择光盘中的"素材\ch08\8.3 单项选择题课件"中的所有文件，单击"打开"按钮，"库"面板中就出现了所有的素材。

8.3.2 制作测试课件

Step1 在时间轴中将"图层 1"重命名为"背景"，将"库"面板中的"背景.png"拖到舞台中央，在该图层的第 5 帧插入帧。新建"图层 2"并重命名为"按钮 下一题"，将"库"面板中的"下一题.png"拖到舞台中边框的下方，在舞台中将其转换成按钮元件，命名为"下一题"，在"属性"面板将其"实例名称"设置为"next1"。在该图层的第 2～5 帧均插入关键帧，并分别设置"实例名称"为"next2""next3""next4""next5"。新建"图层 3"并重命名为"按钮 上一题"，将"库"面板中的"上一题.png"拖到舞台中边框的下方，在舞台中将其转换成按钮元件，命名为"上一题"，在"属性"面板将其"实例名称"设置为"prev1"。在该图层的第 2～5 帧均插入关键帧，并分别设置"实例名称"设置为"prev2""prev3""prev4""prev5"。

Step2 新建"图层 4"并重命名为"题目"，在舞台中创建 3 个静态文本，分别输入"互动练习题（单选）""1、Photoshop 中的套索工具快捷键是（ ）。""答案"，在该图层的第 2～5 帧均插入关键帧，分别将每帧中的题目修改为"2、Photoshop 中反选选区的方式正确的是（ ）。""3、Flash 在网络上播放的动画常用的帧频是（ ）。""4、Flash 中按（ ）键可以打开"创建新元件"对话框。""5、AS 3.0 代码中，下面（ ）不能用来做变量名。"，文本的位置如图 8.42 所示。

Step3 新建"图层 5"并重命名为"动态文本框"，单击工具箱中的"文本工具"，在舞台中"答案"文字后面绘制一个文本框，在"属性"面板中将"文本类型"选择为"动态文本"，在"字符"属性中单击"在文本周围显示边框"按钮，给动态文本添加边框，如图 8.43 所示。在该图层的第 5 帧插入帧。

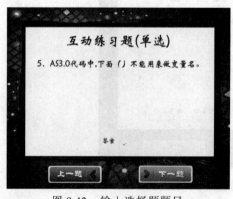

图 8.42　输入选择题题目

图 8.43　设置动态文本属性

Step4 新建"图层 6"并重命名为"选项"，单击"窗口"|"组件"命令，在弹出的"组件"面板中将"RadioButton"拖动到舞台中，在"属性"面板中将该单选按钮的"实例名

称"设置为"a1"，在"组建参数"中设置"label"的值为"F 键"，如图 8.44 所示。再拖动两个"RadioButton"，分别设置"实例名称"为"b1""c1"，并分别设置"label"的值为"S 键"和"C 键"。

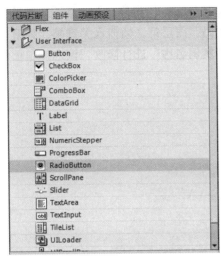 

图 8.44　制作单选按钮

Step5　在"组件"面板中将"Button"拖动到舞台中，在"属性"面板中将该按钮的"实例名称"设置为"qd1"。再拖动一个"Label"到舞台中的动态文本框内，设置"实例名称"为"answer1"。

Step6　新建"图层 7"并重命名为"代码"，在第 1 帧添加动作脚本，在"动作"面板中输入图 8.45 所示的代码。

```
1  import flash.events.Event;//导入事件包中的事件
2  var myformat1:TextFormat;//定义一个文本格式
3  myformat1 = new TextFormat();//初始化文本格式
4  myformat1.font = "STXinwei"; //设置文本字体类型
5  myformat1.color = 0x003399;//设置文本颜色
6  myformat1.size = 25;//设置文本大小
7  qd1.x = 200; qd1.y = 450;//设置确定按钮的坐标
8  qd1.width = 80;  qd1.height = 40;//设置确定按钮的宽度和高度
9  qd1.setStyle("textFormat", myformat1);//调用定义好的文本格式
10  answer1.x = 450; answer1.y = 460;
11  answer1.width = 200;  answer1.height = 40;//设置Label的宽度和高度
12  answer1.setStyle("textFormat", myformat1);//调用定义好的文本格式
13  a1.x = 280; a1.y = 200;//设置第一个选项的坐标
14  a1.width = 200; a1.height = 120;//设置第一个选项的宽度和高度
15  a1.setStyle("textFormat", myformat1);//调用定义好的文本格式
16  b1.x = 280; b1.y = 260;//设置第二个选项的坐标
17  b1.width = 200; b1.height = 120;//设置第二个选项的宽度和高度
18  b1.setStyle("textFormat", myformat1);//调用定义好的文本格式
19  c1.x = 280; c1.y = 320;//设置第三个选项的坐标
20  c1.width = 200; c1.height = 120;//设置第三个选项的宽度和高度
21  c1.setStyle("textFormat", myformat1);//调用定义好的文本格式
22  qd1.addEventListener(MouseEvent.CLICK,qd1_ok);//给确定按钮添加事件侦听器
23  function qd1_ok(e:MouseEvent):void{
24      if (a1.selected == true)  //当第一个选项被选中时
25          {answer1.text = "恭喜你,回答正确"}  //Label中的文本值为正确
26      else
27          {answer1.text = "很遗憾,回答错误";}//否则Label中的文本值为错误
28      }
29  stop(); //停止播放
30  next1.addEventListener(MouseEvent.CLICK,next1_Handler);//给下一题按钮元件
31  function next1_Handler(e:MouseEvent):void{   //事件为鼠标事件
32      nextFrame();  //跳到下一帧
33      }
34  prev1.addEventListener(MouseEvent.CLICK,prev1_Handler);//给下一题按钮元件
35  function prev1_Handler(e:MouseEvent):void{   //事件为鼠标事件
36      prevFrame();//跳到上一帧
37      }
```

图 8.45　代码实现第一个选择题

Step7 在"选项"图层第 2 帧添加关键帧，在"属性"面板中分别将 3 个单选按钮的"实例名称"设置为"a2""b2""c2"，分别在 3 个单选按钮的"组建参数"的"Label"文本框中输入"Shift+I""I""Shift+Ctrl+I"。选择"确定"按钮组件，在"属性"面板中将该按钮的"实例名称"设置为"qd2"，选择"Label"组件，在"属性"面板中将该按钮的"实例名称"设置为"answer2"。在"代码"图层第 2 帧插入关键帧，将第 1 帧复制到第 2 帧，在"动作"面板中将其中所有的"实例名称"进行修改，该选择题正确的选项是"c2"，代码如图 8.46 所示。

```
1
2    import flash.events.Event;//导入事件包中的事件
3    var myformat2:TextFormat;//定义一个文本格式
4    myformat2 = new TextFormat();//初始化文本格式
5    myformat2.font = "STXinwei";//设置文本字体类型
6    myformat2.color = 0x003399;//设置文本颜色
7    myformat2.size = 25;//设置文本大小
8    qd2.x = 200; qd2.y = 450;//设置确定按钮的坐标
9    qd2.width = 80;   qd2.height = 40;//设置确定按钮的宽度和高度
10   qd2.setStyle("textFormat", myformat1);//调用定义好的文本格式
11   answer2.x = 450; answer2.y = 460;
12   answer2.width = 200;   answer2.height = 40;//设置Label的宽度和高度
13   answer2.setStyle("textFormat", myformat2);//调用定义好的文本格式
14   a2.x = 280; a2.y = 200;//设置第一个选项的坐标
15   a2.width = 200; a2.height = 120;//设置第一个选项的宽度和高度
16   a2.setStyle("textFormat", myformat2);//调用定义好的文本格式
17   b2.x = 280; b2.y = 260;//设置第二个选项的坐标
18   b2.width = 200; b2.height = 120;//设置第二个选项的宽度和高度
19   b2.setStyle("textFormat", myformat2);//调用定义好的文本格式
20   c2.x = 280; c2.y = 320;//设置第三个选项的坐标
21   c2.width = 200; c2.height = 120;//设置第三个选项的宽度和高度
22   c2.setStyle("textFormat", myformat2);//调用定义好的文本格式
23   qd2.addEventListener(MouseEvent.CLICK, qd2_ok);//给确定按钮添加事件侦听器
24   function qd2_ok(e:MouseEvent):void{
25       if (c2.selected == true)  //当第一个选项被选中时
26          {answer2.text = "恭喜你，回答正确";   }  //Label中的文本值为正确
27       else
28          {answer2.text = "很遗憾，回答错误";}//否则Label中的文本值为错误
29       }
30   stop(); //停止播放
31   next2.addEventListener(MouseEvent.CLICK, next2_Handler);//给下一题按钮元件添加事件侦听器
32   function next2_Handler(e:MouseEvent):void{   //事件为鼠标事件
33       nextFrame();  //跳到下一帧
34       }
35   prev2.addEventListener(MouseEvent.CLICK, prev2_Handler);//给下一题按钮元件添加事件侦听器
36   function prev2_Handler(e:MouseEvent):void{   //事件为鼠标事件
37       prevFrame();//跳到上一帧
38       }
```

图 8.46   代码实现第二个选择题

Step8 在"选项"第 3 帧插入关键帧，在"属性"面板中分别将 3 个单选按钮的"实例名称"设置改为"a3""b3""c3"，分别在 3 个单选按钮的"组建参数"的"label"文本框值输入"12 fps""24 fps""30 fps"。选择"确定"按钮组件，在"属性"面板中将该按钮的"实例名称"设置为"qd3"，选择"Label"组件，在"属性"面板中将该按钮的"实例名称"设置为"answer3"。在"代码"图层第 3 帧插入关键帧，将第 2 帧复制到第 3 帧，在"动作"面板中将其中所有的"实例名称"进行修改，该选择题正确的选项是"24 fps"，代码图片不再列出。

Step9 在"选项"第 4 帧插入关键帧，在"属性"面板中，分别将 3 个单选按钮的"实例名称"设置为"a4""b4""c4"，分别在 3 个单选按钮的"组建参数"的"label"文本框中值输入"Ctrl+F8""F8""Ctrl+F11"。选择"确定"按钮组件，在"属性"面板中将该按钮的"实例名称"设置为"qd4"，选择"Label"组件，在"属性"面板中将该按钮的"实例名称"设置为"answer4"。在"代码"图层第 4 帧插入关键帧，将第 3 帧复制到第 4 帧，在"动作"面板中将其中所有的"实例名称"进行修改，该选择题正确的选项是"Ctrl+F8"，代码图片不再列出。

Step10 在"选项"第 5 帧插入关键帧，在"属性"面板中，分别将 3 个单选按钮的"实

例名称"设置为"a5""b5""c5",分别在3个单选按钮的"组建参数"的"label"文本框中输入"_a123""a_123""123a"。选择"确定"按钮组件,在"属性"面板中将该按钮的"实例名称"设置为"qd5",选择"Label"组件,在"属性"面板中将该按钮的"实例名称"设置为"answer5"。在"代码"图层第5帧插入关键帧,将第4帧复制到第5帧,在"动作"面板中将其中所有的"实例名称"进行修改,该选择题正确的选项是"123a",代码图片不再列出。

Step11 将文件进行保存,单击"控制"|"测试场景"命令或者按【Ctrl+Enter】组合键对文件进行测试。

课 后 练 习

操作题

使用本章中所学的知识制作一个"制氧装置安装步骤"的动画。效果如图8.47所示,也可参见光盘中的文件"效果\ch08\课后练习\制氧装置安装步骤.swf"。

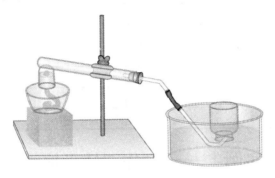

图8.47 "制氧装置安装步骤"效果图

第9章

➡ 综合应用——Flash 趣味小游戏

Flash 小游戏是指由 Flash 软件制作，主要是在网页中供大家休闲娱乐的游戏。一般比较小巧，在宽带上网环境下 1 min 就可以开始进行游戏，且操作简单，没有长篇的游戏说明和操作技巧等，是一种典型的即开即玩的游戏。Flash 小游戏开发成本低，开发便利，已经有很多游戏开发者专业从事 Flash 小游戏的开发，开发 Flash 小游戏技术门槛低，更多需要的是创意，这也是 Flash 小游戏能够获得良好用户体验的根本原因。

	本 章 知 识	了　　解	掌　　握	重　　点	难　　点
学习目标	图形的绘制		☆		
	元件的属性		☆		
	场景的编辑		☆		
	AS 3.0 脚本语句		☆	☆	☆
	公用库组件		☆		

9.1　实例Ⅰ——制作"转盘抽奖"游戏

转盘游戏是日常生活中常见的。例如，某大学一家餐厅的揽客奇招：转盘抽奖。凡消费金额超过 5 元便得到奖券，即可凭票参加一次"转盘抽奖"游戏。每一格都有奖，当然不会是贵重的奖品。转中铅笔和胸章这些奖品的机会要比得到奶茶的机会大得多。奶茶是这间餐厅著名的饮品，同时也是转盘上最值钱的奖品。也有些公司推销其产品的其中一种手段就是

让顾客转动打折转盘，将一个大转盘平均分为 36 格，有效数字为 1~9（其中 9 折占 9 格，8 折占 8 格，……，1 折占 1 格），每个数字表示其折扣点。"幸运的"顾客只要摇动转盘，转盘的指针所指之处，则可以享受相应的折扣。

下面制作一个"转盘抽奖"游戏，舞台的画面效果如图 9.1 所示，最终的动画效果参见光盘中的文件"效果\ch09\9.1 转盘抽奖游戏.swf"。

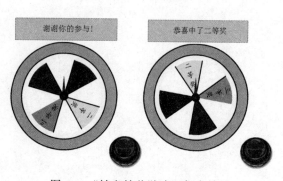

图 9.1　"转盘抽奖游戏"舞台效果

9.1.1 制作"转盘抽奖"界面

1. 绘制转盘

Step1 单击"文件"|"新建"命令，或者按【Ctrl+N】组合键，在弹出的"新建文档"对话框的"常规"选项卡中选择"ActionScript 3.0"选项，设置舞台宽度和高度为550像素×400像素，帧频默认为24 fps，单击"确定"按钮。

Step2 单击"插入"|"新建元件"命令，在弹出的"创建新元件"对话框中输入"名称"为"转盘"，设置"类型"为"影片剪辑"，单击"确定"按钮。

Step3 在时间轴上创建"背景"和"格"图层。单击工具箱中的"椭圆工具"，在舞台上使用"椭圆工具"拖出大小不同的圆绘制转盘背景，使用"线条工具"绘制格的部分并填充不同的颜色，如图9.2所示。

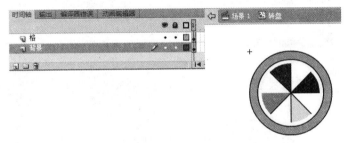

图9.2　绘制转盘背景

Step4 单击工具箱中的"文本工具"，在每格中输入文字。通过"任意变形工具"旋转文字，并按【Ctrl+B】组合键，分离文字，如图9.3所示。

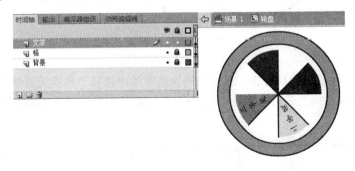

图9.3　分离文字

2. 制作转盘转动

Step1 单击"插入"|"新建元件"命令，在弹出的"创建新元件"对话框中输入"名称"为"转盘转动"，设置"类型"为"影片剪辑"，单击"确定"按钮。

Step2 创建"转盘""指针""中心点"3个图层。按【Ctrl+L】组合键，调出"库"面板。从"库"面板中将"转盘"元件拖到舞台中的"转盘"图层。按【Ctrl+K】组合键，调出"对齐"面板，勾选"与舞台对齐"复选框，单击"对齐"区域的"水平中齐"按钮和"垂直中齐"按钮，使用"矩形工具""椭圆工具"绘制图形，如图9.4所示。

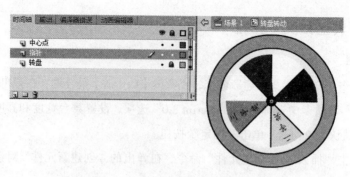

图 9.4 "转盘转动"影片剪辑元件

Step3 由于"转盘"分为 8 格，每格分配 3 帧，因此在"转盘"图层的第 24 帧按【F5】键插入帧，右击并在弹出的快捷菜单中选择"创建补间动画"命令，在"属性"面板中设置"旋转方向"为"顺时针"，如图 9.5 所示。

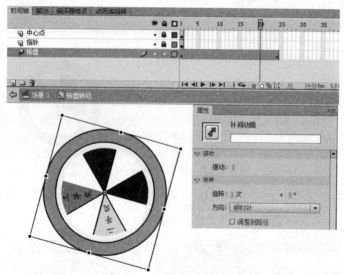

图 9.5 设置旋转方向

Step4 在"转盘"图层右击，在弹出的快捷菜单中选择"转换为逐帧动画"命令，将"转盘"转换为逐帧动画。然后分别在"指针""中心点"图层的第 24 帧按【F5】键插入帧，如图 9.6 所示。

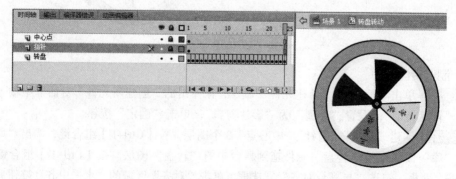

图 9.6 转换为逐帧动画

Step5 返回"场景1",将"转盘转动"影片剪辑元件拖放到舞台中,单击"窗口"|"公用库"|"Buttons"命令,从"外部库"中选择"classic buttons\arcade buttons\arcade button-red"项目,并拖放到舞台中,如图9.7所示。

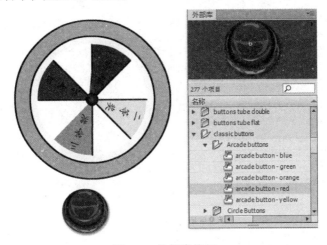

图 9.7　外部库按钮

Step6 选择"转盘转动"影片剪辑元件,在"属性"面板中将"实例名称"命名为"zhuanpan"。同理,选择按钮,在"属性"面板中将"实例名称"命名为"anniu",如图9.8所示。

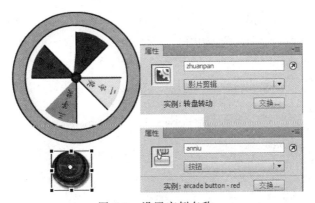

图 9.8　设置实例名称

9.1.2　编写脚本语句

在时间轴最上方新建一个图层,重命名为"代码",右击该图层的第1帧,在弹出的快捷菜单中选择"动作"命令,在"动作"面板中输入如下所示的脚本语句。

```
var time:int;
anniu.addEventListener(MouseEvent.CLICK,choujiang);
function choujiang(Event:MouseEvent){
    trace(zhuanpan.currentFrame)
    switch (zhuanpan.currentFrame){
    case 4:
```

```
      case 5:
      case 6:
         shuchu.text="恭喜中了四等奖";
         zhuanpan.stop();
      break;
      case 10:
      case 11:
      case 12:
         shuchu.text="恭喜中了三等奖";
         zhuanpan.stop();
      break;
      case 16:
      case 17:
      case 18:
         shuchu.text="恭喜中了二等奖";
         zhuanpan.stop();
      break;
      case 22:
      case 23:
      case 24:
         shuchu.text="恭喜中了一等奖";
         zhuanpan.stop();
      break;
      default:
         shuchu.text="谢谢你的参与!";
         zhuanpan.stop();
      break;
   }
   time=setInterval(go,3000);        \\以指定的间隔（以毫秒为单位）运行 go() 函数。

}
function go() {                      \\自定义 go 函数
   zhuanpan.play();                  \\函数内容，就是继续播放影片。
   clearInterval(time);              \\清除指定的 setInterval() 调用
}
```

9.1.3 测试与发布

按【Ctrl+Enter】组合键进行测试，单击"文件"|"发布设置"命令，可以发布为 swf 和 exe 等格式文件，如图 9.9 所示。

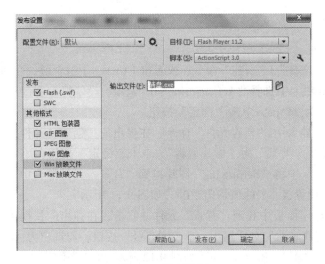

图 9.9　发布设置

9.2　实例II——制作"战机"游戏

下面制作一个"战机"游戏，运行后的画面效果如图 9.10 所示，最终的动画效果可参见光盘中的文件"效果\ch09\9.2 战机游戏.swf"。

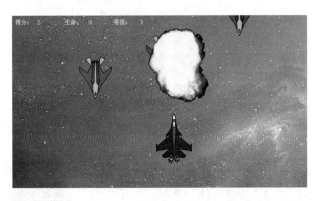

图 9.10　"战机游戏"效果图

在这个游戏中只有 5 个影片剪辑元件，每一个都放在库里。第一个就是类名为 ExplosionImage 的爆炸效果，在其影片剪辑的 14 帧中，每一帧都导入了一张单独的图片。每两张图片之间的变化构成了一个动画效果。其他 4 个影片剪辑元件的类名及两种声音效果的类名分别是：

BackImage：游戏背景。

PlayerImage：玩家控制的飞机。

EnemyImage：玩家要消灭的敌机。

MissileImage：玩家发射的导弹。

Explode：飞机爆炸时的声音效果。

Shoot：发射导弹的声音效果。

9.2.1 制作元件

1. 绘制背景元件

Step1 单击"文件"|"新建"命令，或者按【Ctrl+N】组合键，在弹出的"新建文档"对话框的"常规"选项卡中选择"ActionScript 3.0"选项，设置舞台宽度和高度为 550 像素 × 400 像素，帧频默认为 24 fps，单击"确定"按钮。

Step2 单击"插入"|"新建元件"命令，在弹出的"创建新元件"对话框中输入"名称"为"背景"，设置"类型"为"影片剪辑"，单击"确定"按钮。

Step3 从"库"中将"beijing.jpg"图片拖到"背景"元件舞台中，在"属性"面板的"位置和大小"中，设置 X、Y 的值均为"0"，如图 9.11 所示。

Step4 在"库"面板中找到"背景"元件并右击，在弹出的快捷菜单中选择"属性"命令，在弹出的"元件属性"对话框中，单击"高级"按钮，勾选"为 ActionScript 导出"复选框，在"类"文本框中输入"BackImage"，如图 9.12 所示，单击"确定"按钮。弹出"ActionScript 类警告"对话框，单击"确定"按钮。

图 9.11　位置和大小

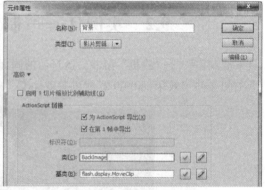

图 9.12　元件高级属性设置

Step5 此时在"库"面板中"背景"元件右侧的"AS 链接"则显示"BackImage"，如图 9.13 所示。

2. 绘制玩家飞机元件

Step1 单击"插入"|"新建元件"命令，在弹出的"创建新元件"对话框中输入"名称"为"玩家"，设置"类型"为"影片剪辑"，单击"确定"按钮。

Step2 使用工具箱中的相关工具绘制玩家飞机，如图 9.14 所示。

Step3 在"库"面板中右击"玩家"元件，在弹出的快捷菜单中选择"属性"命令，在弹出的"元件属性"对话框中单击"高级"按钮，勾

图 9.13　"库"面板

选"为 ActionScript 导出"复选框，在"类"文本框中输入"PlayerImage"，如图 9.15 所示，单击"确定"按钮。弹出"ActionScript 类警告"对话框，单击"确定"按钮。

图 9.14 绘制玩家飞机

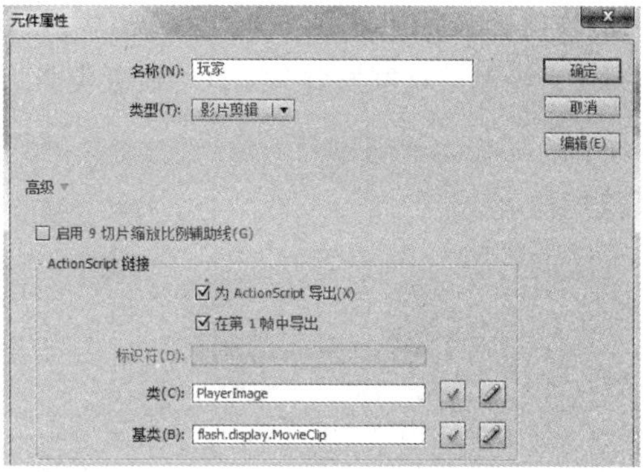

图 9.15 元件高级属性设置

3. 绘制敌机元件

同理，绘制"敌机"元件，设置类名为"EnemyImage"，如图 9.16 所示。

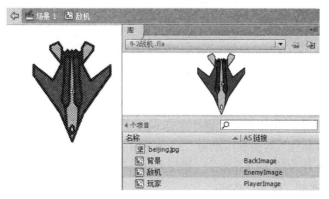

图 9.16 "库"面板中的"敌机"

4. 绘制爆炸效果元件

同理，绘制"爆炸效果"元件，设置类名为"ExplosionImage"，如图 9.17 所示。

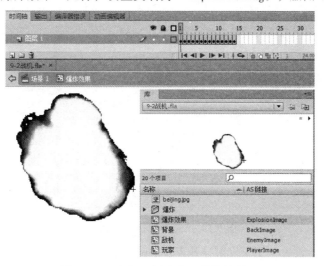

图 9.17 "库"面板中的"爆炸效果"

5. 绘制玩家发射元件

同理，绘制"玩家发射"元件，设置类名为"MissileImage"，如图 9.18 所示。

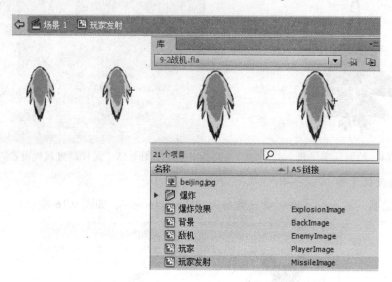

图 9.18 "库"面板中的"玩家发射"

6. 设置声音类名

Step1 在"库"面板中右击"爆炸声音.mp3"，在弹出的快捷菜单中选择"属性"命令，在弹出的"声音属性"对话框中单击"ActionScript"选项卡，勾选"为 ActionScript 导出"复选框，在"类"文本框中输入"Explode"，如图 9.19 所示，单击"确定"按钮。弹出"ActionScript 类警告"对话框，单击"确定"按钮。

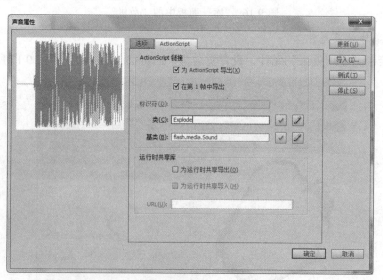

图 9.19 "声音属性"对话框

Step2 同理，设置"玩家发射导弹声音.mp3"的类名为"Shoot"，如图 9.20 所示。

图 9.20 "库"面板中的"玩家发射导弹声音.mp3"

9.2.2 编写脚本语句

Step 1 单击"文件"|"新建"命令，或者按【Ctrl+N】组合键，在弹出的"新建文档"对话框的"常规"选项卡中选择"ActionScript 3.0 类"选项，设置"类名称"为"Main"，如图 9.21 所示，单击"确定"按钮。

Step 2 单击"文件"|"保存"命令，或者按【Ctrl+S】组合键，在弹出的"另存为"对话框中输入"文件名"为"Main.as"，单击"保存"命令。

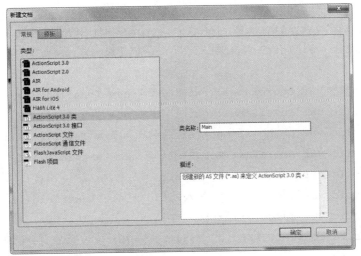

图 9.21 设置"类名称"

Step 3 在 Main.as 文件中输入以下代码：

```
package
{
    import flash.display.MovieClip;
    import flash.display.Sprite;
```

第 9 章 综合应用——Flash 趣味小游戏

```
import flash.events.Event;
import flash.events.MouseEvent;
import flash.geom.Rectangle;
import flash.media.Sound;
import flash.text.*;

public class Main extends Sprite
{
    public static const STATE_INIT:int = 10;
    public static const STATE_START_PLAYER:int = 20;
    public static const STATE_PLAY_GAME:int = 30;
    public static const STATE_REMOVE_PLAYER:int = 40;
    public static const STATE_END_GAME:int = 50;

    public var gameState:int = 0;        \\游戏状态
    public var score:int = 0;            \\玩家的分数
    public var chances:int = 0;          \\漏掉的敌机数
    public var bg:MovieClip;             \\游戏背景
    public var enemies:Array;            \\存储敌机的数组
    public var missiles:Array;           \\玩家发射的导弹
    public var explosions:Array;         \\爆炸特效
    public var player:MovieClip;         \\引用玩家的图片
    public var level:Number;             \\等级

    public var scoreLabel:TextField = new TextField();      \\分数标题
    public var levelLabel:TextField = new TextField();      \\等级标题
    public var chancesLabel:TextField = new TextField();    \\漏网标题
    public var scoreText:TextField = new TextField();       \\分数值
    public var levelText:TextField = new TextField();       \\等级值
    public var chancesText:TextField = new TextField();     \\漏网值
    public var gameoverText:TextField = new TextField();    \\游戏结束
    public const SCOREBOARD_Y:Number = 5;        \\计分板位于游戏顶部
    public var format:TextFormat = new TextFormat();        \\字体格式

    public function Main():void
    {
        init();
    }
    private function init():void
```

```
    {
        this.addEventListener(Event.ENTER_FRAME, gameLoop);

        \\显示背景
        bg = new BackImage();
        this.addChild(bg);

        \\设置计分板标题和默认值
        scoreLabel.text = "得分：";
        levelLabel.text = "等级：";
        chancesLabel.text = "生命：";
        scoreText.text = "0";
        levelText.text = "1";
        chancesText.text = "3";
        gameoverText.text="";
        scoreLabel.textColor = 0xffffff;
        levelLabel.textColor = 0xffffff;
        chancesLabel.textColor = 0xffffff;
        scoreText.textColor = 0xffffff;
        levelText.textColor = 0xffffff;
        chancesText.textColor = 0xffffff;
        gameoverText.textColor = 0xffffff;

        \\放置游戏底部
        scoreLabel.y = SCOREBOARD_Y;
        levelLabel.y = SCOREBOARD_Y;
        chancesLabel.y = SCOREBOARD_Y;
        scoreText.y = SCOREBOARD_Y;
        levelText.y = SCOREBOARD_Y;
        chancesText.y = SCOREBOARD_Y;

        \\设置标题和横向坐标值
        scoreLabel.x = 5;
        scoreText.x = 50;
        chancesLabel.x = 105;
        chancesText.x = 155;
        levelLabel.x = 205;
        levelText.x = 260;
```

```
\\设置游戏结束时字体自动调整大小、对齐以及坐标位置
gameoverText.autoSize = TextFieldAutoSize.LEFT;
gameoverText.x=int(stage.stageHeight\2);
gameoverText.y=int(stage.stageWidth\2);

\\显示计分板
this.addChild(scoreLabel);
this.addChild(levelLabel);
this.addChild(chancesLabel);
this.addChild(scoreText);
this.addChild(levelText);
this.addChild(chancesText);

\\游戏结束字体设置
format.font = "Verdana";
format.color = 0xFF0000;
format.size = 30;
gameoverText.defaultTextFormat = format;
this.addChild(gameoverText);

gameState = STATE_INIT;
}


\\调整游戏状态的循环函数
public function gameLoop(e:Event):void
{
    switch(gameState)
    {
        case STATE_INIT:
            initGame();
            break;

        case STATE_START_PLAYER:
            startPlayer();
            break;

        case STATE_PLAY_GAME:
            playGame();
            break;
```

```
        case STATE_REMOVE_PLAYER:
            removePlayer();
            break;

        case STATE_END_GAME:
            endGame();
            break;
    }
}


\\初始化游戏
public function initGame():void
{
        \\当单击鼠标时，创建玩家发射的导弹
        stage.addEventListener(MouseEvent.MOUSE_DOWN,
onMouseDownEvent);


        \\初始化游戏
        score = 0;                       \\分数
        chances = 3;                     \\生命数
        enemies = new Array();           \\敌机数组
        missiles = new Array();
        explosions = new Array();
        level = 1;

        levelText.text = level.toString();
        player = new PlayerImage();
        gameState = STATE_START_PLAYER;
    }

public function startPlayer():void
{
    this.addChild(player);
    player.startDrag(true);
    gameState = STATE_PLAY_GAME;
}

public function removePlayer():void
```

```
    {
        \\从敌机数组反向遍历出一个个敌机
        for(var i:int = enemies.length-1; i>=0; i--)
        {
            removeEnemy(i);
        }
        for(i = missiles.length-1; i>= 0; i--)
        {
            removeMissile(i);
        }
        this.removeChild(player);
        gameState = STATE_START_PLAYER;
    }


    \\开始游戏
    public function playGame():void
    {
        \\创建敌机函数
        makeEnemies();

        \\更新敌机 Y 坐标以及飞出屏幕时移除掉
        moveEnemies();

        \\检测玩家是否与敌机发生了碰撞，如果是的话就触发一事件
        testCollisions();

        \\查看等级(level)是否增加或游戏直接结束
        testForEnd();
    }

    public function makeEnemies():void
    {
        \\获取一个 0～99 之间的随机数
        var chance:Number = Math.floor(Math.random() * 100);
        var tempEnemy:MovieClip;

        \\等级越大，敌机出现的概率越高
        if(chance < level+2)
        {
```

```
\\创建敌机
var feiji:Number = Math.floor(Math.random() * 45);
 tempEnemy = new EnemyImage();

\\等级越高，敌机速度越快
tempEnemy.speed = level + 1;

\\敌机出现的 y 坐标
tempEnemy.y = -25;

\\敌机出现的 x 坐标，由于屏幕宽度是 0～540，所以敌机(本身宽度为 30)从
0～514 中随机刷出
tempEnemy.x = Math.floor(Math.random() * 515);

\\敌机显示到场景
this.addChild(tempEnemy);

\\添加到敌机数组中，以便跟踪
enemies.push(tempEnemy);
        }
    }

\\遍历敌机数组，更新每个敌机 Y 坐标
public function moveEnemies():void
{
    var tempEnemy:MovieClip;
    for(var i:int = enemies.length - 1; i >= 0; i--)
    {
        tempEnemy = enemies[i];
        tempEnemy.y += tempEnemy.speed;

        var pp:Number = Math.floor(Math.random() * 4);
        if(pp < 3)
        {
            tempEnemy.x -= pp;
        }
        else
        {
            tempEnemy.x += pp;
```

```
        }


            \\若敌机飞出屏幕底部
            if(tempEnemy.y > 435)
            {
                removeEnemy(i);
            }
        }


        \\移除导弹
        var tempMissile:MovieClip;
        for(i = missiles.length-1; i>=0; i--)
        {
            tempMissile = missiles[i];
            tempMissile.y -= tempMissile.speed;
            if(tempMissile.y < -35)
            {
                removeMissile(i);
            }
        }


        \\移除爆炸效果
        var tempExplosion:MovieClip;
        for(i = explosions.length-1; i>= 0;i--)
        {
            tempExplosion = explosions[i];
            if(tempExplosion.currentFrame >= tempExplosion.totalFrames)
            {
                removeExplosion(i);
            }
        }
    }

    \\导弹和敌机碰撞检测、玩家飞机和敌机碰撞检测
    public function testCollisions():void
    {
```

```
var tempEnemy:MovieClip;             \\当前敌机
var tempMissile:MovieClip;           \\当前发射的导弹

\\遍历敌机数组
for(var i:int = enemies.length - 1; i >= 0; i--)
{
    \\循环到的当前敌机对象
    tempEnemy = enemies[i];

    \\遍历发射的导弹数组
    for(var j:int = missiles.length-1; j>=0; j--)
    {
        \\循环到的当前导弹对象
        tempMissile = missiles[j];

        \\如果当前敌机和当前导弹发生碰撞
        if(tempEnemy.hitTestObject(tempMissile))
        {
            score++;                 \\积分+1
            scoreText.text = score.toString();

            \\调用爆炸特效（传递敌机的x,y坐标，在该坐标上爆炸）
            makeExplosion(tempEnemy.x + (tempEnemy.width \ 2),
tempEnemy.y + (tempEnemy.height \ 2));
            removeEnemy(i);          \\移除当前敌机
            removeMissile(j);        \\移除当前导弹
            break;
        }
    }
}

\\检测玩家飞机和敌机是否碰撞
for(i = enemies.length-1; i>=0;i--)
{
    \\循环到的当前敌机
    tempEnemy = enemies[i];
```

```
        \\如果当前敌机和玩家飞机发生碰撞
        if(tempEnemy.hitTestObject(player))
        {
            chances--;     \\生命-1
            chancesText.text = chances.toString();
            makeExplosion(player.x + (player.width \ 2), player.y +
(player.height \ 2));
            gameState = STATE_REMOVE_PLAYER;
        }
    }
}


\\创建并播放爆炸特效
public function makeExplosion(ex:Number, ey:Number)
{
    \\创建爆炸对象
    var tempExplosion:MovieClip = new ExplosionImage();
    tempExplosion.x = ex;
    tempExplosion.y = ey;
    this.addChild(tempExplosion);

    \\由于爆炸动画共14帧，会自动播放，所以放到爆炸数组后再控制
    explosions.push(tempExplosion);

    \\播放爆炸声音
    var sound:Sound = new Explode();
    sound.play();
}


\\查看等级(level)是否增加或游戏直接结束
public function testForEnd():void
{
    if(chances <= 0)
    {
```

```
        removePlayer();
        gameState = STATE_END_GAME;
    }
    else if(score > level * 30)
    {
        level++;
        levelText.text = level.toString();
    }
}


public function removeEnemy(idx:int)
{
    this.removeChild(enemies[idx]);
    enemies.splice(idx,1);
}


public function removeMissile(idx:int)
{
    this.removeChild(missiles[idx]);
    missiles.splice(idx,1);
}


public function removeExplosion(idx:int)
{
    this.removeChild(explosions[idx]);
    explosions.splice(idx,1);
}

public function onMouseDownEvent(e:MouseEvent)
{
    if(gameState == STATE_PLAY_GAME)
    {
        \\创建导弹对象
        var tempMissile:MovieClip = new MissileImage();
        tempMissile.x = player.x + (player.width \ 2);
        tempMissile.y = player.y;
```

```
            tempMissile.speed = 20;

            missiles.push(tempMissile);

            this.addChild(tempMissile);


            var sound:Sound = new Shoot();

            sound.play();

        }

    }


        \\结束游戏

    public function endGame():void

    {

     gameoverText.text="游戏结束!";



        }

    }

}
```

9.2.3　测试与发布

按【Ctrl+Enter】组合键进行测试，移动鼠标控制玩家飞机，单击可发射导弹，效果如图 9.22 所示。生命值为 "0" 时游戏结束的界面如图 9.23 所示。

图 9.22　发射导弹界面

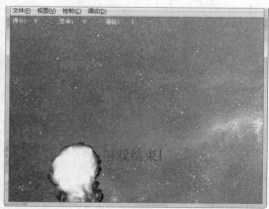

图 9.23　游戏结束界面

9.3　实例Ⅲ——制作"找茬"游戏

"大家来找茬"是一款经典的游戏，在限定时间内，找出左右两幅图中的不同之处，以最快找出不同之处最多的玩家为胜者。游戏规则简单、操作方便，考验玩家的分析和观察能力，适合不同性别、不同年龄段的玩家。

　　下面制作一个"找茬"游戏，运行后的画面效果如图 9.24 所示，最终的动画效果可参见光盘中的文件"效果\ch09\9.3 找茬游戏.swf"。

图 9.24　"找茬"游戏效果图

9.3.1　制作"找茬游戏"图片

　　Step1　使用 Photoshop 软件，打开光盘中的"素材\ch09\9.3 找茬游戏"中的"zhaocha.psd"文件，使用相关工具制作出"找茬"修改图，如图 9.25 所示。

图 9.25　制作找茬修改图

　　Step2　在 Photoshop 软件中单击"文件"|"存储为 Web 所用格式"命令，弹出"存储为 Web 所用格式"对话框，如图 9.26 所示。

　　Step3　在对话框右侧的"优化的文件格式"下拉列表框中选择"JPEG"选项，单击"存储"按钮，弹出"将优化结果存储为"对话框，如图 9.27 所示，单击"保存"按钮。

　　Step4　可以反复通过隐藏或显示"找茬图片"所在的图层，保存所需的 Web 格式文件。

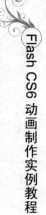
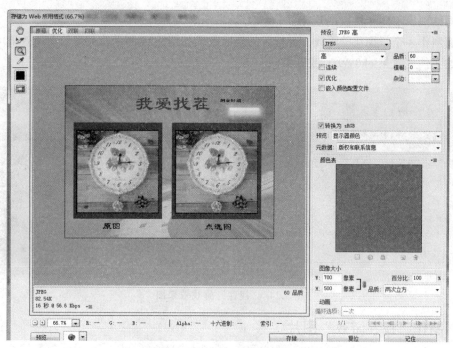

图 9.26 "存储为 Web 所用格式"对话框

图 9.27 "将优化结果存储为"对话框

9.3.2 制作"找茬游戏"界面

1. 创建场景

Step 1 单击"文件"|"新建"命令，或者按【Ctrl+N】组合键，在弹出的"新建文档"对话框的"常规"选项卡中选择"ActionScript 3.0"选项，设置舞台宽度和高度为 700 像素 × 500 像素，帧频默认为 24 fps，单击"确定"按钮，并保存为"找茬游戏.fla"文件。

Step 2 单击"窗口"|"其他面板"|"场景"命令，或者按【Shift+F2】组合键，单击"场景"面板的"添加场景"按钮，再创建 5 个场景，并进行重命名，如图 9.28 所示。

2．制作"场景0"的游戏界面

Step 1 单击"场景"面板中的"场景0"，开始制作"场景0"的界面内容。单击"文件"|"导入"|"导入到库"命令，导入"找茬"相关的图片和声音，如图9.29所示。

图9.28 创建场景

图9.29 导入"库"中的文件

Step 2 单击"插入"|"新建元件"命令，弹出"创建新元件"对话框，分别创建"名称"为"开始游戏""游戏说明""退出游戏""返回""重玩"这5个按钮元件，其中"弹起"和"指针滑过"状态的设置如图9.30所示。

图9.30 "弹起"和"指针滑过"状态

Step 3 返回"场景0"，在"场景0"的"时间轴"面板中新建"背景""音乐""脚本"3个图层。在"脚本"图层的第1帧按【F9】键，添加动作脚本如下：

```
fscommand("fullscreen", "true");        \\全屏
fscommand("allowscale", false);         \\不允许缩放窗口
SoundMixer.stopAll();                   \\停止所有声音
var sence=0;                            \\定义变量
```

Step 4 在"背景"图层的第5帧按【F7】键，插入空白关键帧，并从"库"面板中将"beijing.jpg"背景图片拖入舞台中，在"属性"面板中设置"位置和大小"的X、Y均为"0"。在第15帧按【F5】键插入帧。

Step 5 在"音乐"图层的第2帧按【F7】键插入空白关键帧，并从"库"面板中将"bjstart.wav"音乐拖放到舞台中，并在第15帧按【F7】键插入空白关键帧。将"开始游戏""游戏说明""退出游戏"等按钮元件拖放到舞台适当的位置，并分别在"属性"面板中设置"实例名称"为"start_btn""intr_btn""quit_btn"。

Step6 在"脚本"图层的第 15 帧按【F7】键插入空白关键帧。按【F9】键添加动作脚本如下：

```
stop();                    \\停止

\\单击"开始游戏"按钮，转到"场景1"进行播放
start_btn.addEventListener(MouseEvent.CLICK,starthandler);
function starthandler(e:MouseEvent){
    gotoAndPlay(1,"场景 1");
}

\\单击"游戏说明"按钮，转到"intro"进行播放
intr_btn.addEventListener(MouseEvent.CLICK,intro);
function intro(e:MouseEvent){
    gotoAndPlay(1,"intro");
}

\\单击"结束游戏"按钮，退出程序。说明：需要发布成 exe 文件有效
quit_btn.addEventListener(MouseEvent.CLICK,quit);
function quit(e:MouseEvent){
    fscommand("quit");
}

\\单击"返回"按钮，转到"场景 0"进行播放
function back(e:MouseEvent){
    gotoAndPlay(1,"场景 0");
}
```

Step7 "场景 0"舞台中的游戏界面效果，如图 9.31 所示。

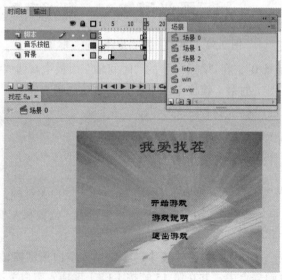

图 9.31 "场景 0"的舞台效果

3. 制作"场景1"游戏界面

Step1 单击"场景"面板中的"场景1",在"场景1"的"时间轴"面板中新建"背景""找茬标识""脚本"3个图层。

Step2 单击"插入"|"新建元件"命令,弹出"创建新元件"对话框,创建"名称"为"找茬键"的按钮元件,在"点击"状态中绘制一个方块,如图9.32所示。

图9.32 绘制方块

Step3 单击"插入"|"新建元件"命令,弹出"创建新元件"对话框,创建"名称"为"标识圈"的影片剪辑元件。使用"椭圆工具",设置"笔触大小"为"4","填充颜色"为无,绘制一个圆,如图9.33所示。

图9.33 绘制"标识圈"的圆

Step4 单击"插入"|"新建元件"命令,弹出"创建新元件"对话框,创建"名称"为"找茬"的影片剪辑元件,单击"确定"按钮。在"找茬"影片剪辑元件的"时间轴"面板中,新建"找茬按钮""标识圈""脚本"3个图层。从"库"面板中将"找茬键"拖放到"找茬按钮"图层第1帧对应的舞台上,并在"属性"面板中设置"实例名称"为"cha_btn",将"库"面板中的"标识圈"元件拖放到"标识圈"图层第1帧对应的舞台上,并在"属性"面板中将"实例名称"设置为"right_mc",如图9.34所示。

Step5 在"找茬"影片剪辑元件中"脚本"图层的第1帧按【F9】键,添加动作脚本如下:

```
stop();
right_mc.visible=false;
cha_btn.addEventListener(MouseEvent.CLICK,zhaocha);
```

```
function zhaocha(e:MouseEvent){
    right_mc.visible=true;
}
```

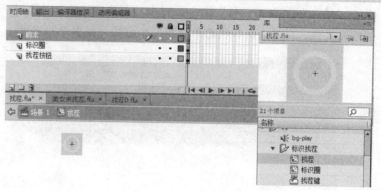

图 9.34 "找茬按钮"与"标识圈"的位置关系

Step6 单击"场景"面板中的"场景1",在"场景1"的"脚本"图层第1帧按【F9】键,添加动作脚本如下:

```
SoundMixer.stopAll();
sence=1;
```

Step7 在"场景 1"的"背景"图层的第 2 帧按【F7】键插入空白关键帧,并将"zhaocha1.jpg"图片从"库"面板拖放到"场景1"的"背景"图层中,按【F8】键将该图片转换为影片剪辑元件,命名为"bg1_mc",并在"属性"面板中将"实例名称"设置为"bg1_mc",如图 9.35 所示。

图 9.35 添加第一幅"找茬"图片

Step8 在"场景1"的"找茬标识"图层第2帧按【F7】键插入空白关键帧,并从"库"面板中将"找茬"影片剪辑元件分5次拖放到"找茬标识"图层5处不同的位置,并在"属性"面板中设置"实例名称"分别为"cha1_mc"~"cha5_mc",如图 9.36 所示。可以使用"任意变形工具"调整这5处"找茬标识圈"的大小。

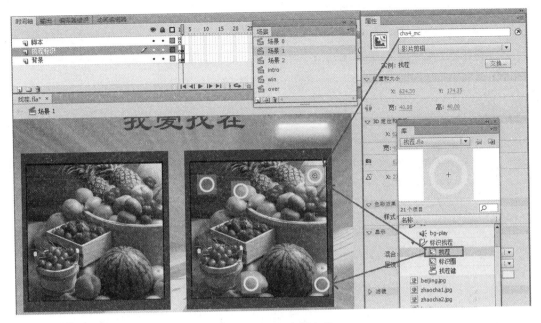

图 9.36　设置实例名称

Step9　单击"场景"面板中的"场景 1"，在"场景 1"的"脚本"图层的第 2 帧按【F7】键插入空白关键帧。使用"文本工具"在舞台的"剩余时间"下方创建一个动态文本，命名为"time_txt"。然后按【F9】键添加动作脚本如下：

```
stop();
var zhengqueshu=0;
var i=0;
var j=-1;
bg1_mc.buttonMode=true;
var timer=10;
time_txt.text=timer;
var mytimer=new Timer(1000,0);
mytimer.addEventListener(TimerEvent.TIMER,shijian);
mytimer.start();
function shijian(e:TimerEvent){
  if(j>timer){
    j=-1;
    if(sence==2) gotoAndPlay(1,"win");
    else {
      stage.addEventListener(Event.ENTER_FRAME,jiancha);
      gotoAndPlay(1,"场景 "+(sence+1));
    }
  }
```

```
  timer--;
}
stage.addEventListener(Event.ENTER_FRAME,jiancha);
function jiancha(e:Event){
  time_txt.text=timer;
  if(timer<0){
    mytimer.removeEventListener(TimerEvent.TIMER,shijian);
    stage.removeEventListener(Event.ENTER_FRAME,jiancha);
    gotoAndPlay(1,"over");


  }
  zhengqueshu=0;
  for(i=1;i<6;i++){
    if(root["cha"+i+"_mc"].right_mc.visible) zhengqueshu++;
  }
  if(zhengqueshu==5) {
    stage.removeEventListener(Event.ENTER_FRAME,jiancha);
    j=timer;
  }
}
```

Step10 为了让"场景 1"中有音乐，可以在"场景 1"的"脚本"图层的第 2 帧中添加，在"属性"面板的"声音"区域选择音乐"bgplay.wav"，如图 9.37 所示。

图 9.37 选择声音文件

4. 制作"场景 2"游戏界面

Step1 单击"场景"面板中的"场景 2"，在"场景 2"的"时间轴"面板中新建"背景""找茬标识 2""脚本"3 个图层。

Step2 单击"场景"面板中的"场景 2"，在"场景 2"的"脚本"图层的第 1 帧中，使用"文本工具"在舞台的"剩余时间"下方创建一个动态文本框，设置"实例名称"为"time_txt"。按【F9】键添加动作脚本如下：

```
stop();
bg2_mc.buttonMode=true;
timer=10;
time_txt.text=timer;
sence=2;
```

Step3 选中"场景 2"的"背景"图层的第 1 帧，将"zhaocha2.jpg"图片文件从"库"面板拖放到舞台中，按【F8】键将该图片转换为影片剪辑元件，并在"属性"面板中设置"实例名称"为"bg2_mc"，如图 9.38 所示。

图 9.38 转换为影片剪辑元件及其舞台效果

Step4 选中"场景 2"的"找茬标识 2"图层的第 1 帧，从"库"面板中将"找茬"影片剪辑元件分 5 次拖放到"找茬标识 2"图层 5 处不同的位置，并分别命名为"cha1_mc"～"cha5_mc"，如图 9.39 所示。可以使用"任意变形工具"调整这 5 处"找茬标识圈"的大小。

说明：如果需要更多的找茬图片，可以重复制作"场景 2"游戏界面的前 4 个步骤，只需将代码中粗体显示的部分修改为具体数字（3，4，…）即可。代码示范如下：

```
stop();
bgn_mc.buttonMode=true;
timer=10;
time_txt.text=timer;
sence=n;
```

图 9.39 设置实例名称

5. 制作 "intro" 游戏说明界面

Step 1 单击 "场景" 面板中的 "intro"，在 "intro" 的 "时间轴" 面板中新建 "背景""游戏规则""按钮""脚本" 4 个图层。

Step 2 单击 "场景" 面板中的 "intro" 场景，在 "intro" 场景中的 "时间轴" 面板的 "背景" 图层中拖入 "bg.jpg" 图片；在 "游戏规则" 图层中输入游戏的规则说明；在 "按钮" 图层中添加 "返回" 按钮元件，并设置 "实例名称" 为 "back_btn"，舞台内容如图 9.40 所示。

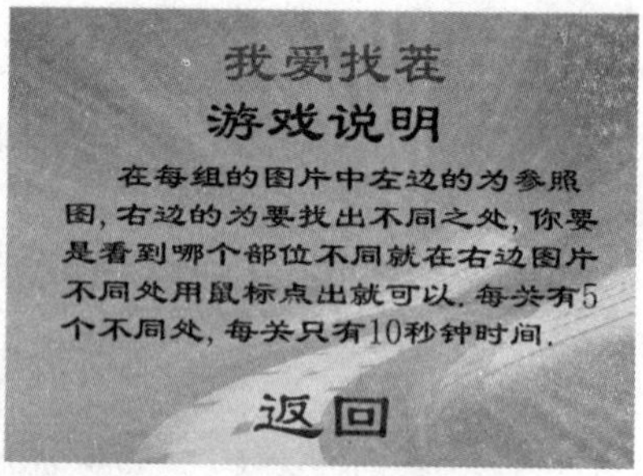

Step 3 在 "intro" 场景中的 "脚本" 图层的第 1 帧按【F9】键，添加动作脚本如下：

图 9.40 游戏说明界面

```
SoundMixer.stopAll();
stop();
back_btn.addEventListener(MouseEvent.CLICK,back);
```

6. 制作 "win" 游戏获胜的界面

Step 1 单击 "场景" 面板中的 "win"，在 "win" 的 "时间轴" 面板中新建 "背景""赢""按钮""脚本" 4 个图层。

Step 2 单击 "场景" 面板中的 "win" 场景，在 "win" 场景中的 "时间轴" 面板的 "背景" 图层中拖入 "bg.jpg" 图片；在 "赢" 图层中输入游戏获胜的信息；在 "按钮" 图层中添加 "重玩" 按钮元件和 "退出游戏" 按钮元件，并分别设置 "实例名称" 为 "rep_btn" 和 "quit_btn"，如图 9.41 所示。

Step 3 在 "win" 场景中的 "脚本" 图层的第 1 帧按【F9】键，添加动作脚本如下：

```
SoundMixer.stopAll();
stop();
```

```
mytimer.stop();
rep_btn.addEventListener(MouseEvent.CLICK,replay);
quit_btn.addEventListener(MouseEvent.CLICK,quit);
function replay(e:MouseEvent){
    gotoAndPlay(1,"场景 1");
}
```

图 9.41　游戏获胜的界面

7. 制作"over"游戏结束的界面

Step1　单击"场景"面板中的"over"，在"over"的"时间轴"面板中新建"背景""输""按钮""脚本"4 个图层。

Step2　单击"场景"面板中的"over"场景，在"over"场景的"时间轴"面板的"背景"图层中拖入"bg.jpg"图片；在"输"图层中输入游戏失败的信息，如图 9.42 所示；在"按钮"图层中添加"重玩"按钮元件，在"属性"面板中修改"实例名称"为"rep_btn"。

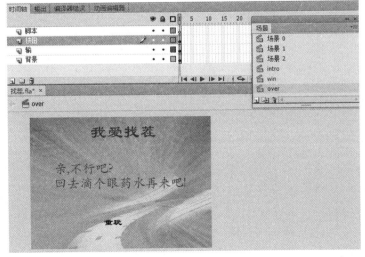

图 9.42　游戏结束的界面

Step3 在"over"场景中的"脚本"图层的第 1 帧按【F9】键，添加动作脚本如下：

```
SoundMixer.stopAll();
stop();
mytimer.stop();
rep_btn.addEventListener(MouseEvent.CLICK,back);
```

课 后 练 习

操作题

使用本章中所学的知识制作一个"剪刀石头布"的小游戏，效果如图 9.43 所示，也可参见光盘中的文件"效果\ch09\课后练习\剪刀石头布游戏.swf"。

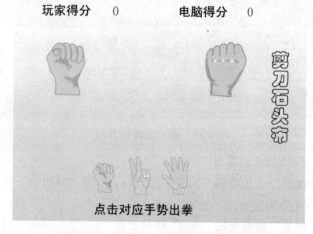

图 9.43 "剪刀石头布游戏"效果图